计算机技术开发与应用丛书

HarmonyOS
移动应用开发

ArkTS版

刘安战 余雨萍 陈争艳 等◎著

清华大学出版社
北京

内 容 简 介

本书采用ArkTS语言,以移动应用场景为主,系统阐述了HarmonyOS应用开发相关技术。

全书共13章,第1章概述了HarmonyOS及其特点、体系架构等;第2章介绍了环境搭建,实现了第1个HarmonyOS应用,并详述了项目结构和资源等;第3章介绍了TypeScript语言基础;第4章介绍了ArkUI开发框架,包括声明式开发范式、声明式语法等;第5章介绍了组件,包括组件属性、组件事件、状态管理及系统内置的组件等;第6章介绍了布局和页面跳转,布局是可以容纳组件的组件,布局和组件构成了页面,页面之间通过路由可以跳转;第7章概述了Ability,介绍了FA模型下的PageAbility和Stage模型下的UIAbility,并介绍了跨设备迁移;第8章介绍了服务和数据能力,服务是为应用提供的后台运行能力,数据是为应用提供的数据共享能力;第9章介绍了数据存储,包括首选项数据存储、关系数据存储和分布式数据服务;第10章介绍了公共事件和通知等;第11章介绍了多媒体开发相关内容,包括图像、音频、视频处理等;第12章介绍了网络访问,包括Socket、WebSocket、HTTP方式;第13章综合实现了一个基于ArkTS的HarmonyOS移动应用案例。

书中包含了大量的代码,使读者在掌握理论知识的基础上可以灵活应用。书中示例代码是基于ArkTS语言实现的,所有示例代码均在模拟器或真机上通过测试。

本书可作为HarmonyOS移动应用开发的入门书籍,还可作为大学计算机、软件专业相关课程的教材或参考书,还可作为HarmonyOS应用开发工程师的参考书。

本书封面贴有清华大学出版社防伪标签,无标签者不得销售。
版权所有,侵权必究。举报:010-62782989, beiqinquan@tup.tsinghua.edu.cn。

图书在版编目(CIP)数据

HarmonyOS移动应用开发:ArkTS版/刘安战等著. —北京:清华大学出版社,2023.9(2025.1重印)
(计算机技术开发与应用丛书)
ISBN 978-7-302-63877-3

Ⅰ.①H… Ⅱ.①刘… Ⅲ.①移动终端—应用程序—程序设计 Ⅳ.①TN929.53

中国国家版本馆 CIP 数据核字(2023)第111900号

责任编辑:赵佳霓
封面设计:吴 刚
责任校对:胡伟民
责任印制:沈 露

出版发行:清华大学出版社
网　　址:https://www.tup.com.cn, https://www.wqxuetang.com
地　　址:北京清华大学学研大厦A座　　邮　编:100084
社 总 机:010-83470000　　邮　购:010-62786544
投稿与读者服务:010-62776969, c-service@tup.tsinghua.edu.cn
质量反馈:010-62772015, zhiliang@tup.tsinghua.edu.cn
课件下载:https://www.tup.com.cn, 010-83470236

印 装 者:涿州汇美亿浓印刷有限公司
经　　销:全国新华书店
开　　本:186mm×240mm　　印　张:22　　字　数:550千字
版　　次:2023年9月第1版　　印　次:2025年1月第6次印刷
印　　数:8701~10700
定　　价:89.00元

产品编号:101598-01

前言
PREFACE

党的二十大报告中指出：教育、科技、人才是全面建设社会主义现代化国家的基础性、战略性支撑。必须坚持科技是第一生产力、人才是第一资源、创新是第一动力，深入实施科教兴国战略、人才强国战略、创新驱动发展战略，这三大战略共同服务于创新型国家的建设。高等教育与经济社会发展紧密相连，对促进就业创业、助力经济社会发展、增进人民福祉具有重要意义。

鸿蒙操作系统（HarmonyOS）自2019年被中国华为公司发布以来，一直受到了广泛关注。HarmonyOS的诞生恰逢我国近年来在高精尖及基础领域受到国外挤压的关键时期，其发布对我国操作系统国产化具有战略意义。

HarmonyOS是一款面向全场景智慧生活方式的分布式操作系统，是一个可以进行部署移动办公、运动健康、社交通信、媒体娱乐等各种场景应用的操作系统。HarmonyOS具有硬件互助、资源共享、一次开发、多端部署、统一OS、弹性部署等诸多优点，势必会成为万物互联时代的新宠。

目前，基于HarmonyOS开发SDK已经发布到了第9版，并还在不断完善中。华为公司在更新SDK的同时，也在不断完善相关的开发工具链，包括集成开发环境、模拟器、预览器等，不断为开发者提供功能更加强大、体验更加友好的开发支持。

本书系统阐述了HarmonyOS移动应用开发的相关技术，并附有丰富的案例，可以帮助开发者掌握鸿蒙移动应用开发技术，快速进入鸿蒙移动应用开发领域。

本书中的程序实现是基于ArkTS语言的，ArkTS是基于TypeScript语言的，而TypeScript语言又是JavaScript语言的超集。本书适合具有一定的相关语言基础的读者，适合具有一定计算机或软件开发基础的大学生或软件开发者。

本书主要内容

第1章概述，主要介绍了什么是HarmonyOS，HarmonyOS的特性、体系架构、支持的开发语言等，在应用开发方面，HarmonyOS支持多种开发语言。

第2章介绍了第1个HarmonyOS应用，通过搭建开发环境、利用向导开发了第1个基于ArkTS的HarmonyOS应用，介绍了鸿蒙应用的项目结构、资源和配置等。

第3章介绍了TypeScript语言基础，简明扼要地介绍了TypeScript语言的基本内容，包括基本类型和运算符、控制语句与函数、类和接口、模块、装饰器等。ArkTS是基于

TypeScript 的语言，因此开发者需要具备一定的相关基础。

第 4 章介绍了 ArkUI 开发框架，包括声明式开发范式、基于 ArkUI 的项目结构、声明式语法等。ArkUI 是基于 ArkTS 的 UI 开发框架，是 HarmonyOS 应用 UI 开发的主要框架。

第 5 章介绍了组件，包括组件属性、组件事件、状态管理及系统内置的组件等。组件是构成界面的基本元素，应用通过各种组件可构造出丰富的界面内容。

第 6 章介绍了布局和页面跳转，布局方面介绍了一些常用布局用法及系统内置布局简介、组件的生命周期等。布局是可以容纳组件的组件，布局和组件构成了页面，页面之间可以通过路由进行跳转，页面之间跳转可以传递参数。

第 7 章概述了 Ability，并介绍了 FA 模型下的 PageAbility 和 Stage 模型下的 UIAbility，包括创建、启动和停止、生命周期等，本章还介绍了跨设备迁移。在 HarmonyOS 应用中，Ability 是能力的抽象，是系统的调度单元。

第 8 章介绍了服务和数据能力，介绍了服务的定义、生命周期、访问等，介绍了数据能力的创建和访问。服务是鸿蒙操作系统提供的后台运行的能力，数据能力可以使应用进行数据共享。

第 9 章介绍了数据存储，包括首选项数据存储、关系数据存储和分布式数据服务。数据存储是为 HarmonyOS 应用提供数据持久化，分布式数据服务使数据可以透明地存在于多个设备上，使应用的数据能够轻松地实现跨设备数据同步和共享。

第 10 章介绍了公共事件和通知，介绍了公共事件的概念、公共事件的处理接口及使用方法、通知的概念及使用方法。

第 11 章介绍了多媒体开发相关技术，包括图像处理、音频播放、视频播放等，通过对多媒体数据的处理，可以使所开发的应用更加丰富多彩。

第 12 章介绍了网络访问，包括 Socket、WebSocket 和 HTTP 方式。HarmonyOS 应用可以通过网络访问互联网上的服务和数据，打造互联网应用。

第 13 章介绍了一个天气查询的综合应用实例，通过综合运用相关技术，呈现一个完整的 HarmonyOS 移动应用开发方法和过程。

本书第 1 章、第 2 章、第 6 章、第 7 章、第 8 章、第 9 章由刘安战（中原工学院）撰写，第 3 章、第 11 章、第 13 章由余雨萍（中原工学院）撰写，第 4 章、第 5 章由陈争艳（河南财政金融学院）撰写，第 10 章由张玉莹（中原工学院）撰写，第 12 章由马超凡（中原工学院）撰写，本书最后由刘安战进行了通篇审阅、修改和定稿。

阅读建议

本书是一本鸿蒙应用开发的入门书籍，但是由于技术的依赖性，笔者认为学习本书需要具备一定的软件开发基础。

希望学习本书的读者具备一定的 JavaScript 和 JSON 基础，以及一定的高级语言软件开发基础。大学计算机或软件相关专业的高年级学生一般均具备学习本书的能力。如果读者具有移动应用开发的相关经验，则学习本书会更加轻松和快捷。

本书资源

本书配套的源代码及PPT资源可以通过扫描目录上方的二维码获取。

致谢

首先感谢家人的支持，否则笔者可能无法完成本书。

感谢团队成员，是大家的通力合作和互相帮助才使我们能够完成本书。感谢工作单位的领导和相关老师的支持和帮助。

感谢学生周鹏、丁毅露、韩磊、赵胡斐、赵月芽、朱美颖等参与代码调试、资源整理等工作。

感谢华为公司的陶铭、谭景盟、周宣宣、王玉等在成书过程的支持及帮助，同时感谢华为公司一大批优秀的工程师，如果没有他们的努力，恐怕不会有HarmonyOS的蓬勃发展。在成书过程中我们参考了华为公司提供的在线官方技术文档和相关示例。

感谢来自业内的多位同仁在成书过程中的支持和帮助。感谢鸿蒙相关的技术社区提供的学习和交流平台，包括华为开发者社区、51CTO开源基础软件社区等。

感谢清华大学出版社工作人员的辛勤工作，特别是赵佳霓编辑，从选题到出版过程中付出了很多辛勤的努力。

刘安战

2023.5.16

目 录
CONTENTS

教学课件(PPT)

本书源代码

| 第 1 章 | 概述(▶30min) | 1 |

1.1 什么是 HarmonyOS 1
1.2 HarmonyOS 的特性 3
 1.2.1 硬件互助,资源共享 3
 1.2.2 一次开发,多端部署 4
 1.2.3 统一操作系统,弹性部署 5
1.3 HarmonyOS 体系架构 6
 1.3.1 内核层 6
 1.3.2 系统服务层 6
 1.3.3 框架层 7
 1.3.4 应用层 7
1.4 支持的开发语言 7
小结 8

| 第 2 章 | 第 1 个 HarmonyOS 应用(▶45min) | 9 |

2.1 搭建开发环境 9
 2.1.1 开发环境介绍 9
 2.1.2 下载并安装 DevEco Studio 10
2.2 开发第 1 个 HarmonyOS 项目 13
 2.2.1 开发上架应用基本过程 13
 2.2.2 创建并运行 Hello World 项目 13
 2.2.3 安装配置 SDK 18
 2.2.4 项目启动过程 18
2.3 应用项目结构 20
 2.3.1 逻辑结构 20

2.3.2 目录结构 ········ 21
2.4 资源和配置 ········ 22
　　2.4.1 资源及引用 ········ 22
　　2.4.2 配置文件 ········ 24
小结 ········ 26

第3章 TypeScript 基础（▶111min） ········ 27

3.1 TypeScript 语言简介 ········ 27
3.2 TypeScript 简单使用 ········ 28
3.3 基本类型和运算符 ········ 30
　　3.3.1 数据类型 ········ 30
　　3.3.2 运算符 ········ 33
3.4 控制语句和函数 ········ 34
　　3.4.1 控制语句 ········ 34
　　3.4.2 函数 ········ 38
3.5 类和接口 ········ 40
　　3.5.1 类和对象 ········ 40
　　3.5.2 接口 ········ 43
3.6 模块 ········ 44
　　3.6.1 模块导出与导入 ········ 44
　　3.6.2 CommonJS 模块用法 ········ 46
3.7 装饰器 ········ 47
小结 ········ 49

第4章 ArkUI 开发框架（▶85min） ········ 50

4.1 概述 ········ 50
4.2 声明式开发范式 ········ 51
4.3 基于 ArkUI 的项目 ········ 53
　　4.3.1 文件结构 ········ 53
　　4.3.2 资源 ········ 55
4.4 声明式语法 ········ 59
　　4.4.1 UI 描述规范 ········ 59
　　4.4.2 组件化 ········ 63
　　4.4.3 组件渲染控制语法 ········ 67
小结 ········ 70

第 5 章 组件（▶102min） ………………………………………………………… 71

- 5.1 概述 ……………………………………………………………………………… 71
- 5.2 组件属性 ………………………………………………………………………… 73
  - 5.2.1 通用属性 ……………………………………………………………… 73
  - 5.2.2 自定义属性 …………………………………………………………… 76
- 5.3 组件事件 ………………………………………………………………………… 80
  - 5.3.1 组件事件配置方式 …………………………………………………… 80
  - 5.3.2 通用事件方法 ………………………………………………………… 82
- 5.4 状态管理 ………………………………………………………………………… 84
  - 5.4.1 状态模型 ……………………………………………………………… 84
  - 5.4.2 组件状态 ……………………………………………………………… 85
  - 5.4.3 应用程序状态 ………………………………………………………… 91
- 5.5 系统内置组件简介 ……………………………………………………………… 95
- 小结 …………………………………………………………………………………… 97

第 6 章 布局和页面跳转（▶80min） ……………………………………………… 98

- 6.1 布局 ……………………………………………………………………………… 98
  - 6.1.1 布局概述 ……………………………………………………………… 98
  - 6.1.2 常用布局 ……………………………………………………………… 100
  - 6.1.3 系统内置布局简介 …………………………………………………… 112
- 6.2 页面跳转 ………………………………………………………………………… 113
  - 6.2.1 导航容器组件跳转 …………………………………………………… 113
  - 6.2.2 路由方式跳转 ………………………………………………………… 114
  - 6.2.3 页面传递参数 ………………………………………………………… 115
- 6.3 组件生命周期 …………………………………………………………………… 120
- 6.4 商品列表实例 …………………………………………………………………… 124
  - 6.4.1 实例说明 ……………………………………………………………… 124
  - 6.4.2 实例实现 ……………………………………………………………… 124
- 小结 …………………………………………………………………………………… 131

第 7 章 Ability（▶74min） ………………………………………………………… 132

- 7.1 Ability 概述 ……………………………………………………………………… 132
- 7.2 FA 模型中的 PageAbility ……………………………………………………… 136
  - 7.2.1 PageAbility 创建 ……………………………………………………… 136
  - 7.2.2 PageAbility 的生命周期 ……………………………………………… 138

        7.2.3　PageAbility 调度及实例 139
    7.3　Stage 模型中的 UIAbility 150
        7.3.1　UIAbility 创建 150
        7.3.2　UIAbility 的生命周期 152
        7.3.3　UIAbility 交互及实例 154
    7.4　跨设备迁移 158
    小结 159

第8章　服务和数据能力（▶42min） 160

    8.1　服务能力 160
        8.1.1　服务能力的定义 160
        8.1.2　服务生命周期 162
        8.1.3　命令访问服务 163
        8.1.4　连接访问服务 167
    8.2　数据能力 174
        8.2.1　数据能力概述 174
        8.2.2　数据能力创建和访问 176
        8.2.3　实例 179
    小结 184

第9章　数据存储（▶37min） 185

    9.1　数据存储概述 185
    9.2　首选项数据存储 185
        9.2.1　首选项数据存储介绍 185
        9.2.2　首选项数据存储接口 186
        9.2.3　样式信息设置实例 188
    9.3　关系数据存储 191
        9.3.1　关系数据存储介绍 191
        9.3.2　关系数据存储接口 192
        9.3.3　用户信息管理实例 193
    9.4　分布式数据服务 203
        9.4.1　分布式数据服务介绍 203
        9.4.2　分布式数据服务接口 206
        9.4.3　分布式日记实例 209
    小结 221

第10章 公共事件和通知（▶7min） 222

10.1 公共事件 222
10.1.1 公共事件服务 222
10.1.2 公共事件处理接口 223
10.1.3 发布公共事件 225
10.1.4 订阅公共事件 227
10.1.5 取消订阅公共事件 228

10.2 通知 228
10.2.1 通知接口 229
10.2.2 开发步骤 230

10.3 后台代理提醒 233
10.3.1 后台代理接口 233
10.3.2 使用代理提醒 236

10.4 实例 236

小结 240

第11章 多媒体开发（▶32min） 241

11.1 概述 241

11.2 图像 242
11.2.1 图像开发基础 242
11.2.2 图像显示接口 242
11.2.3 图片显示实例 251

11.3 音频 258
11.3.1 音频开发基础 258
11.3.2 音频播放接口 259
11.3.3 音频播放实例 263

11.4 视频 270
11.4.1 视频开发基础 270
11.4.2 视频播放接口 270
11.4.3 视频播放实例 277

小结 287

第12章 网络访问（▶28min） 288

12.1 概述 288

12.2 网络通信基础 288

12.2.1　Socket 通信 ·················· 288
　　12.2.2　WebSocket 通信 ············ 291
　　12.2.3　HTTP 通信 ··················· 292
12.3　网络访问开发 ·························· 294
　　12.3.1　Socket 方式 ·················· 294
　　12.3.2　WebSocket 方式 ············ 297
　　12.3.3　HTTP 方式及实例 ········· 300
小结 ··· 304

第13章　天气预报应用实例（▶38min） ··· 305

13.1　系统功能 ································ 305
13.2　系统设计 ································ 305
13.3　系统实现 ································ 307
　　13.3.1　项目说明 ······················ 307
　　13.3.2　显示层实现 ·················· 309
　　13.3.3　实体数据模型实现 ········ 316
　　13.3.4　视图数据模型实现 ········ 320
　　13.3.5　工具层实现 ·················· 322
　　13.3.6　数据访问层实现 ············ 325
　　13.3.7　业务逻辑层实现 ············ 329
　　13.3.8　其他 ···························· 330
小结 ··· 332

附录 A　鸿蒙应用真机调试 ············· 333

附录 B　英文缩写说明 ···················· 336

参考文献 ·· 337

第1章 概 述

【学习目标】
- 了解什么是 HarmonyOS
- 了解 HarmonyOS 的历史及特性
- 理解 HarmonyOS 的体系架构
- 了解 HarmonyOS 应用开发支持的语言

1.1 什么是 HarmonyOS

　　HarmonyOS(Harmony Operating System)是由中国华为公司开发的计算机操作系统，即鸿蒙操作系统。根据华为官方对鸿蒙操作系统的定位，HarmonyOS 是一款面向万物互联时代的全新的分布式操作系统。它在传统的单设备系统能力的基础上，提出了基于同一套系统能力、适配多种终端形态的分布式理念，能够支持手机、平板、智能穿戴、智慧屏、车机等多种终端设备，提供全场景(移动办公、运动健康、社交通信、媒体娱乐等)业务能力。

　　HarmonyOS 可以认为是鸿蒙操作系统的音译，或许你会觉得音译不够准确，华为终端公司董事长余承东针对鸿蒙操作系统的英文名称曾解释，不管是 GenesisOS，还是 HongmengOS，可能发音起来都比较困难，为了统一和方便就选用了 HarmonyOS 这个名字。另外，Harmony 这个英文词本身就有和谐协调的含义，这一点刚好能够体现万物互联协作的核心理念，因此 HarmonyOS 这个名字是非常合适的。

　　HarmonyOS 是一个操作系统，说起操作系统，读者首先想到的可能是微软的 Windows，开源的 Linux，苹果公司的 macOS，另外还有 DOS、OS/2、UNIX、XENIX、Netware 等，这些都是操作系统，也有很多版本，但是，不管怎样，从用户的角度看，操作系统都是管理计算机系统的硬件资源、软件资源和数据资源的系统软件，是为了计算机使用者能够方便和高效地使用和管理计算机系统。从专业开发者的角度看，操作系统是需要进行进程管理、处理器管理、存储管理、设备管理、文件管理、作业管理等的系统软件，是计算机系统的核心基础软件，这些一般在专业的操作系统书籍中都会有详细介绍。

　　HarmonyOS 是分布式操作系统，和分布式相对应的是单机式，分布式和单机式操作系统的区别是多方面的,包括资源管理、通信和系统架构等。HarmonyOS 的分布式特性使用户在使用时可以在多个相同或不同类型设备之间进行相互协同,多个设备在逻辑上形成一个超级终端,带来物联网(Internet of Things,IoT)时代的万物互联体验。

HarmonyOS 的目标是覆盖"1＋8＋N"全场景终端设备,这里"1"代表的是智能手机,"8"代表 PC、平板、手表、智慧屏、AI 音响、耳机、AR/VR 眼镜、车机,"N"代表其他 IoT 生态产品,如图 1-1 所示。

图 1-1　HarmonyOS 1＋8＋N 全场景终端设备

HarmonyOS 采用了多种分布式技术,使应用程序的开发实现与不同终端设备的形态差异无关,能够让开发者聚焦于上层业务逻辑,更加便捷、高效地开发各种单机或分布式应用。

然而,HarmonyOS 的历史并不长,下面简单列举了关于 HarmonyOS 发展过程中的一些大事件。

2012 年,华为公司开始规划自己的操作系统,命名为"鸿蒙"。

2018 年 8 月 24 日,华为公司向国家知识产权商标局申请了"华为鸿蒙"商标,注册公告日期是 2019 年 5 月 14 日,专用权限期是从 2019 年 5 月 14 日到 2029 年 5 月 13 日。

2019 年 8 月 9 日,华为正式发布 HarmonyOS,同时对外表示 HarmonyOS 开源。

2020 年 8 月 7 日—8 日,在中国信息化百人会 2020 年峰会上,华为公司宣布 HarmonyOS 已经应用到华为智慧屏和华为手表上,未来会应用到更多全场景终端设备上。

2020 年 9 月 10 日,华为 HarmonyOS 升级至 2.0 版本,即 HarmonyOS 2.0,并面向终端设备开源,开源的鸿蒙项目名为 OpenHarmony。OpenHarmony 正式捐献给开放原子开源基金会(OpenAtom Foundation)。从此以后,HarmonyOS 由华为公司主导,OpenHarmony 由开放原子开源基金会负责,面向广大运营商和开发者,同时发布 OpenHarmony 1.0。

2020 年 12 月 16 日,华为发布 HarmonyOS 2.0 手机开发者 Beta 版本。

2021年6月1日,OpenHarmony v2.0 Canary 发布。
2021年6月2日,华为正式发布 HarmonyOS 2 及多款搭载 HarmonyOS 2 的新产品。
2021年9月30日,OpenHarmony v3.0 LTS 发布。
2022年5月31日,OpenHarmony v3.1.1 Releases 发布。
2022年7月27日,华为正式发布 HarmonyOS 3。

1.2 HarmonyOS 的特性

HarmonyOS 是一款操作系统,因此具有操作系统的一般特性。除此之外,HarmonyOS 还有3个显著的特性:硬件互助,资源共享;一次开发,多端部署;统一 OS,弹性部署。

1.2.1 硬件互助,资源共享

HarmonyOS 是一个分布式操作系统,硬件互助、资源共享是其显著特性之一,这一特性是由其提供的分布式设备虚拟化平台、分布式软总线来保障的。

分布式设备虚拟化平台实现了不同设备的资源融合、设备管理、数据处理,多种设备共同形成一个超级虚拟终端。针对不同类型的任务,HarmonyOS 为用户匹配并选择合适的执行硬件,让业务在不同设备间流转,充分发挥不同设备的资源优势,如图1-2所示。

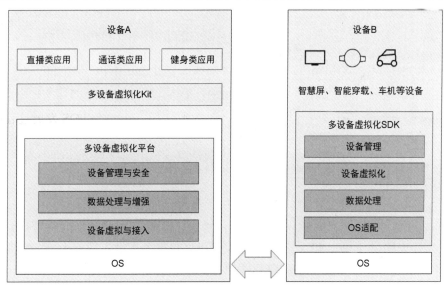

图1-2 分布式设备虚拟化示意图

HarmonyOS 分布式软总线为多种终端设备提供了一个统一基座,如图1-3所示,分布式软总线为设备之间的互联互通提供了统一的分布式通信能力,能够快速发现和连接设备,高效地传输数据和调度任务。

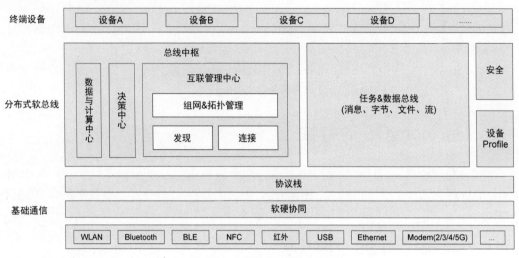

图 1-3 分布式软总线示意图

基于分布式软总线，HarmonyOS 提供了分布式数据管理和分布式任务调度。

分布式数据管理实现了应用程序数据和用户数据的分布式管理，使用户数据可以不存储在单一物理设备上，应用在跨设备运行时数据可以无缝衔接，为打造一致、流畅的用户体验提供了保障，分布式数据管理如图 1-4 所示。

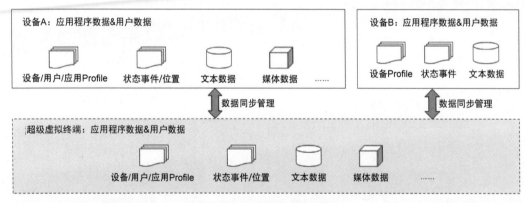

图 1-4 分布式数据管理示意图

分布式任务调度为开发者提供了构建统一的分布式服务管理机制，支持跨设备的应用远程启动、远程调用、远程连接及迁移等，使应用可以根据不同设备的能力、位置、业务运行状态、资源使用情况，以及用户的习惯和意图，选择合适的设备运行分布式任务，如图 1-5 所示。

1.2.2　一次开发，多端部署

HarmonyOS 为开发者提供了用户程序框架、Ability 框架及 UI 框架等一整套开发框

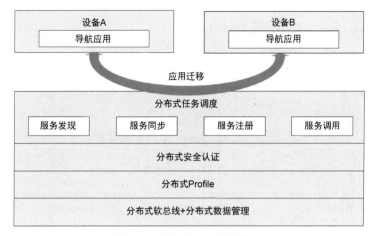

图1-5 分布式任务调度能力

架。开发者可以将业务逻辑和界面逻辑在不同终端进行复用,实现应用的一次开发、多端部署,进而大大提升跨设备应用的开发效率,如图1-6所示。

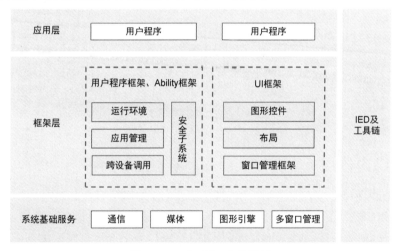

图1-6 一次开发、多端部署

1.2.3 统一操作系统,弹性部署

HarmonyOS 设计上采用了组件化和小型化的基本思想,支持多种终端设备在采用统一的操作系统的同时,实现按需弹性部署。

HarmonyOS 可以根据硬件的形态和需求,选择所需的组件,支持组件内功能集的配置,支持组件间根据编译链关系,自动生成组件化的依赖关系,如图形框架组件自动选择依赖的图形引擎组件。总之,HarmonyOS 可大可小,弹性部署。

1.3　HarmonyOS 体系架构

和很多操作系统类似，HarmonyOS 整体上采用的是分层的体系架构，如图 1-7 所示，体系结构分四层，从下向上依次是：内核层、系统服务层、框架层和应用层。在系统功能结构上，从大到小是按照系统、子系统、功能/模块分级展开的。在多设备部署场景下，可以根据实际需求，按照子系统或功能/模块进行裁剪，实现系统弹性适应。

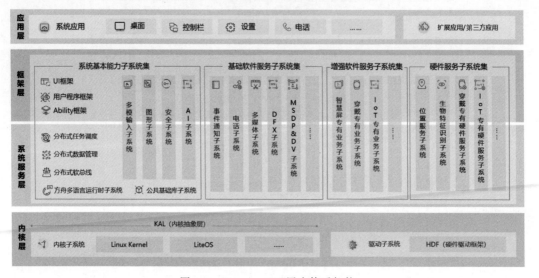

图 1-7　HarmonyOS 层次体系架构

1.3.1　内核层

内核层是和硬件直接打交道的一层，HarmonyOS 采用了多内核设计，支持针对不同资源受限设备，可以选用适合的操作系统内核。在内核子系统之上，系统设计了内核抽象层（Kernel Abstract Layer，KAL），通过屏蔽多内核差异，为上层提供统一的基础的内核能力，包括进程/线程管理、内存管理、文件系统管理、网络管理和外设管理等。

另外，内核层中还包括驱动子系统，用于驱动不同的硬件，其中的硬件驱动框架（Hardware Driver Framework，HDF）更是为 HarmonyOS 硬件扩展提供了基础，为开发者提供了统一外设访问、驱动开发和管理框架。

1.3.2　系统服务层

系统服务层是 HarmonyOS 的核心能力集合。该层包含 4 个子系统集，分别是系统基本能力子系统集、基础软件服务子系统集、增强软件服务子系统集、硬件服务子系统集。

系统基本能力子系统集为分布式应用在 HarmonyOS 的多设备上的运行、调度、迁移等操作提供了基础能力，它由分布式软总线、分布式数据管理、分布式任务调度、方舟多语言运行时、公共基础库、多模输入、图形、安全、AI 等子系统组成。

基础软件服务子系统集为 HarmonyOS 提供公共的、通用的软件服务，包括事件通知、电话、多媒体、DFX(Design For X)、MSDP&DV 等子系统。

增强软件服务子系统集为 HarmonyOS 提供针对不同设备的、差异化的增强型软件服务，主要包括智慧屏专有业务、穿戴专有业务、IoT 专有业务等子系统。

硬件服务子系统集为 HarmonyOS 提供硬件服务，包括位置服务、生物特征识别、穿戴专有硬件服务、IoT 专有硬件服务等子系统。

另外，根据不同设备形态的部署环境，子系统集内部可以按子系统粒度裁剪，每个子系统内部又可以按功能粒度裁剪。

1.3.3 框架层

框架层为鸿蒙应用开发提供基础，其向下和系统服务层对接，向上为应用层提供服务，HarmonyOS 框架层包括用户程序框架、Ability 框架、UI 框架等。用户程序框架和 Ability 框架支持 Java/C/C++/JS 等多种开发语言，使开发者可以自由选择。UI 框架包括 Java UI 框架和 JS UI 框架。鸿蒙框架层提供了多种软硬件服务对外开放的多语言框架 API，根据系统的组件化裁剪程度，HarmonyOS 设备支持的 API 也会有所不同。

1.3.4 应用层

应用层是 HarmonyOS 的最上层，该层包括很多系统应用或第三方应用软件，是普通用户使用系统的接口。鸿蒙应用一般由一个或多个特性能力(Feature Ability,FA)或元能力(Particle Ability,PA)组成，其中，FA 有用户界面，可以与用户直接进行交互，PA 没有界面，提供后台运行任务或数据访问。基于 FA 和 PA 开发的应用，能够实现特定的业务功能，支持跨设备调度与分发，为用户提供一致、高效的应用体验。

从 API 9 开始，Ability 框架引入了 Stage 模型作为第 2 种应用框架形态，Stage 模型将 Ability 分为 Ability 和 ExtensionAbility 两大类，其中 ExtensionAbility 又被扩展为 ServiceExtensionAbility、FormExtensionAbility、DataShareExtensionAbility 等一系列 ExtensionAbility，以便满足更多的使用场景。

1.4 支持的开发语言

进行 HarmonyOS 相关的开发可以选择的语言很多，如 C/C++、Java、XML(Extensible Markup Language)、JS(JavaScript)、TS(TypeScript)、ArkTS(Ark TypeScript)、CSS (Cascading Style Sheets)和 HML(HarmonyOS Markup Language)等。

在应用开发层面，目前主要支持两大语言：一个是 JavaScript，简称 JS；另一个是改进的 TypeScript，也称 eTS 或 ArkTS。当然也可进行基于 C/C++、Java、Python 等语言的开发。鉴于篇幅等原因，本书主要阐述的是基于 ArkTS 的 HarmonyOS 移动应用开发。之所以定位在移动应用,是因为本书的多数实例是基于手机模拟器调试运行的,当然不是说这些实例只能运行在手机终端上。理论上,一般的 HarmonyOS 应用可以运行在任何具有该操作系统的设备上。

小结

本章主要介绍了 HarmonyOS。HarmonyOS 的历史并不悠久,它是我国华为公司开发的面向全场景的分布式操作系统,具有硬件互助、资源共享、一次开发、多端部署,统一操作系统、弹性部署等特点。在体系架构方面,HarmonyOS 采用了分层的体系架构。HarmonyOS 应用开发有多种编程语言可选,本书主要介绍基于 ArkTS 的 HarmonyOS 移动应用开发。

第 2 章 第 1 个 HarmonyOS 应用

【学习目标】
- 掌握 HarmonyOS 应用开发环境的搭建和配置
- 掌握创建和运行第 1 个 HarmonyOS 应用 Hello World 的方法
- 理解 HarmonyOS 应用项目的结构
- 理解资源和配置

2.1 搭建开发环境

2.1.1 开发环境介绍

进行 HarmonyOS 移动应用开发需要安装 DevEco Studio 集成开发环境(Integrated Development Environment,IDE),该 IDE 的全名为 HUAWEI DevEco Studio,它是基于 IntelliJ IDEA Community 开源版本开发的,面向全场景多设备,提供一站式的分布式应用开发平台,支持分布式多端开发、分布式多端调测、多端模拟仿真。开发者可以通过该 IDE 进行项目创建、开发、编译、调试、发布等。DevEco Studio 使开发者可以方便地开发各种 HarmonyOS 应用,提升开发效率。

作为一款集成开发工具,除了具有基本的代码开发、编译构建及调测等功能外,DevEco Studio 还具有以下特点。

(1) 多设备统一开发环境:支持多种 HarmonyOS 设备的应用/服务开发,包括手机(Phone)、平板(Tablet)、车机(Car)、智慧屏(TV)、智能穿戴(Wearable)、轻量级智能穿戴(LiteWearable)和智慧视觉(Smart Vision)设备。

(2) 高效智能代码编辑:支持 ArkTS、JS、C/C++ 等语言的代码高亮、代码智能补齐、代码错误检查、代码自动跳转、代码格式化、代码查找等功能,提升代码编写效率。

(3) 多端双向实时预览:支持 UI 界面代码的双向预览、实时预览、动态预览、组件预览及多端设备预览,便于快速查看代码的运行效果。

(4) 多端设备模拟仿真:提供 HarmonyOS 本地模拟器、远程模拟器、超级终端模拟器,支持手机、智慧屏、智能穿戴等多端设备的模拟仿真,便捷获取调试环境。

（5）低代码可视化开发：丰富的 UI 界面编辑能力，支持自由拖曳组件和可视化数据绑定，可快速预览效果，所见即所得；同时支持卡片的零代码开发，降低开发门槛和提升界面开发效率。

总之，DevEco Studio 是一个功能强大的、专门针对 HarmonyOS 应用开发的集成开发工具，是开发者进行 HarmonyOS 应用开发的必备工具。在使用该 IDE 前，需要开发者进行必要的安装和配置。

2.1.2　下载并安装 DevEco Studio

尽管 DevEco Studio 是一个庞大复杂的 IDE，依赖的软件包也很多，但是其安装配置过程基本是向导式和自动化的。

DevEco Studio 目前有针对 Windows 和 macOS 两个系统的版本，分别适用两个不同操作系统环境，因此在安装配置开发环境之前要先确定所用的计算机操作系统环境，下面以 Windows 10 环境为例说明开发环境的搭建过程。

下载和使用 DevEco Studio 需要华为开发者联盟账号，因此在进行该软件下载并安装之前首先需要进行华为开发者联盟账号的注册和实名认证。

注册华为开发者联盟账号的网址为 https://developer.harmonyos.com。注册过程和认证过程和一般的网站账号注册和认证没有太大的区别，只需根据提示填写一些基本信息后进行注册并进行实名认证，这里就不再赘述了。

DevEco Studio 安装包可以在官网上进行下载，下载网址为 https://developer.harmonyos.com/cn/develop/deveco-studio#download，如图 2-1 所示。

图 2-1　下载 DevEco Studio

下载 Windows(64 位)版本,下载完成后解压,然后双击运行 deveco-studio-xxx.exe,进入 DevEco Studio 安装向导,这里 xxx 指代的是软件的版本编号。

针对 Windows 版本,为了保证 DevEco Studio 正常运行,建议计算机配置满足以下要求。

(1) 操作系统:Windows 10 64 位。

(2) 内存:8GB 及以上。

(3) 硬盘空间:一般 10GB 及以上。

(4) 分辨率:1280×800 像素及以上。

安装过程和一般的 Windows 软件安装类似,按照向导安装即可,图 2-2~图 2-5 展示了安装过程中的主要界面。

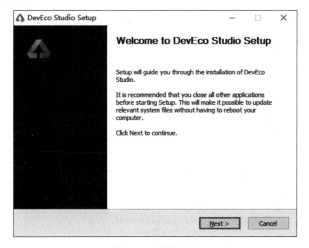

图 2-2　开始安装

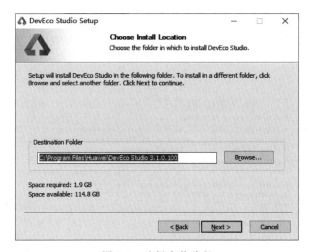

图 2-3　选择安装路径

图 2-4　选择初始化选项

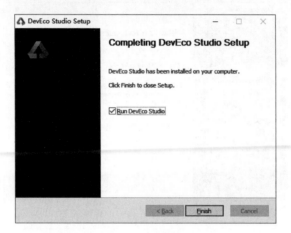

图 2-5　安装完成

至此，DevEco Studio 的下载和安装就完成了。安装完成后，可以直接启动 DevEco Studio，也可以通过开始菜单或桌面快捷方式启动 DevEco Studio，首次启动需要接受相关使用协议，如图 2-6 所示。

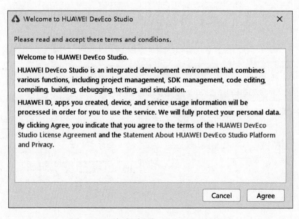

图 2-6　首次启动 DevEco Studio

另外，DevEco Studio 在安装后首次启动过程中会自动安装一些依赖软件或工具包，如 NPM、Node.js 等，一般采用默认选择，在安装过程中保持网络畅通即可。

2.2 开发第 1 个 HarmonyOS 项目

2.2.1 开发上架应用基本过程

使用 DevEco Studio 开发并将一个 HarmonyOS 应用上架到华为应用市场，大致需要以下 4 个步骤。

（1）开发准备：开发准备包括注册和认证华为开发者账号，下载和安装 DevEco Studio，下载 HarmonyOS 软件开发工具包（Software Development Kit，SDK）。具体操作可以参考配置开发环境。

（2）开发应用：DevEco Studio 集成了 Phone、Tablet、Wearable 等多种设备的应用模板，可以通过向导创建工程，并实现自己的应用。在开发过程中可以通过预览器进行预览等工作，DevEco Studio 提供了丰富的编码开发支持。

（3）运行、调试和测试应用：应用在开发过程中或完成后，可以使用真机进行调试或使用模拟器进行调试，DevEco Studio 支持单步调试、跨设备调试、跨语言调试、变量可视化等调试手段，使应用/服务调试更加高效。

（4）签名发布应用：HarmonyOS 应用开发完成后，如果需要分发，则需要将应用发布至华为应用市场。发布到华为应用市场的应用，必须使用发布证书进行签名。

其中，第 1 步和第 4 步需要做的工作比较固定，基本是一次性工作，第 2 步和第 3 步的工作往往是大量的，一个应用从开始开发到最终上线一般需要进行大量的分析、设计、编码、测试等工作，通常上述过程需要反复迭代。

2.2.2 创建并运行 Hello World 项目

DevEco Studio 开发环境配置完成后，就可以开发一个简单的 Hello World 项目了。打开 DevEco Studio，如图 2-7 所示，在欢迎页单击 Create Project 选项，创建一个新工程。

图 2-7　打开 DevEco Studio

选择运行平台和模板，如图 2-8 所示。选择开发的应用的运行平台 HarmonyOS 或 OpenHarmony，这里选择的是 HarmonyOS。选择应用模板，这里选择的是 Empty Ability。单击 Next 按钮进入下一步。

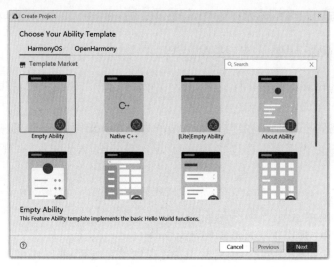

图 2-8　选择运行平台和模板

接下来，填写或选择项目相关信息，包括项目名（Project name）、项目类型（Project type）、应用包名（Bundle name）、保存路径、SDK 版本、开发模型（Model）等，这些内容有的有默认值，初学者可以保持默认值，单击 Finish 按钮，如图 2-9 所示。

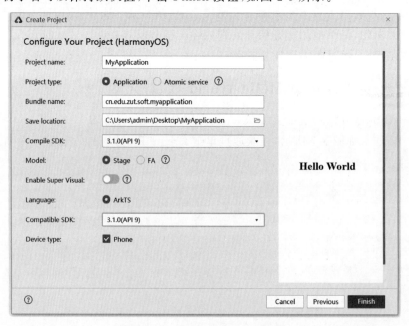

图 2-9　配置填写项目基本信息

然后，DevEco Studio 会自动进行工程的创建，首次创建工程时会进行一些关联下载，时间可能较长，需耐心等待。成功后，如图 2-10 所示。

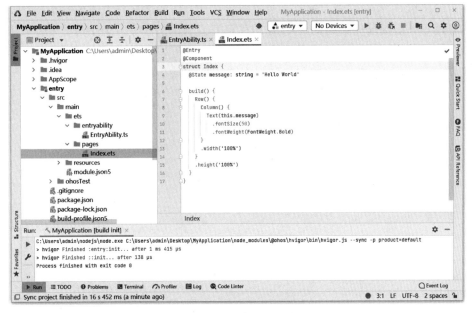

图 2-10　创建项目成功

为了运行该项目，接下来需要创建或连接设备，通过 Tools 菜单，打开华为设备管理器 Device Manager，如图 2-11 所示。

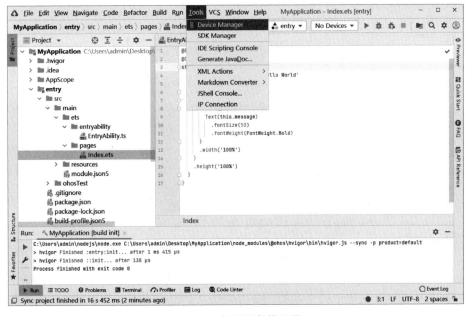

图 2-11　打开设备管理器

设备分为三类，本地模拟器（Local Emulator）、远端模拟器（Remote Emulator）和远端真机设备（Remote Device）。本地模拟器是通过安装模拟系统在本地创建一个装有鸿蒙操作系统的虚拟机，远端模拟器是通过登录连接远程的具有鸿蒙操作系统的模拟器，远端真机设备是通过登录连接远程的真机，连接远端模拟器或真机都需要登录华为开发者账号。

单击 Sign In 按钮进入浏览器打开的登录界面，如图 2-12 所示。输入账号和密码登录，并允许 DevEco Studio 访问华为账号权限，如图 2-13 所示，单击"允许"按钮。

图 2-12　设备管理器

图 2-13　授权华为账号

此后，会在设备管理器中列出远端设备，如图 2-14 所示，根据自己创建的应用的 API 版本选择启动对用版本的模拟器，这里选择 P50，单击启动按钮，启动虚拟机。

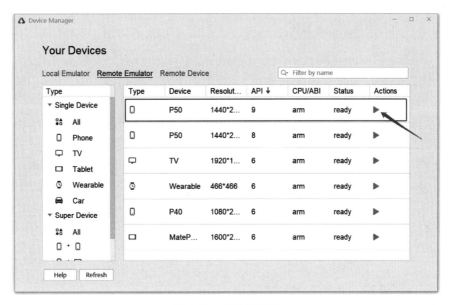

图 2-14　启动虚拟机

模拟器启动后，就可以在模拟器设备上运行所创建的项目了，在 DevEco Studio 的工具栏中，选择连接的设备，单击运行按钮，即可启动项目，如图 2-15 所示。

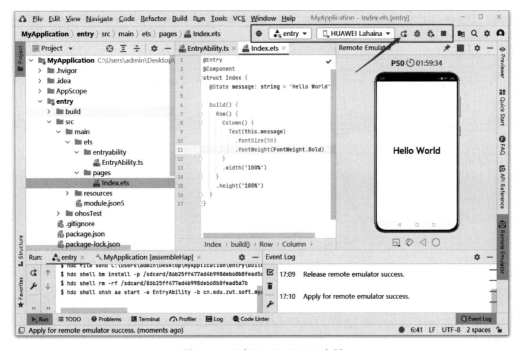

图 2-15　运行 Hello World 应用

至此，一个最简单的 HarmonyOS 移动应用在模拟器中运行成功了。

2.2.3 安装配置 SDK

利用 DevEco Studio 开发 HarmonyOS 应用需要 HarmonyOS 环境的支持,在进行正式的应用开发之前,需要安装和配置 HarmonyOS 软件开发工具包,即 HarmonyOS SDK。目前的 SDK 有多个版本,开发者可以根据需要下载相应的版本。

在打开的 DevEco Studio 中,选择菜单 Tools→SDK Manager,打开设置(Settings)窗口界面,其中包含了 SDK 安装配置界面,图 2-16 为 HarmonyOS SDK 的安装界面,其中 HarmonyOS 选项卡下的 Location 为下载的 SDK 的保存路径,Platforms 选项卡下包含了若干 SDK 版本,选择需要的版本,单击 Apply 按钮后可以自动下载并安装对应的 SDK。目前,在 SDK 方面不仅支持 HarmonyOS,而且支持 OpenHarmony,开发者可以根据开发的应用的运行环境选择安装相应的 SDK。

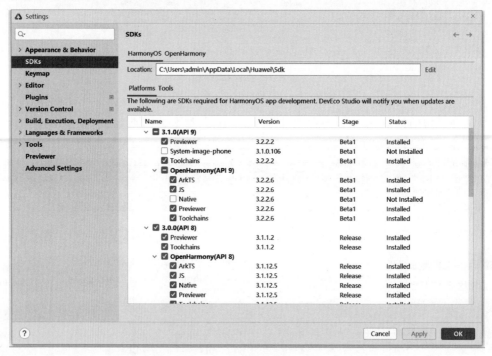

图 2-16 下载并安装 SDK

2.2.4 项目启动过程

每个项目的启动都要有一个起点,HarmonyOS 移动应用的运行起点是从解析配置文件开始的。在基于 Stage 模型的 HarmonyOS 应用项目中,每个应用都有一个 module.json5 配置文件,该文件是一个 JSON 格式的文本文件,当运行一个项目时,首先会解析该文件,获得在配置文件中的 module 配置信息,找到要启动的应用对象。

在 HarmonyOS 应用包中,一个基本的功能单元被抽象成一个 Ability,一个应用项目可以包含多个 Ability，这些 Ability 的配置信息都在 module 中。

如对于前面创建的 Hello World 应用，在 module.json5 配置文件 module 中配置的 Ability 信息代码如下：

```json
"module": {
  ...
  "pages": "$profile:main_pages",
  "abilities": [
    {
      "name": "EntryAbility",
      "srcEntrance": "./ets/entryability/EntryAbility.ts",
      "description": "$string:EntryAbility_desc",
      "icon": "$media:icon",
      "label": "$string:EntryAbility_label",
      "startWindowIcon": "$media:icon",
      "startWindowBackground": "$color:start_window_background",
      "visible": true,
      "skills": [
        {
          "entities": [
            "entity.system.home"
          ],
          "actions": [
            "action.system.home"
          ]
        }
      ]
    }
  ]
}
```

当整个应用启动时，系统会根据在配置文件中模块（module）配置的能力（Abilities）信息获得配置的能力（Ability），当然一个项目中可以配置多个 Ability，其中有一个是首先启动的 Ability，这是通过其 skills 属性中的 actions 值设置的，当为 action.system.home 时，我们称其为主 Ability，也就是首先启动的 Ability。这一点读者可以类比 C 语言中的主函数或 Java 中的主方法，也可以类比 Android 应用开发中 Androidmanifest.xml 文件中配置的主组件。一个 Ability 对应一个类的实现，如对于前面创建的 Hello World 应用的主能力对应的类为 EntryAbility，实现在 EntryAbility.ts 文件中。

接下来，系统会进入主 Ability 的生命周期中，当执行到 onWindowstageCreate() 时，会创建主窗口，并在主窗口中通过 loadContent() 加载页面，页面的实现一般位于 pages 目录下，如上例中的 Index.ets 实现了显示 Hello World 的页面。模块中的页面的配置信息一般位于 resources/profile 目录下，如前面创建的 Hello World 应用的页面配置文件 main_pages.json 的代码如下：

```
{
  "src": [
    "pages/Index"
  ]
}
```

至此,所对应的页面便会显示在设备界面上。在前面创建的 Hello World 应用的功能是显示 Hello World,其代码如下:

```
//ch02/MyApplication 项目中 Index.ets 文件
@Entry
@Component
struct Index {
  @State message: string = 'Hello World'
  build() {
    Row() {
      Column() {
        Text(this.message)
          .fontSize(50)
          .fontWeight(FontWeight.Bold)
      }
      .width('100%')
    }
    .height('100%')
  }
}
```

2.3　应用项目结构

2.3.1　逻辑结构

HarmonyOS 应用发布形态为应用包(Application Package,App Pack),简称 App。一个 App 由一个或多个鸿蒙能力包(HarmonyOS Ability Package,HAP)及描述 App 的 pack.info 文件组成。

一个 HAP 在工程目录中对应一个模块(Module),模块又由代码、资源、第三方库及应用清单文件等组成。

一个模块下面可以包含多个能力,其中有一个能力为主能力,也称为入口能力(Ability)。主能力是应用启动首先加载的能力。

Ability 是应用所具备能力的抽象,也是应用程序的重要组成部分。Ability 是系统调度应用的最小单元,是能够完成一个独立功能的组件。一个应用可以包含一个或多个 Ability。

目前,在 HarmonyOS 应用开发中,Ability 框架模型具有两种形态:FA 模型和 Stage 模型。

FA 模型将 Ability 分为 FA（Feature Ability）和 PA（Particle Ability）两种类型，其中 FA 支持 Page Ability，PA 支持 Service Ability、Data Ability，以及 FormAbility。API 8 及其更早版本的应用程序只能使用 FA 模型进行开发。

Stage 模型将 Ability 分为 PageAbility 和 ExtensionAbility 两大类，其中 ExtensionAbility 又被扩展为 ServiceExtensionAbility、FormExtensionAbility、DataShareExtensionAbility 等一系列 ExtensionAbility，以便满足更多的使用场景。Stage 模型从 API 9 开始支持。

2.3.2 目录结构

这里以前面建立的 Hello Word 项目为例，说明 HarmonyOS 应用项目的目录结构，一个基于 Stage 模型创建的 HarmonyOS 应用项目的基本目录结构如图 2-17 所示。

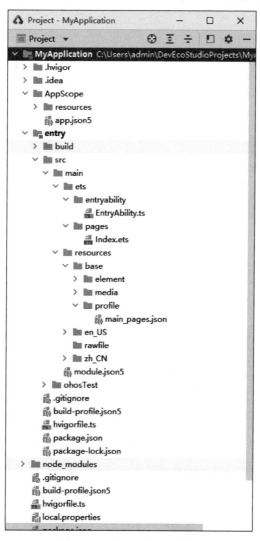

图 2-17 项目基本目录结构

（1）AppScope：应用的资源和配置信息，其中包括应用的全局资源和应用的配置文件（app.json5）。

（2）entry：默认启动模块，即主模块，其中包含了开发者用于存放编写的源码文件及开发资源目录及文件等。

（3）build：构建目录，用于存放编译构建生成的文件，由开发环境自动生成，一般开发者无须修改。

（4）entry→src：源代码目录，用于存放编写的程序源代码，也包括配置文件代码等。

（5）entry→src→main→ets：用于存放 eTS 源代码文件的目录。

（6）entry→src→main→resources：用于存放应用所用到的资源文件目录，其下面又分为元素（element）资源和媒体（media）资源，元素资源如颜色、字符串、形状等，媒体资源如图片、音频等。

（7）entry→src→main→module.json5：模块的配置文件，如模块中的 Ability 配置等。

（8）entry→src→ohosTest：存放单元测试代码的目录。

（9）entry→build-profile.json5：编译配置文件。

（10）node_modulers：该文件夹中存放的是 Node.js 包管理工具安装的包。

（11）local.properties：该文件保存了 SDK 等对应的本地路径。

开发者在开发 HarmonyOS 应用的过程中，主要需要编辑的是程序源代码、资源和配置文件，程序源代码会随着学习的深入不断掌握，下面介绍资源和配置。

2.4 资源和配置

2.4.1 资源及引用

在应用开发中，难免要使用一些颜色、图片、音频等，这些都称为资源。在 HarmonyOS 应用中，资源被统一放在 resources 目录下，包括字符串、图形、布局、图片、音视频等。在 HarmonyOS 应用中资源可以被分为三类，分别是基础资源、原始文件资源和限定词资源。基础资源位于 base 目录下，其下面又有元素资源和媒体资源等。原始文件资源位于 rawfile 目录下。限定词资源所建立的目录名称需要遵守 HarmonyOS 应用资源限定词资源要求，如 zh_CN 下为中文资源。通过向导创建的项目的默认资源目录结构如图 2-18 所示。

在资源中，base 目录下包括 element、media 等子目录，开发者也可以根据需要自行创建子目录，不同的子目录用于存放不同类型的资源。

在 element 目录下一般用于存放字符串、颜色、整数、浮点数、复数、布尔值、数组等。在 element 资源的目录下，可以通过右击快捷菜单创建需要的元素资源文件，如图 2-19 所示为创建文件名为 bool 且根元素为布尔类型的资源。

元素资源文件是以 JSON 格式表示的，通过图 2-19 操作创建的资源文件的全名为 bool.json。文件的默认内容如下：

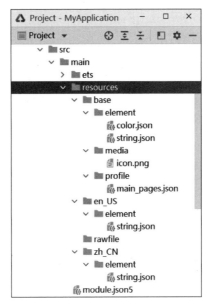

图 2-18　资源目录结构

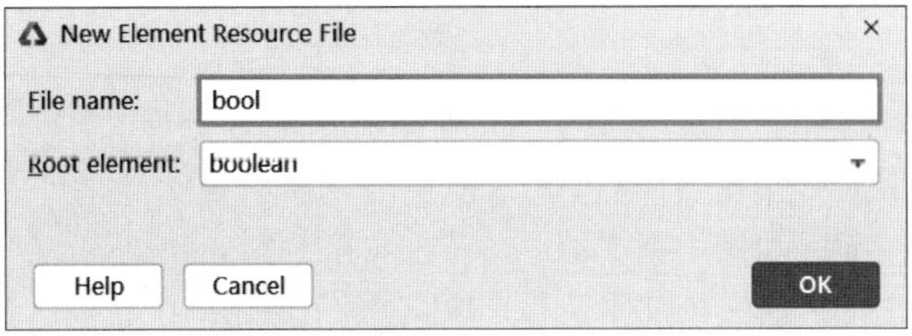

图 2-19　创建 element 资源文件

```
{
  "boolean": [
    {
      "name": "boolean_1",
      "value": true
    }
  ]
}
```

在元素资源中，资源被表示成一个 JSON 对象（最外层花括号），其中存在一个属性为资源的根元素，这里是 boolean，其值为一个 JSON 数组（其中的方括号），数组中可以有多个 JSON 对象，每个对象有一个 name 和 value 属性，分别表示资源的名字和值。

在应用中，可以通过下面的形式引用资源，代码如下：

```
$ r('app.type.name')
```

其中，app 代表在应用内 resources 目录中定义的资源；type 代表资源类型（或资源的存放位置），可以取 color、float、string、plural、media 等，name 代表资源名称，如在程序代码中引用所创建的 boolean_1 资源的代码如下：

```
$r('app.boolean.boolean_1')
```

在资源目录 rawfile 下一般存放一些原始文件，目录中的资源文件会被直接打包进应用，不进行编译，项目中通过指定文件路径和文件名进行引用，在该目录中放置的一般为一些比较大的原始文件，如图片、视频文件等。

引用 rawfile 下资源的基本形式如下：

```
$rawfile('filename')
```

其中，filename 为 rawfile 目录下的文件相对路径，并且文件名需要包含后缀，路径开头不加"/"。如引用 rawfile 目录下 pics 目录下的 img.jpeg 资源的代码如下：

```
$rawfile('pics/img.jpeg')
```

2.4.2 配置文件

1．配置文件的组成

在一个应用中主要有 3 个配置文件，分别是应用配置文件 app.json5、模块配置文件 module.json5 和模块的页面配置文件，其中模块的页面配置文件是可以自行命名的，并可在模块配置文件中配置。如第 1 个 HarmonyOS 应用中的 main_pages.json 文件。

配置文件均为 JSON 格式的文本文件，其中包含了一系列配置项，每个配置项由属性和值两部分构成。

(1) 属性：代表的是配置项的名称，属性的出现顺序不分先后，并且每个属性最多只允许出现一次。

(2) 值：属性的值表示配置的含义，值为 JSON 的基本数据类型，包括数值、字符串、布尔值、数组、对象和 null 类型等。

2．配置说明

1) App 配置

应用配置文件 app.json5 中的配置是面向整个应用的，其内部为 App 配置了多个属性，App 配置的主要属性及含义说明见表 2-1。

表 2-1 App 配置的主要属性及含义说明

属性名称	含义说明
bundleName	应用的包名，是应用的唯一性标识，同一个设备上不能存在两个相同包名的应用。通常采用域名倒序形式，如 cn.edu.zut.myapp
vendor	应用开发厂商的信息，取值为字符串
versionCode	应用的版本号，取值为整数

续表

属 性 名 称	含 义 说 明
versionName	版本名称，取值为字符串
icon	应用的图标
label	应用的标签名称
distributedNotificationEnabled	分布式通知能力是否开启，true 表示开启，false 表示不开启

下面是一个 App 配置示例，具体的代码如下：

```
{
  "app": {
    "bundleName": "com.example.myapplication",
    "vendor": "example",
    "versionCode": 1000000,
    "versionName": "1.0.0",
    "icon": "$media:app_icon",
    "label": "$string:app_name",
    "distributedNotificationEnabled": true
  }
}
```

2）模块配置

模块配置文件 module.json5 中的配置是面向模块的，其内部为 module 配置了多个属性，模块配置的主要属性及含义见表 2-2。

表 2-2　module 对象内部的主要属性说明

属 性 名 称	含 义 说 明
name	模块名称，一般和模块目录名一致
type	模块类型
description	描述信息
mainElement	主 Ability，启动时进入的 Ability
deviceType	表示允许 Ability 运行的设备类型，系统预定义的设备类型包括 phone(手机)、tablet(平板)、tv(智慧屏)、car(车机)等。值为字符串数组
pages	该模块包含的页面所对应的配置文件
abilities	表示当前模块内的所有 Ability。采用对象数组格式，其中每个数组元素表示一个 Ability 对象
package	包名称，应用内唯一标记，值为字符串，不可缺属性，一般采用反向域名格式(建议与 HAP 的工程目录保持一致)
defPermissions	表示应用定义的权限。应用调用者必须申请这些权限，才能正常调用该应用。值为对象数组，可以缺省
reqPermissions	表示应用运行时向系统申请的权限。值为对象数组，可以缺省

在 module 中有一个 abilities 配置项，abilities 的值配置的是当前模块中的所有 Ability 信息，该项值的类型为数组，数组中的每个元素表示一个 Ability，Ability 是 HarmonyOS 应

用的能力抽象，一个应用中可以拥有多个能力，每个能力都需要在配置文件中进行配置，每个 Ability 内部的主要配置属性及说明见表 2-3。

表 2-3　Ability 的主要配置说明

属 性 名 称	含 义 说 明
name	Ability 名称，对应 Ability 的类名，其值不能缺省
srcEntrance	Ability 的实现文件，如./ets/entryability/EntryAbility.ts
description	Ability 的描述信息，值为字符串，可以缺省
icon	Ability 的图标，可引用资源图片，如 $ media:icon
label	Ability 的标签，值为字符串，也可引用资源图片
visible	Ability 可见性，表示是否可以被其他应用调用，值为 true 或 false。true：可以被其他应用调用；false：不能被其他应用调用
skills	Ability 能够接收的特征说明信息，用于启动该能力。值类型为对象数组，可以缺省

3) pages 配置

页面配置是为了给模块配置若干个页面对应源码位置，在模块的配置中，通过配置 pages 为模块配置页面对应的配置文件，代码如下：

```
"pages": " $ profile:main_pages",
```

以上配置表示该模块包含的页面配置位于 profile/main_pages.json 文件中，在页面配置文件中可以配置多个源码对应的页面，示例代码如下：

```
{
  "src": [
    "pages/Index",
    "pages/add",
    "pages/edit"
  ]
}
```

以上配置表示该模块包括 3 个页面，其都位于 pages 目录下，文件名为 Index.ets、add.ets 和 edit.ets。注意在配置文件中不写文件扩展名。

当然，除了前面所述的配置外，项目中还有一些其他的配置文件，如编译配置（build-profile）、包配置（package）、本地属性配置（local.properties）等，只不过这些配置一般由开发环境自动配置，开发者一般无须过多关心。

小结

本章主要介绍了 HarmonyOS 应用开发的基础知识，主要包括开发环境的配置、第 1 个 HarmonyOS 应用、基本的应用项目的结构、项目中的资源和配置等，这些是开发者进一步学习 HarmonyOS 移动应用开发的基础，对于初学者来讲没有必要过度关心每个细节，可以在后续的学习中不断认识及理解。

第 3 章 TypeScript 基础

【学习目标】
- 了解 TypeScript 语言的特点
- 认识 TypeScript 语言支持的数据类型
- 会用 TypeScript 语言的控制结构、函数
- 理解 TypeScript 语言的面向对象特征并能够正确使用

本章介绍 TypeScript 基础，由于华为公司推出的 ArkTS 是基于 TypeScript 语言的，因此要求读者具有一定的语言基础，已经熟悉 TypeScript 的读者可以跳过本章。另外，本章对 TypeScript 的介绍是简明扼要的，是以在 HarmonyOS 应用开发中可以使用 TypeScript 语言为目的，如果读者需要进一步掌握 TypeScript，则需要学习其他专门针对该编程语言的资料。

3.1 TypeScript 语言简介

TypeScript 是由微软开发的自由和开源的编程语言，它是 JavaScript 的一个超集。JavaScript 从 1995 年问世，现在已成为最广泛使用的跨平台语言之一。虽然采用 JavaScript 编写的程序的大小、范围和复杂性呈指数级增长，但 JavaScript 语言表达严重不足，同时编码过程中的常见拼写、类型等错误都不能预先检查。TypeScript 的最初目标是成为 JavaScript 程序的静态类型检查器，但随着其发展，TypeScript 的目标更多是开发大型应用，同时其代码可以编译生成纯 JavaScript 代码，并可运行在任何浏览器上。

TypeScript 语言为 JavaScript 增加了新的特性，主要包括以下几种新特性。
- 类型批注和编译时类型检查
- 类型推断和类型擦除
- 枚举
- 元组
- 接口
- 泛型编程

- 名字空间
- 类
- 模块
- Lambda 函数
- 可选参数及默认参数等

TypeScript 包含了 JavaScript 的全部特性，支持 ES6 标准，ES6 的全称是 ECMAScript 6.0。由于 JavaScript 是被 Oracle 公司注册的商标，因此，JavaScript 的正式名称是 ECMAScript。1996 年 11 月，JavaScript 的创造者网景公司将其提交给国际化标准组织欧洲计算机制造联合会（European Computer Manufactures Association，ECMA），希望其能够成为国际标准，后来便有了 ECMAScript。2009 年 12 月，ECMAScript 5.0 版正式发布，简称 ES5。2015 年 6 月，ES6 正式成为国际标准。图 3-1 表示了 TypeScript、JavaScript、ES5、ES6 之间的关系。

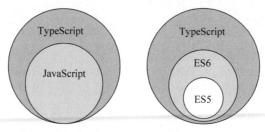

图 3-1 TypeScript、JavaScript、ES5、ES6 关系

3.2 TypeScript 简单使用

使用 TypeScript 编写程序，需要安装其编译环境，安装编译环境首先需要安装 NPM 工具，NPM 的全称是 Node Package Manager，是一个 Node.js 包管理和分发工具，已经成为 Node 模块的标准。NPM 是可以随同 Node.js 一起安装的包管理工具，因此可以直接安装 Node.js 以安装 NPM。关于 Node.js 的安装可以访问其官网下载并安装。

假设本地环境已经安装了 NPM 工具，可以使用以下命令来安装 TypeScript。首先通过命令设置镜像网址，命令如下：

```
npm config set registry https://registry.npmmirror.com
```

通过命令安装 TypeScript，命令如下：

```
npm install -g typescript
```

待安装完成后，可以使用 tsc -v 命令查看版本信息，如果显示出版本信息，则说明 TypeScript 编译器已经安装成功，显示版本信息的命令如下：

```
tsc - v
Version 4.7.4
```

在当前目录下,建立一个文本文件,并输入下面的内容,将文件名保存为 app.ts。TypeScript 源程序的扩展名为 ts,代码如下:

```
var msg:string = "Hello World"
console.log(msg)
```

这样,一个最简单的 TypeScript 程序就写好了,然后可以执行以下命令将 TypeScript 代码转化成 JavaScript 代码如下:

```
tsc app.ts
```

此时,会在当前目录下生成一个 app.js 文件,其内容如下:

```
var msg = "Hello World";
console.log(msg);
```

接下来,可以使用 node 命令来执行 JavaScript 代码,执行 app.js 文件的命令如下:

```
node app.js
```

上述由 app.ts 转换为 app.js 的过程表明 TypeScript 代码是通过 TypeScript 编译器(tsc)把代码转化成了 JavaScript 代码,如图 3-2 所示,最终真正运行的还是 JavaScript 程序。

图 3-2　TypeScript 编译成 JavaScript

TypeScript 会忽略程序中出现的空格、制表符和换行符。空格、制表符通常用来缩进代码,使代码易于阅读和理解。

TypeScript 区分大写和小写字符,即仅大小写不同的标识符也被认为是不同的标识符。

TypeScript 语句后面的分号(;)是可选的,当一行只有一个语句时,其后可以使用分号,也可以不使用,如果一行有多个语句,则需要使用分号分隔,代码如下:

```
console.log("Hello"); console.log("World");
```

TypeScript 支持两种类型的注释,单行注释采用"//",一行中在//后面的文字是注释内容,多行注释采用"/*""*/",位于二者之间的多行内容为注释。这一点和很多编程语言相同。

3.3 基本类型和运算符

3.3.1 数据类型

TypeScript 是强类型语言，要求所有的量都要有明确的类型，TypeScript 语言支持的类型包括数值类型、字符串类型、布尔类型、数组类型、元组类型、枚举类型、void 类型、null 类型、undefined 类型、never 类型和任意类型。

数值类型：数值类型用于表示数值，其值为 64 位浮点值，可以表示整数和浮点数，可以采用二进制、八进制、十进制和十六进制。数值类型对应的关键字是 number。下面是数值类型变量的示例，代码如下：

```
let x: number = 100         //本质不是整数,是浮点数
let y: number = 3.14        //浮点数
let a: number = 0b111       //二进制
let b: number = 0o76        //八进制
let c: number = 60          //十进制
let d: number = 0xff0000    //十六进制
```

字符串类型：若干个字符组成的串，可以使用单引号(')，也可以使用双引号(")引起来，单引号和双引号要成对出现，如果字符串中间需要有引号，则可以使用转义字符。字符串类型对应的关键字是 string。下面是字符串类型变量的示例，代码如下：

```
let s1: string = '张三'              //单引号
let s2: string = "李四"              //双引号
let s3: string = "I'm Wang Wu"       //双引号内含有单引号,可以不转义
let s4: string = "I\'m Zhao Liu"     //双引号内含有单引号,也可以转义
let s5: string = 'I\'m Sun Qian'     //单引号内含有单引号,必须转义
```

当字符串中需要出现特殊字符时，需要用转义字符，常用的转义字符见表 3-1。

表 3-1 常用的转义字符

代码	输出	代码	输出
\'	单引号	\r	回车符
\"	双引号	\t	制表符
\\	反斜杠	\b	退格
\n	换行符	\f	换页符

另外，字符串还可以使用反引号(`)来定义多行文本和内嵌表达式，内嵌表达式采用 ${变量} 形式表示。下面是反引号的示例，代码如下：

```
let name: string = "ZhangSan"
let age: number = 18
let msg: string = `基本信息,姓名: ${ name } 年龄: ${ age }`
```

```
console.log(
    `<div>
        <span>${msg}</span>
    </div>`
)
```

布尔类型：表示逻辑值，对应的关键字是 boolean，布尔类型只有两个值，分别为 true 和 false。例如定义布尔变量的代码如下：

```
let r: boolean = true
```

数组类型：若干个相同的类型组成的一组数据，在一种类型后面加上中括号（[]）即表示该类型对应的数组类型。另外，数组还可以使用泛型。例如定义数组的代码如下：

```
let arr1: number[] = [1,2,3,4,5]
let arr2: Array<number> = [1,2,3,4,5,6]
```

元组类型：元组可以理解成已知元素数量和类型的特殊数组，和数组不同的是，元组中各元素的类型不必相同。元组类型使用的示例代码如下：

```
let t: [string,number]          //t 为二元元组
t = [ "price",10.6 ]            //赋值
console.log( t[1] )             //输出 10.6
t = [ 10.6,"price" ]            //错误
```

枚举类型：枚举类型用于定义若干个数值集合，使用的关键字是 enum。枚举类型使用的示例代码如下：

```
enum Color { Red, Green, Blue }
let c: Color = Color.Blue
console.log(c);                 //输出 2
```

函数空类型：即 void 类型，用于表示函数返回值的类型，当函数不需要有返回值时，可以将其返回类型表示为该类型。函数空类型使用的示例代码如下：

```
function printinfo(): void {
    alert("This is something");
}
```

空类型：也称为 null 类型，表示对象值缺失，在 JavaScript 中 null 表示空，即什么都没有，null 也是一个特殊值，表示一个空对象引用。当使用 typeof 判断 null 时，其返回的是 object。

未定义类型：即 undefined 类型，表示未定义，在 JavaScript 中，当一个变量没有设置值时就为 undefined。通过 typeof 判断一个没有值的变量会返回 undefined。

null 和 undefined 是其他任何类型(包括 void)的子类型,可以赋值给其他类型,赋值后的类型会变成 null 或 undefined,但是在 TypeScript 中启用严格的空校验(--strictNullChecks)特性,就可以使 null 和 undefined 只能被赋值给 void 或本身对应的类型,示例代码如下:

```
//启用 -- strictNullChecks
let x: string;
x = "good";                                    //编译正确
x = undefined;                                 //编译错误
x = null;                                      //编译错误
```

在上面的例子中变量 x 只能是字符串类型。如果一种类型可能出现 null 或 undefined,则可以用 | 来支持多种类型,示例代码如下:

```
//启用 -- strictNullChecks
let y: number | null | undefined;
y = 1;                                         //编译正确
y = undefined;                                 //编译正确
y = null;                                      //编译正确
```

无果类型:即 never 类型,表示从不会出现的值,声明为 never 类型的变量只能被 never 类型所赋值,never 在函数中通常表现为抛出异常或无法执行到终止点,如无限循环。never 类型是其他类型的子类型,包括 null 和 undefined,示例代码如下:

```
let a: never
let b: number
a = 100                                        //编译错误,数值不能赋值给 never 类型
a = (() =>{ throw new Error('error')})()       //正确,never 类型赋值
b = (() =>{ throw new Error('error')})()       //正确,never 赋值给数值类型
function error(msg: string): never {           //函数返回 never 类型
    throw new Error(msg);
}
function loop(): never {                       //函数返回 never 类型,可以理解成永远不返回
    while (true) {}
}
```

任意类型:也称为 any 类型,是针对类型不明确的变量使用的一种数据类型,常用于类型会动态改变的情况,示例代码如下:

```
let x: any = 1                                 //数字类型
x = 'I am zhangsan'                            //字符串类型
x = false                                      //布尔类型
x.show()                                       //当 x 是一个对象时,show 方法在运行时可能存在,编译时不检查
let arr: any[] = [ 0, true, 'good' ]           //any 类型数组
arr[1] = 100
```

总体来讲，TypeScript语言支持的数据类型还是比较丰富的。除了支持基本的类型外，TypeScript还支持自定义类型，如类等。

数据类型在使用的过程中一般遵循一致性原则，即什么类型的变量就赋予对应类型的值。

通过类型定义变量的一般格式如下：

```
修饰符    变量名:类型名 [ = 值]
```

TypeScript变量的使用规则如下：

(1) 变量名可以包含数字、字母、下画线(_)和美元($)符号，不能包含其他特殊字符和空格。

(2) 变量名不能以数字开头。

(3) 变量使用前必须先声明。

(4) 变量类型可以自动推定和隐式转换。

变量的使用，示例代码如下：

```
var s1:string = "good"                //定义变量并初始化
var s2:string                         //未初始化,变量值会被设置为 undefined
var s3 = "anything"                   //自动将 s3 推定为 any 类型
var s4                                //s4 为 any 类型,值为 undefined
console.log(typeof(s4))               //输出 undefined,因为 s4 未赋值
s4 = "anything"                       //var 修饰符表示变量,可以多次被赋值
console.log(typeof(s4))               //输出 string
let x: number = 100
console.log(typeof(x))                //输出 number
x = s4                                //any 类型可以赋值给 number,自动转换
console.log(typeof(x))                //输出 string

x = s1                                //错误,字符串不能赋值给数值实例
```

在TypeScript中，可以通过管道符号(|)将变量定义成多种类型，示例代码如下：

```
var val:string | number               //val 可以是 string 或 number 类型
val = 6
val = "some"
console.log("val = " + val)           //最后一次赋值的结果
```

3.3.2 运算符

TypeScript运算符包括算术运算符、关系运算符、逻辑运算符、位运算符、赋值运算符、三元条件运算符、类型运算符、其他运算符。

算术运算符包括加(+)、减(-)、乘(*)、除(/)、求余(%)、自增(++)和自减(--)。

关系运算符包括等于(==)、不等于(!=)、大于(>)、小于(<)、大于或等于(>=)、小

于或等于(<=)。另外还有强等于(===),用于判断值和类型是否同时相同,强不等于(!==)会要求值和类型都不相同。

逻辑运算符包括逻辑与(&&)、逻辑或(||)、逻辑非(!)。

位运算符包括位与(&)、位或(|)、取反(~)、异或(^)、左移(<<)、右移(>>)、无符号右移(>>>)。

赋值运算符包括赋值(=)、复合加赋值(+=)、复合减赋值(-=)、复合乘赋值(*=)、复合除赋值(/=)。

三元条件运算符只有问号冒号运算符(?:)。

类型运算符包括 typeof 和 instanceof。typeof 是一元运算符,返回的是操作数的数据类型。instanceof 运算符用于判断对象是否为指定的类型的实例。

除了上述的运算符外,还有一些其他运算符。如负号运算符(-),其写法和减号运算符一样,作为一元运算符时表示负号;字符串连接运算符(+),其写法和加法运算符一样,当有字符串参与时表示连接;分量运算符(.),用于类或对象引用其分量;下标运算符([]),用于数组或元组引用其分量。

TypeScript 运算符的使用和很多其他高级编程语言中的运算符类似,这里限于篇幅不进行详细说明。

3.4 控制语句和函数

11min

3.4.1 控制语句

程序的基本控制结构有顺序结构、分支结构和循环结构,这一点在所有的高级编程语言中都是适用的。

顺序结构比较简单,程序按照语句的先后次序执行,不需要控制语句进行控制。

1. 分支语句

分支结构也称为选择结构,分支语句根据不同的条件来执行不同的分支,TypeScript 分支语句有 if 语句、if…else 语句、if…else if…else 语句、switch…case 语句。

if 语句由一个布尔表达式后跟一个或多个语句组成,语法格式如下:

```
if( 布尔表达式 ){
    //布尔表达式 true 执行语句块
}
```

if…else 语句有两个分支,if 后跟一个,else 后跟一个,语法格式如下:

```
if( 布尔表达式 ){
    //在布尔表达式为 true 时执行
}else{
    //在布尔表达式为 false 时执行
}
```

if…else if…else 语句相对于在 if…else 语句中嵌套了一个 if…else 语句,在执行多个判断条件时比较有用,语法格式如下:

```
if( 布尔表达式 1 ){
    //在布尔表达式 1 为 true 时执行
} else if( 布尔表达式 2 ){
    //在布尔表达式 2 为 true 时执行
} else if( 布尔表达式 3 ){
    //在布尔表达式 3 为 true 时执行
} else {
    //在前面布尔表达式都为 false 时执行
}
```

switch…case 语句是一个多路分支语句,一个 switch 语句允许测试一个变量等于多个值的情况,每个值称为一个 case,语法格式如下:

```
switch( 表达式 ){
    case 常量表达式 1 :
        //执行语句
        break;                      //可选   执行 break,跳出 switch 语句
    case 常量表达式 2 :
        //执行语句
        break;                      //可选   如果没有 break,则继续向下执行
    //可以有任意多个 case
    default : // 可选的 //
        //默认执行语句
}
```

使用 switch 语句必须遵循以下规则:

(1) 在一个 switch 中可以有任意数量的 case 语句,每个 case 后跟一个要比较的值和一个冒号。

(2) case 后的常量表达式必须和 switch 后括号内的表达式具有相同的数据类型,并且必须是一个常量或字面量。

(3) 当被判断的表达式值等于 case 中的常量时,case 后跟的语句将被执行,直到遇到 break 语句为止。

(4) 当遇到 break 语句时,switch 终止,控制流将跳转到 switch 语句后。

(5) 不是每个 case 都需要包含 break。如果 case 语句不包含 break,则控制流将会继续判断后续的 case 是否为真,直到遇到 break 为止。

(6) 一个 switch 语句可有一个可选的 default,出现在 switch 结尾。default 可用于在上面所有 case 都不为真时执行一个任务,default 不是必需的。

2. 循环语句

循环结构是编程过程中常用的结构,TypeScript 语言中循环语句有 for 语句、for…in 语句、while 语句、do…while 语句,另外还支持 for…of、for…in、forEach、every 和 some 循环。

for 语句的语法格式如下：

```
for( 表达式 1 ; 表达式 2 ; 表达式 3 ){
    //循环体代码
}
```

for 循环语句的控制流程如下：

(1) 首先执行表达式 1,并且只执行一次。表达式 1 一般为初始化表达式,表达式 1 可以为空。

(2) 接着会判断表达式 2,如果表达式 2 的结果为 true,则执行循环体。如果值为 false,则循环终止。表达式 2 是循环条件表达式。

(3) 每执行一遍循环体后,控制流会跳到表达式 3。表达式 3 一般为增量表达式,表达式 3 也可以为空。

(4) 再次执行表达式 2,如果表达式 2 为 true,则继续循环,这个过程会不断重复,直到表达式 2 为 false 时,循环终止。

while 循环也称为当型循环,while 语句语法格式如下：

```
while( 循环条件表达式 ){
    //循环体
}
```

在 while 语句中,当循环条件表达式为 true 时,执行循环体,否则终止循环。

do…while 循环也称为直到型循环,do…while 语句首先执行一遍循环体,在循环的尾部检查循环条件表达式,其语法格式如下：

```
do{
    //循环体
}while( 循环条件表达式 );
```

在 do…while 语句中,同样是当循环条件表达式为 true 时,继续执行循环体,否则终止循环。

for…of 循环语句是在 ES6 中引入的,以替代 for…in 和 forEach()。for…of 语句允许遍历 Arrays(数组)、Strings(字符串)、Maps(映射)、Sets(集合)等可迭代的数据结构,示例代码如下：

```
let arr = [ 6, "some", false ]
for(let e of arr) {
    console.log( e );                    //依次输出 6、some 和 false
}
```

for…in 和 for…of 都可以遍历可迭代的数据结构,不同的是,for…in 返回的是被迭代对象的键,而 for…of 返回的是被迭代对象的属性的值,示例代码如下：

```
let arr = [ 6, "some", false ]
for(let e in arr) {
    console.log( e );                           //依次输出 0,1 和 2
}
```

forEach、every 和 some 是 JavaScript 的循环语法，TypeScript 作为 JavaScript 的语法超集，当然默认也是支持的。这 3 个循环更像是可以迭代对象的方法。

forEach 的基本用法，示例代码如下：

```
const arr = ['a', 'b', 'c'];
arr.forEach( element => console.log(element) );     //对每个元素执行操作

arr.forEach( ( value, index, array ) => {           //又一种用法
    //value 代表当前值
    //index 代表当前下标
    //array 代表数组本身
    }
);
```

因为 forEach 在迭代器中是无法返回的，所以可以使用 every 和 some 来取代 forEach。every 循环的代码如下：

```
let list - [100, 200, 300];
list.every((value, index, array) => {
    //value 代表当前值
    //index 代表当前下标
    //array 代表数组本身
    return r;   //当返回值为 true 时继续,当返回值为 false 时退出循环
                //在循环过程中一旦执行返回值为 false 循环就停止
    }
);
```

some 循环的代码如下：

```
let list = [100, 200, 300];
list.some((value, index, array) => {
    //value 代表当前值
    //index 代表当前下标
    //array 代表数组本身
    return r; //在循环过程中一旦执行返回值为 true 循环停止
    }
)
```

every()方法使用指定函数检测数组中的所有元素，如果数组中检测到有一个元素不满足(以返回值为 false 判定)，则剩余的元素不会再进行检测，every()的返回值也为 false。如果所有元素都满足条件，则 every()的最终返回值为 true。

some()方法依次执行数组的每个元素,如果有一个元素满足条件(以返回值为 true 判断),则剩余的元素不会再执行检测,some()的返回值为 true。如果没有一个满足条件的元素,则 some()的最终返回值为 false。

3. 跳转语句

在使用循环的过程中,可以使用 break 和 continue 语句进行跳转。

当在循环体内执行到 break 语句时,循环会立即终止,并且程序流将继续执行紧接着循环的下一条语句。如果循环有嵌套关系,则 break 语句停止的是其所在的当前层循环,语法格式如下:

```
break;                              //分号可以省略
```

当在循环体内执行到 continue 语句时,它不是终止循环,而是会跳过当前循环中的剩余代码,执行当前循环的下一轮循环。对于 for 循环,continue 语句执行后,会跳转到其第 3 个表达式。对于 while 和 do…while 语句,continue 语句执行后,会跳转到执行循环判断条件,其语法格式如下:

```
continue;                           //分号可以省略
```

3.4.2 函数

14min

1. 一般函数

函数是若干语句组成的功能块,函数是组织程序的有效方法。函数声明需要让编译器能够辨析函数名、参数和返回类型。函数体是函数的执行功能代码块。TypeScript 语言中定义函数的基本语法格式如下:

```
function  函数名( 参数:类型 ):返回类型 {   //function 为关键字
    //函数体代码
}
```

调用函数的基本语法格式如下:

```
函数名( 实际参数 )
```

定义函数时,函数名必须符合标识符规则。

在函数内返回,可以执行 return 语句,return 返回的类型应该和函数的返回类型一致。

函数定义时,可以包含多个参数,多个参数之间以逗号分隔。当函数有多个参数时,调用时也应输入相关个数的实际参数,实际参数会对应传递给函数的参数。

函数定义时,可以定义可选参数,可选参数调用时可以不传递实际参数,可选参数比必须参数在函数定义形式上多一个问号(?)。定义可选参数的函数的基本语法格式如下:

```
function 函数名( 参数1: 类型1, 可选参数?: 类型 ) {
    //函数体代码
}
```

在有可选参数的情况下,可选参数必须跟在必须参数后面。

函数定义时,可以设置参数的默认值,这样在调用函数时,如果不传入该参数的值,则使用默认的参数值,定义带默认参数的函数的基本语法格式如下:

```
function 函数名( 参数1:类型 , 参数2:类型 = 默认值) {
    //函数体代码
}
```

默认值参数,在函数调用时也可以传递参数,此时会使用传递的参数值,也可以不传递参数,此时会使用默认值。默认值参数也必须跟在必须参数的后面。

在定义函数时,参数不能同时设置为可选参数和默认值参数。

在定义函数时,还可以定义剩余参数,剩余参数针对函数参数个数不确定的情况,剩余参数语法允许将一个不确定数量的参数作为一个数组输入,剩余参数的声明名称前有3个点(...),示例代码如下:

```
function getSum( ...nums:number[] ) {          //带有剩余参数
    var i;
    var sum:number = 0;
    for( i = 0;i<nums.length;i++) {
        sum = sum + nums[i];
    }
    console.log("sum = ",sum)
}
getSum(1,2,3)                                   //调用,可以传入任意多个number
getSum(1,2,3,4,5)                               //调用,可以传入任意多个number
```

在定义函数时,如果有剩余参数,则必须是最后一个参数,并且只能有一个剩余参数。

2. 匿名函数

匿名函数是一个没有函数名的函数。一般在程序运行时动态声明,除了没有函数名外,其他的特性与一般函数一样。为了使用一般会将匿名函数赋值给一个变量,定义和调用匿名函数的基本用法如下:

```
var f = function() {                            //定义匿名函数,赋值给f
        //函数体代码
    }
f()                                             //调用匿名函数
```

在不赋值给变量的情况下,匿名函数可以自调用,只需在函数后使用( ),示例代码如下:

```
function() {                    //定义匿名函数
    //函数体代码
}()                             //调用匿名函数
```

匿名函数可以带参数,这一点和一般的函数相同。

3. Lambda 函数

Lambda 函数也可以称为箭头函数,是一种基于 Lambda 表达式的函数形式,也可以理解成是一种特殊的匿名函数,其箭头表达式形式比较简洁,示例代码如下:

```
var f = (x:number) => 10 + x    //表示给参数 x,执行箭头(=>)后面的语句
f(5)                            //得到 15
```

当执行的表达式比较多时,可以采用花括号括起来,示例代码如下:

```
var f = (x:number) => {         //表示给参数 x,执行箭头(=>)后面语句块
    x = x + 10
    return x + 20
}
f(5)                            //得到 35
```

当只有一个参数时,如果类型可以推定,则可以省略(),示例代码如下:

```
var f = x => {                  //表示给参数 x,执行箭头(=>)后面语句块
    x = x + 10
    return x + 20
}
f(5)                            //得到 35
```

在无须参数的情况下,可以用空括号,示例代码如下:

```
var show = () => { console.log("something") }
show()
```

Lambda 函数也可以有返回值类型,示例代码如下:

```
var f = ( x:number ):string => {    //返回类型为 string
    return "x = " + x
}
console.log( f(6) )
```

在使用 Lambda 表达形式时,其箭头(=>)前相当于函数头说明,箭头(=>)后面相当于函数体。

3.5 类和接口

3.5.1 类和对象

TypeScript 语言可以说是面向对象的 JavaScript。TypeScript 支持面向对象的基本特

性,具有类、对象、接口、继承等语言表达。

1. 类的定义

类是描述了所创建的对象的共同的属性和方法的抽象,在 TypeScript 中,类定义的基本格式如下:

```
class 类名 {
    //类体
}
```

定义类的关键字为 class,后面紧跟类名,然后是花括号括起来的类体。类体中可以包含属性和方法,示例代码如下:

```
class Person {
    name:string;                            //属性
    constructor(name:string) {              //构造函数,有特定的名字,不和类同名
        this.name = name
    }
    show():void {                           //方法,注意前面没有 function 关键字
        console.log("姓名:" + this.name )
    }
}
```

2. 创建使用对象

对象是类的实例,使用 new 关键字创建对象,语法格式如下:

```
var 对象名 = new  类名(参数)           //参数
```

通过类创建对象时,会调用相应的构造函数,示例代码如下:

```
var obj = new Person("张三")
```

类中的属性和方法可以使用点运算符(.)访问,示例代码如下:

```
obj.name = "李四"                          //访问属性
obj.show()                                 //访问方法
```

对象其实就是包含一组键-值对的实例,这里的值可以是标量、函数、数组、对象等。在 TypeScript 中,除了可以通过类创建对象外,还可以直接使用类似 JSON 格式的方式创建对象,示例代码如下:

```
var obj = {
    name:"王五",                            //标量
    say: function() {                       //函数
        console.log( this.name )
    },
    scores:[100,99]                         //集合
```

```
}
obj.say()                                    //调用 say 函数
```

3. 成员权限

类中的成员有公有(public)、私有(private)与保护(protected)3 种保护权限,在默认情况下为 public 权限,成员权限说明的示例代码如下:

```
class OtherPerson {
    private    name:string;                  //私有属性
    protected  id:string;                    //保护属性
    public show():void {                     //公有方法,public 可以省略
        console.log("姓名:" + this.name )
    }
}
```

具有公有权限的成员在类外和类内都能访问,具有私有权限的成员只能在类内访问,具有保护权限的成员可以在类内和子类中访问。

4. static 关键字

关键字 static 用于将类的成员(属性和方法)定义为静态的,静态成员属于类本身,可以直接通过类名调用,示例代码如下:

```
class Car {
    static num:number;                       //静态成员
    public static disp():void {              //public 可以省略
        console.log("num 值为 " + Car.num)
    }
}
Car.num = 12                                 //初始化静态变量
Car.disp()                                   //调用静态方法
```

5. 类的继承

TypeScript 中类的继承使用关键字 extends,在 TypeScript 中只支持单继承,即一个类最多只能有一个父类。继承可以重写方法,可以通过 super 访问父类中的成员,示例代码如下:

```
class Student    extends Person {
    major:string                             //增加了新属性
    constructor( n:string,m:string ) {       //构造函数
        super(n)                             //调用父类构造函数
        this.major = m
    }
    show():void {                            //重写方法
        super.show()                         //调用父类中的函数
        console.log( "专业:" + this.major)
    }
}
```

```
}
var obj = new Student("张三","计算机")
obj.show()
```

3.5.2 接口

接口是一系列抽象的声明,TypeScript 定义接口的基本语法如下:

```
interface 接口名 {    }
```

接口在 TypeScript 中使用非常灵活,它可以作为类型限制数据,示例代码如下:

```
interface LabelType {
    tag: string
}
function printLabel( label: LabelType) {
    //这里参数 label 要符合 LabelType 的接口规则
    //参数必须包含一个 tag 属性
    console.log( label.tag )
}
let obj = { api:9 , tag: "HarmonyOS" }
printLabel( obj )                          //输出 HarmonyOS
```

接口可以继承,也就是说接口可以扩展于其他接口,TypeScript 中允许接口继承一个或多个接口,继承关键字是 extends,多继承时父接口以逗号分隔,接口继承的语法格式如下:

```
interface   sub_name extends super_name1 [, super_name2 ]
```

关于继承的基本使用,示例代码如下:

```
interface I1 { a:number }
interface I2 { b:number }
interface I extends I1, I2 { }
var Iobj:I = { a:100, b:200 }
console.log( "a:" + Iobj.a + " b:" + Iobj.b )    //输出 a:100 b:200
```

类可以实现接口,实现接口的关键字是 implements,其使用的示例代码如下:

```
interface IRun {                              //定义接口
    n:number
    run():void
}
class Run implements IRun {                   //实现接口
    n:number
    run():void{
        var i
        for( i = 0; i< this.n; i++){
```

```
            console.log( i )
        }
    }
    constructor( n:number ) {            //构造函数
        this.n = n
    }
}
var obj = new Run( 6 )                   //创建对象
obj.run()
```

3.6 模块

在处理模块化代码方面，JavaScript 的不同方法有一定的历史，自 TypeScript 诞生以来，其实现了对多种格式的支持，但随着时间的推移，逐渐融合为 ES6 模块的格式上，其基本就是 import/export 语法。ES 模块是在 2015 年被添加到 JavaScript 规范中的，到 2020 年得到了广泛的 Web 浏览器和 JavaScript 运行时支持。

TypeScript 模块的设计理念是可以替换的代码块。模块是在其自身的作用域里执行，这样定义在模块里面的变量、函数和类等在模块外部是不可见的。如果需要在模块外可见，则需要明确地使用 export 导出。同时，使用时需要通过 import 导入所导出的模块中的变量、函数、类等。两个模块之间的关系是通过在文件级别上使用 import 和 export 建立的。

模块使用模块加载器去导入其他的模块。在运行时，模块加载器的作用是在执行此模块代码前去查找并执行这个模块的所有依赖。常用的加载器是服务于 Node.js 的 CommonJS 和 Web 应用的 Require.js。

3.6.1 模块导出与导入

对于 ES 模块语法，文件可以通过 export default 方式声明默认导出，示例代码如下：

```
//ch03/hello.ts
export default function helloWorld() {
    console.log("您好,世界!")
}
```

在另外一个文件中，可以通过 import 导入模块，示例代码如下：

```
//ch03/app1.ts
import helloWorld from "./hello"         //从文件 hello.js 导入模块
helloWorld();                            //调用函数
```

除了默认导出之外，可以通过 export 导出多个变量和函数等，示例代码如下：

```
//ch03/maths.ts
export var pi = 3.14
```

```
export let e = 2.718
export class RandomNumber {
    //这里省略了类实现代码
}
export function abs(num: number) {
    if (num < 0){
        return num * -1
    }
    return num
}
```

对于文件 maths.ts 的导出,可以在别的文件中导入,示例代码如下:

```
//ch03/app2.ts
import { pi, e, abs } from "./maths"
console.log(pi)
const a = abs( -100 * e )
console.log(e)
```

导入时,使用 import {old as new} 可以为已有的标识符重命名,示例代码如下:

```
//ch03/app3.ts
import { pi as π } from "./maths";      //以 π 作为 pi 的新名
console.log( π );
```

导入时,使用 * as name 可以把所有导出的对象放入一个命名空间下,示例代码如下:

```
//ch03/app4.ts
import * as math from "./maths"         //放到命名空间 math 下
console.log( math.pi )                  //通过命名空间访问 pi
const a = math.abs( math.e )            //通过命名空间访问 e
```

在 ES6 语法里,可以使用 export 和 export default 两种方式导出,二者的主要区别如下:

(1) export 为导出,export default 为默认导出。

(2) 在一个文件或模块中,export、import 可以有多个,但 export default 只能有一个,即默认导出只能有一个。

(3) 通过 export 方式导出,在导入时需要加花括号{ },如果使用 export default 导出,则在导入时不需要加花括号{ }。

例如,对于 export 导出的基本用法如下:

```
//ch03/testa.ts
export const s = "something"
export function log( s ) {
    return s;
}
```

对应的导入方式的示例代码如下：

```
//ch03/testb.ts
import { s, log } from './testa'        //注意带花括号，也可以分开导入(两次)
```

例如，对于 export default 导出的基本用法如下：

```
//ch03/testc.ts
const s = "something"
export default s                        //注意 export default 导出只能有一个
```

默认导出所对应的导入方式，示例代码如下：

```
//文件 testd.ts
import s from './testc';                //导入时不带花括号
export default s                        //export default 导出只能有一个，这里再次导出 s
```

当使用 export default 为模块指定默认输出时，可以不需要知道所要加载模块的标识符名称，示例代码如下：

```
//ch03/teste.ts
let s = "something"
export default s
//这里相当于为 s 变量值"something"起了一个系统默认的变量名 default
//default 只能有一个值，所以一个文件内不能有多个 export default
```

对于默认导出，在另一个文件中导入时，示例代码如下：

```
//ch03/testf.ts
import any1 from "./teste"
import any2 from "./teste"
//本质上，teste.ts 文件的 export default 会输出一个叫作 default 的变量
//系统允许为它取任意名字且不需要用花括号包含
console.log( any1 )                     //输出 something
console.log( any2 )                     //输出 something
```

3.6.2　CommonJS 模块用法

CommonJS 是 NPM 上大多数模块的交付格式，其导出通过设置 exports 全局属性来导出的 module，使用 require 语句导入文件，示例代码如下：

```
//文件:testg.ts
function abs(num: number) {
    if (num < 0) return num * -1;
    return num;
}
module.exports = {
```

```
    pi: 3.14,
    abs,
}
```

对于以上文件代码,在其他文件中引入的示例代码如下:

```
//ch03/testh.ts
const maths = require("./testg");
console.log( maths.pi )
maths.abs( -3.6 )
```

总之,模块可以很好地组织多文件应用。另外,关于模块的导入和导出还有其他的一些用法,这里不再阐述。

3.7 装饰器

装饰器(Decorator)在 TypeScript 中是非常常用的,它可以使程序变得更加美好。许多库是基于装饰器构建的,如 Angular、Nestjs 等。这里简要地介绍装饰器以便读者能够更好地进行基于 TypeScript 的 HarmonyOS 应用开发。

装饰器在本质上是一种特殊的函数,可以被应用在类、类属性、类方法、类访问器、类方法的参数上,从而改变原有的功能。装饰器很像组合一系列函数,通过它可以轻松实现代理模式来使代码更简洁。

启用装饰器,可以通过命令行参数或在 tsconfig.json 文件中启用实验性装饰器编译器选项实现。通过命令行启用装饰器的命令如下:

```
tsc -- target ES6 -- experimentalDecorators
```

对于配置文件 tsconfig.json,启用装饰器的配置如下:

```
{
    "compilerOptions": {
        "target": "ES6",
        "experimentalDecorators": true
    }
}
```

装饰器在使用上语法十分简单,只需在想使用的装饰器前加上@符号,这样装饰器就会被应用到对应的目标上。下面是一个在类上使用装饰器的示例,代码如下:

```
function test() {                          //一个函数
    console.log("This is test")
}
@test                                      //在类 A 上使用装饰器
class A {}
```

如果一个函数返回一个回调函数,当这个函数作为装饰器来使用时,这个函数就是装饰器工厂,示例代码如下:

```
function test() {
    console.log('test out');
    return (target) => { console.log('test in') }
}

@test()
class A{ }
```

上方代码的含义为给 A 这个类绑定了一个装饰器工厂,在绑定时由于在函数后面写上了(),所以会先执行装饰器工厂以便获得真正的装饰器,真正的装饰器会在定义类之前执行,所以会接着执行里面的函数,上方代码输出的结果如下:

```
test out
test in
```

装饰器只在解释执行时会执行一次,下面是一个说明示例,代码如下:

```
function f(C) {
    console.log('a decorator')
    return C
}

@f
class A {}
```

以上代码输出 a decorator,即使没有使用类定义对象,这里也会执行装饰器。

装饰器可以组合,即装饰器组合起来一起使用,组合使用的装饰器会从上至下地依次执行所有的装饰器工厂,获得所有真正的装饰器后,再从下至上地执行所有的装饰器,示例代码如下:

```
function t1(target) {
    console.log('t1')
}
function t2(target) {
    console.log('t2')
}
function f1() {
    console.log('f1 out')
    return (target) => { console.log('f1 in') }
}
function f2() {
    console.log('f2 out')
    return function () { console.log('f2 in') }
}
@t1
@f1()
```

```
@f2()
@t2
class A { }
```

以上代码的执行结果如下:

```
f1 out
f2 out
t2
f2 in
f1 in
t1
```

装饰器按照其应用的目标可以分为 5 种,分别为类装饰器、属性装饰器、方法装饰器、访问器装饰器、参数装饰器。5 种不同的装饰器应用在不同的地方,使用 5 种装饰器的示例代码如下:

```
@classDecorator                      //类装饰器
class Car {
    @propertyDecorator               //属性装饰器
    name: string;
    @methodDecorator                 //方法装饰器
    accelerate(
        @parameterDecorator          //参数装饰器
        num: number
    ) {}
    @accessorDecorator               //访问器装饰器
    get speed() {}
}
```

关于装饰器的更多阐述可以参阅官方网络链接 https://www.typescriptlang.org/docs/handbook/decorators.html,通过装饰器可以改变现有定义的行为,装饰器的使用场景包括项前或项后回调、监听属性变化、监听方法调用、对方法参数进行转换、添加新方法、添加新属性、运行时类型检查、自动编解码、依赖注入等。通过装饰器可以简化编码,在 HarmonyOS 中基于 ArkTS 的开发中使用了很多定义的装饰器。

小结

本章简要地介绍了 TypeScript 的基础知识,包括基本类型、运算符、控制语句、函数、类、接口、模块、装饰器等。TypeScript 是 JavaScript 的一个超集,TypeScript 的最初目标是成为 JavaScript 程序的静态类型检查器,但随着其发展,TypeScript 更适合开发大型应用。

HarmonyOS 基于 TypeScript 进行了扩展,提出了 ArkTS 语言,并实现了声明式开发范式——方舟开发框架(ArkUI),是目前 HarmonyOS 应用开发的主推框架,因此开发者有必要掌握 TypeScript 语言基础。

第 4 章 ArkUI 开发框架

【学习目标】
- 了解 HarmonyOS 可用的 UI 开发框架
- 理解声明式开发范式
- 掌握基于 ArkTS 的 UI 框架 ArkUI,掌握项目结构、资源创建和引用方法
- 掌握声明式语法,包括描述规范、组件化和控制渲染

4.1 概述

在 HarmonyOS 应用开发中,前期官方主要推出了两种 UI 开发框架,一个是基于 Java 的 UI 开发框架,另一个是基于 ArkTS 的 UI 开发框架。

在基于 Java 的 UI 框架中,应用中所有的用户界面元素都由组件(Component)和组件容器(ComponentContainer)对象构成。组件就是绘制在屏幕上的一个对象,用户能与之交互,组件容器是用于容纳其他组件和组件容器的对象。

在基于 ArkTS 的 UI 开发框架中,应用包括组件和页面,组件是界面搭建与显示的最小单位,通过组件的组合可以构建出内容丰富的界面,页面(Page)是框架最小的调度分割单位,应用可以有多个功能页面,每个页面单独地进行文件管理,并通过路由 API 实现页面跳转和调度管理。

随着 HarmonyOS 应用开发技术的演变,在基于 ArkTS 的 UI 开发中,出现了两种开发范式,分别是基于 JS 的类 Web 开发范式和基于 eTS 的声明式开发范式,后者演变成了基于 ArkTS 的声明式开发范式。

基于 JS 的类 Web 开发范式采用经典的 HML、CSS、JS 三件套式开发方式。使用 HML 标签文件进行内容和布局搭建,使用 CSS 文件进行样式描述,使用 JavaScript 文件进行逻辑处理。UI 组件与数据之间通过单向数据绑定方式建立关联,当数据发生变化时,界面自动触发更新。这种开发方式和 Web 前端开发十分相似,构建应用界面类似构建网页。对于具有 Web 前端经验的开发人员十分容易上手,在移动应用开发中,非常适合构建较为简单的中小型应用。

基于 ArkTS 的声明式开发范式采用 TS 语言，并对其进行了声明式 UI 语法扩展，从组件、动效和状态管理三个维度提供了 UI 绘制能力。该范式下，界面开发更接近自然语义的编程方式，开发者可以直观地描述界面，而不必关心框架的绘制和渲染，实现简单、高效的开发。所采用的 TypeScript 语言也可以引入编译期的类型校验等，该范式适合开发复杂度较大、团队合作度较高的应用，非常适合移动系统应用开发。

如图 4-1 所示，类 Web 开发范式与声明式开发范式的 UI 后端引擎和语言运行时是共用的，UI 后端引擎实现了方舟开发框架的 6 种基本能力，包括 UI 组件、布局、动画、绘制、交互事件和平台 API 通道，而声明式开发范式无须 JS Framework 进行页面 DOM 管理，渲染更新链路更为精简，占用内存更少，因此，官方更推荐选用声明式开发范式来搭建应用界面。接下来主要介绍声明式开发范式。

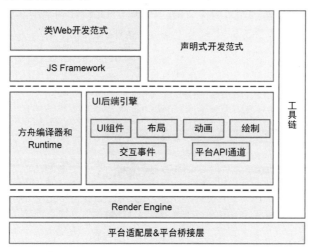

图 4-1 开发框架体系

4.2 声明式开发范式

7min

基于 ArkTS 的声明式开发范式的方舟开发框架是一套开发极简、高性能、跨设备应用的 UI 开发框架，支持开发者高效地构建跨设备应用 UI 界面。

ArkTS 是在 TypeScript（简称 TS）的基础上自主研发的 HarmonyOS 应用开发语言。ArkTS 由 TS 语言扩展而来，包含了 TS 语言的所有特性，是 TS 的超集。ArkTS 在 TS 的基础上，扩展了声明式 UI、状态管理等相应的能力，可以使开发者以更简洁、更自然的方式开发高性能应用。

ArkTS 采用更接近自然语义的编程方式，让开发者可以直观地描述 UI 界面，不必关心框架如何实现 UI 绘制和渲染，实现极简高效开发。开发框架不仅从组件、动效和状态管理三个维度来提供 UI 能力，还提供了系统能力接口，实现系统能力的极简调用。基于 ArkTS 的声明式开发范式具有以下主要特点。

（1）开箱即用的组件：框架提供了丰富的系统预置组件，可以通过链式调用的方式设置系统组件的渲染效果。开发者可以将系统组件组合为自定义组件，通过这种方式将页面组件转换为一个个独立的 UI 单元，实现页面不同单元的独立创建、开发和复用，使页面具有更强的工程性。

（2）丰富的动效接口：提供了 SVG 标准的绘制图形能力，同时开放了丰富的动效接口，开发者可以通过封装的物理模型或者调用动画能力接口实现自定义动画轨迹。

（3）状态与数据管理：状态数据管理作为基于 ArkTS 的声明式开发范式的特色，通过功能不同的装饰器给开发者提供了清晰的页面更新渲染流程和管道。状态管理包括 UI 组件状态和应用程序状态，两者协作可以使开发者完整地构建整个应用的数据更新和 UI 渲染。

（4）系统能力接口：使用基于 ArkTS 的声明式开发范式的方舟开发框架，还封装了丰富的系统能力接口，开发者可以通过简单的接口调用，实现从 UI 设计到系统能力调用的极简开发。

基于 ArkTS 的声明式开发范式的整体架构如图 4-2 所示，最上层是应用，然后是声明式 UI 前端，包括范式语法基础规范、UI/布局/动画组件、状态管理，再往下是语言运行时、声明式 UI 后端引擎、渲染引擎和平台适配层等。

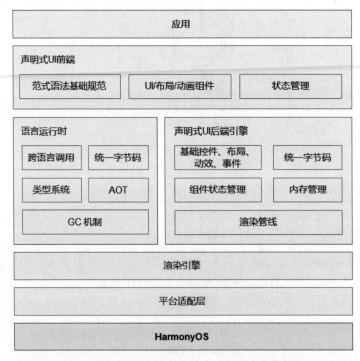

图 4-2　基于 ArkTS 的声明式开发范式整体架构

声明式 UI 前端提供了 UI 开发范式的基础语言规范，并提供了内置的 UI 组件、布局和动画，提供了多种状态管理机制，为应用开发者提供了一系列接口。

语言运行时选用方舟语言运行时，提供了针对 UI 范式语法的解析能力、跨语言调用支持的能力和 TS 语言高性能运行环境。

声明式 UI 后端引擎提供了兼容不同开发范式的 UI 渲染管线，提供了多种基础组件、布局计算、动效、交互事件，还提供了状态管理和绘制能力。

渲染引擎提供了高效的绘制能力，即将渲染管线收集的渲染指令绘制到屏幕的能力。

平台适配层提供了对系统平台的抽象接口，具备接入不同系统的能力，如系统渲染管线、生命周期调度等。

4.3 基于 ArkUI 的项目

4.3.1 文件结构

基于 ArkUI 的 HarmonyOS 应用的典型项目的目录结构如图 4-3 所示，应用的主要文件放置在 src/main 目录下，其中 ets 目录主要用来放置 ts 和 ets 源文件，resources 目录主要用来放置资源文件。

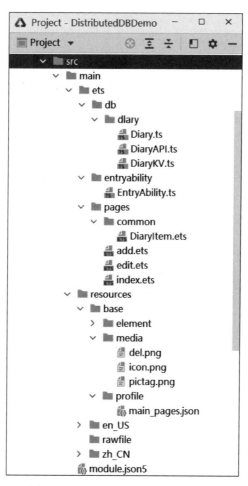

图 4-3 基于 ArkUI 的项目目录结构

在应用的目录结构中，ets 目录下的文件一般以 .ets 结尾的是 ArkTS 文件，ets 是 extended TypeScript 的缩写，ets 文件一般用于描述 UI 布局、样式、事件交互和页面逻辑等。以 .ts 为扩展名的文件为 TypeScript 文件。

在 ets 目录下，可以包含多个子目录，一般一个子目录用于实现一个 Ability。在基于 Stage 模型的开发中，Ability 和 Pages 存放在该目录下，每个 Ability 对应一个文件夹，其下对应一个 Ability 的 ts 实现文件。

资源目录 resources 文件夹位于 src/main 下，应用的资源文件（字符串、图片、音频等）统一存放于 resources 目录下，便于开发者使用和维护。resources 目录包括三大类目录，一类为 base 目录，一类为限定词目录，另一类为 rawfile 目录。三类目录中的资源对比关系见表 4-1。

表 4-1 不同目录中的资源说明

分类	base 目录	限定词目录	rawfile 目录
组织形式	资源默认存放的目录，当应用的 resources 目录中没有与设备状态匹配的限定词目录时，会自动引用在该目录中的资源文件。base 目录下可以有资源组目录，用于存放字符串、颜色、布尔值、媒体、动画、布局等资源文件	需要开发者自行创建。目录名称由一个或多个表征应用场景或设备特征的限定词组合而成。其二级子目录为资源组目录，用于存放字符串、颜色、布尔值、媒体、动画、布局等资源文件	原始文件目录，其中的文件不会根据设备状态而匹配不同的资源。支持创建多层子目录，目录名称可以自定义，文件夹内可以自由放置各类资源文件
编译方式	目录中的资源文件会被编译成二进制文件，并赋予资源文件 ID	目录中的资源文件会被编译成二进制文件，并赋予资源文件 ID	目录中的资源文件会被直接打包进应用，不编译，也不会被赋予资源文件 ID
引用方式	通过指定资源类型(type)和资源名称(name)来引用	通过指定资源类型和资源名称来引用	通过指定文件路径和文件名来引用

资源组目录是 base 目录与限定词目录下面可以创建的目录（包括 element、media 和 profile），资源组目录用于存放特定类型的资源文件，资源组目录的说明见表 4-2。

表 4-2 资源组目录说明

资源组目录	目录说明	资源文件
element	元素资源，每类数据都采用相应的 JSON 文件进行表示，元素主要包括以下类型资源。 boolean：布尔型 color：颜色 float：浮点型 intarray：整型数组 integer：整型 pattern：样式 plural：复数形式 strarray：字符串数组 string：字符串	每个文件中只能包含一类数据资源，文件名称建议与资源类型保持一致。如 boolean.json color.json float.json intarray.json integer.json pattern.json plural.json strarray.json string.json

续表

资源组目录	目录说明	资源文件
media	表示媒体资源，包括图片、音频、视频等非文本格式的文件。图片格式支持 JPEG、PNG、GIF、SVG、WEBP、BMP。音视频格式支持H.263、H.264、AVC、BP、MPEG-4 SP、VP8	文件名可自定义，一般扩展名对应相应的格式，如 icon.png、pic.jpg、song.3gp、movie.mp4 等
profile	表示其他类型文件，以原始文件的形式保存	文件名可自定义

4.3.2 资源

1. 创建资源文件

在 resources 目录下，可按照限定词目录和资源组目录的说明创建子目录和目录内的文件。对于文本资源文件可以直接进行编辑，对于图片、音视频资源则放置到相应的目录下即可。

另外，可以通过提供的可视化的向导创建资源，在项目的 resources 目录上，右击菜单，选择 New→Resource File，会弹出创建资源对话框，填写文件名等基本信息后确定，即可创建相应的资源文件，如图 4-4 所示。

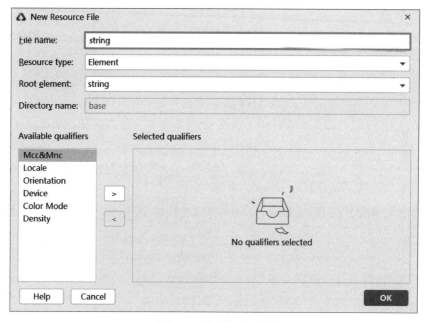

图 4-4 创建资源文件

同样，右击 resources 目录，选择 New→Resource Directory 可创建资源目录，资源目录和文件的创建有一定的限制，应该符合规范。

以 JSON 格式保存的资源文件的内部是一个 JSON 对象，例如资源文件 string.josn 的内容如下：

```json
{
  "string": [
    {
      "name": "entrydesc",
      "value": "description"
    },
    {
      "name": "MainAbilitydesc",
      "value": "description"
    },
    {
      "name": "MainAbilitylabel",
      "value": "label"
    }
  ]
}
```

整个文件 string.josn 的内容整体上是一个 JSON 对象,只有一个根元素属性 string,其值是一个 JSON 数组。数组中每个对象有两个属性,其中 name 代表字符串的名字,value 代表字符串的值。

2. 引用资源

在项目代码中,引用资源的基本形式如下:

```
$r('app.type.name')
```

其中,app 代表的是应用内 resources 目录中定义的资源,是固定的;type 代表资源类型或资源的存放位置,type 可以是 color、float、string、plural、media 等具体的资源类型;name 代表资源名,它由开发者定义,示例代码如下:

```
$r('app.string.entrydesc')
```

在使用全局函数 $r 引用资源时,括号内可以使用单引号,也可以使用双引号,例如:

```
$r("app.string.entrydesc")
```

全局函数 $r 的参数可以包含多个,示例代码如下:

```
$r('app.string.message', "100M")
```

此时表示,采用 100M 字符串替换 app.string.message 中的%s。string.json 文件中对应的资源描述如下:

```
{
    "string":[
```

```
        {
            "name":"message",
            "value":"The length is %s."
        }
    ]
}
```

引用 rawfile 目录下资源的一般形式如下：

```
$ rawfile('filename')
```

其中，filename 为 rawfile 目录下的文件相对路径，文件名需要包含后缀，并且要求路径的开头不能以"/"开头。

假设，rawfile 目录下有一个 images 目录，在 images 目录中有个 logo.jpg 图片，则在代码中引用该资源图片的代码如下：

```
$ rawfile('images/logo.jpg')
```

3. 引用系统资源

为了开发方便，系统内部预定义了一些系统资源，这些资源包含颜色、圆角、字体、间距、字符串及图片等。引用系统资源的一般形式如下：

```
$ r('sys.type.resource_id')
```

其中，sys 代表系统资源；type 代表资源类型，type 可以取 color、float、string、media 等；resource_id 代表资源 id，系统预定义了一些资源 id 可以供开发者选择。下面是引用系统资源的一些例子，具体的代码如下：

```
Text('您好')
    .fontColor( $ r('sys.color.id_color_emphasize'))
    .fontSize( $ r('sys.float.id_text_size_headline1'))
    .fontFamily( $ r('sys.string.id_text_font_family_medium'))
    .backgroundColor( $ r('sys.color.id_color_palette_aux1'))

Image( $ r('sys.media.ic_app'))
    .border({color: $ r('sys.color.id_color_palette_aux1'),
             radius: $ r('sys.float.id_corner_radius_button'),
             width: 2})
    .height(60)
    .width(80)
```

使用系统资源有助于统一应用界面风格，也便于代码维护。部分系统资源 id 及说明见表 4-3，详细的系统资源列表可以参考官方文档。

表 4-3 系统资源 id 及说明

分类	ID 值	说明
颜色	id_color_foreground	前景色,浅色模式的对应值为#000000,即黑色;深色模式的对应值为#FFFFFF,即白色
	id_color_background	背景色,和前景色恰好相反
	id_color_emphasize	高亮色,浅色模式的对应值为#0A59F7,蓝色;深色模式下对应的浅蓝色,值为#317AF7
	id_color_warning	告警色,浅色模式的对应值为#E84026,一种红色;深色模式下,对应的值为#D94838
	…	其他还有很多,这里省略了
透明度	id_alpha_content_primary	不透明度,对应的 alpha 值在浅色模式下是 0.9,深色模式下是 0.86
	id_alpha_content_secondary	二级不透明度,对应的 alpha 值为 0.6
	id_alpha_separator_line	分隔线不透明,在浅色模式下对应的 alpha 值为 0
	…	其他还有很多,这里省略了
圆角大小	id_corner_radius_tips_toast	toast 圆角,对应值为 18vp
	id_corner_radius_button	大按钮圆角,对应值为 20vp
	id_corner_radius_small_button	小按钮圆角,对应值为 14vp
	…	其他还有很多,这里省略了
文本大小	id_text_size_headline1	标题 1 字体,对应大小为 96vp,常用于锁屏时钟或天气信息显示字体
	id_text_size_body1	正文 1 字体,对应大小为 16fp,一般用于段落正文
	id_text_size_caption	说明文本大小,对应大小为 10vp
	…	其他还有很多,这里省略了
边距大小	id_default_padding_start	默认的起始位置内边距,对应的值为 12vp,常用于左侧边缘
	id_default_padding_top	上侧边距,对应值为 24vp
	id_text_margin_vertical	文本上下间隔边距,对应值为 2vp
	…	其他还有很多,这里省略了

4. 在配置和资源中引用资源

资源除了可以在源代码中引用外,还可以在配置文件中引用。在配置文件中引用资源的格式为"$资源名",例如配置 description 和 icon 值时引用资源的代码如下:

```
"description": "$string:EntryAbility_desc"
"icon": "$media:icon"
```

资源在资源文件之间也可以相互引用,引用方式和在配置文件中引用资源相同。在配置文件或资源文件中引用资源时要注意资源类型的一致性。

4.4 声明式语法

4.4.1 UI描述规范

在 HarmonyOS 应用开发中,基于 ArkTS 的声明式开发范式提供了一系列组件,这些组件以声明方式进行组合和扩展来描述应用程序的 UI 界面,并且还提供了基本的数据绑定和事件处理机制,帮助开发者实现应用交互逻辑。

基于 ArkTS 的声明式开发方式创建的应用,在 FA(Feature Ability)模型下,每个应用可以包含多个能力(Ability)。在 Ability 中,专门用于用户交互的 PageAbility 下面可以包含多个页面(Page),每个页面内部可以包含多个组件,其中必须有且只有一个入口(Entry)组件,组件内部可以嵌套其他组件。基于 FA 模型的 UI 结构如图 4-5 所示。

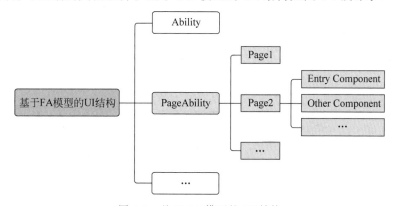

图 4-5 基于 FA 模型的 UI 结构

基于 ArkTS 的声明式开发方式创建的应用,在 Stage 模型下,由 UIAbility 负责 UI 界面,每个 UIAbility 持有一个 Windowstage 负责窗口管理,窗口负责显示页面(Page),每个页面的内部可以包含多个组件,其中必须有且只有一个入口(Entry)组件,组件内部可以嵌套其他组件。基于 Stage 模型的 UI 结构如图 4-6 所示。

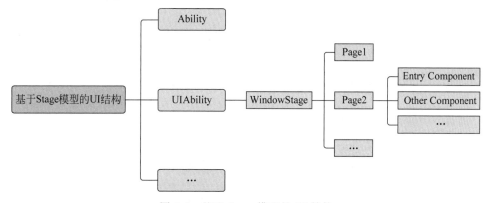

图 4-6 基于 Stage 模型的 UI 结构

因此，无论是 FA 模型还是 Stage 模型，一个页面(Page)对应一个 ETS 文件，一个页面内可以有若干个组件，基于 ArkTS 语言定义组件采用 struct 关键字，并通过生成器函数(build())构建组件内的内容，组件内可以包含其他组件，其他组件可以是系统的内置组件，也可以是自定义的组件。一个页面必须有且只有一个入口组件，入口组件由 @Entry 装饰器修饰。构建一个页面的基本代码如下：

```
@Entry                              //入口装饰器
@Component                          //组件装饰器
struct MyIndexComponent {
    @State mydata: string = ''      //状态数据

    build() {                       //生成器函数
        //省略了构造内部组件
    }
}

@Component
struct OtherComponent {
    @State msg: string = ''
    build() {
        //构造内部组件
    }
}
```

在基于 ArkTS 的 HarmonyOS 应用的 UI 开发规范中，定义了很多装饰器，如 @Entry、@Component、@State 等，这些装饰器用于装饰类、结构、方法和变量等。每个装饰器都被赋予了特定的含义和适用范围，常用的装饰器及说明见表 4-4。

表 4-4 常用的装饰器说明

装饰器	可以装饰内容	说明
@Component	struct	结构体(struct)在被装饰后具有基于组件的能力，需要实现 build 方法来更新 UI
@Entry	struct	组件在被装饰后会作为页面的入口组件，页面加载时将被渲染显示
@Preview	struct	如果自定义的组件被 @Preview 装饰，则可以在 DevEco Studio 的预览器中进行预览
@CustomDialog	struct	用于装饰自定义弹窗
@Observed	class	类被装饰后，该类中的数据变更将被 UI 页面管理
@ObjectLink	已被 @Observed 装饰类的对象	被装饰的状态数据被修改时，在父组件或者其他兄弟组件内与它关联的状态数据所在的组件都会更新 UI
@Builder	方法	被装饰的方法可以在一个自定义组件内快速生成多个布局内容

续表

装饰器	可以装饰内容	说　明
@Extend	方法	装饰器将新的属性函数添加到内置组件上，通过@Extend装饰器可以快速定义并复用组件的自定义样式
@Prop	基本数据类型	装饰的状态数据用于在父组件和子组件之间建立单向数据依赖关系。当修改父组件关联数据时，会自动更新当前组件的UI
@State	基本数据类型、类、数组	装饰的状态数据被修改时会触发组件的build方法进行UI界面更新
@Link	基本数据类型、类、数组	装饰的内容在父子组件之间的双向数据绑定，父组件的内部状态数据作为数据源，任何一方所做的修改都会反映给另一方
@Provide	基本数据类型、类、数组	装饰的数据作为数据的提供方，可以更新其子孙节点的数据，并触发页面渲染
@Consume	基本数据类型、类、数组	装饰的变量在感知到@Provide装饰的变量更新后，会触发当前自定义组件的重新渲染
@Watch	已经被@State、@Prop、@Link、@ObjectLink、@Provide、@Consume、@StorageProp、@StorageLink中任意一个装饰的变量	@Watch用于监听状态变量的变化，应用可以注册回调方法

在定义的组件的生成器方法内，可以声明描述UI结构，可以在其中创建内置的布局组件和基本组件，如内置布局Row、Column，以及内置组件Text、Button等，示例代码如下：

```
//ch04/Test4_4_1项目中 Index.ets 文件
@Entry                                  //入口装饰器
@Component                              //组件装饰器
struct Index{
    bt_text: string = '确定'
    build() {
        Row() {                         //创建行布局
            Text( "您好" )              //创建文本组件
              .fontSize(50)
            Button(this.bt_text)        //创建按钮组件
              .fontSize(30)
              .margin(10)
            MyComponent ()              //创建自定义组件
        }
    }
}

//自定义组件
@Component
```

```
struct MyComponent {
    build() {
        //构建布局和组件
    }
}
```

在生成器方法内构建的界面组件组成一棵树形结构,组件包括容器和普通组件,容器可以认为是特殊的组件,其内部可以放置别的组件或容器,容器组件也称为布局,普通组件一般不能包含其他组件。组件树结构如图 4-7 所示,其中图 4-7(b)是在设备屏幕上的显示表示。

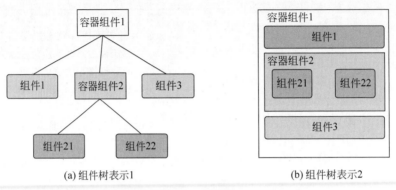

图 4-7 组件树

图 4-7 组件树对应的代码逻辑如下:

```
容器组件 1(){
    组件 1()
    容器组件 1(){
        组件 21()
        组件 22()
    }
    组件 3()
}
```

容器组件和普通组件都可以通过调用其属性方法进行各种属性配置,调用一般以"."链式方式实现,示例代码如下:

```
Row() {                          //构造 Row 布局
    Image('button.png')          //构造 Image
        .alt('over.png')         //调用 alt 方法
        .width(100)              //调用 width
        .height(50)              //调用 height
}.padding(16)                    //设置 Row 的内边距
```

除了可以设置属性外,组件还可以设置事件方法,并可以在事件方法的回调中添加组件响应逻辑代码,实现事件监听。如为 Button 组件添加 onClick 方法,在 onClick 方法的回调

中添加单击响应逻辑等,代码如下:

```
Button('OK')
    .onClick(() =>{
        //单击处理代码
    })
)
```

需要注意的是,生成器函数是用来构造 UI 界面的,因此不能在其中直接定义变量或调用一般的函数,示例代码如下:

```
@Entry                              //入口装饰器
@Component                          //组件装饰器
struct Index{
    test(){
        return "OK"
    }
    build() {
        let n: number = 1           //错误,不允许定义变量
        test()                      //错误,不能直接调用函数
        Column() {
            Text( this.test() )     //这里可以调用 test
        }
    }
}
```

4.4.2 组件化

由装饰器@Component 装饰的 struct 结构体具备了组件化能力,是一个独立的组件,这种组件也称为自定义组件,自定义组件在其生成器 build 方法里进行 UI 结构描述,使其具有丰富的界面展示。自定义组件具有以下特点。

(1) 可组合:自定义可以由其他组件组合而成,允许开发者在自定义组件内使用内置组件、其他组件、公共属性和方法等。

(2) 可重用:自定义组件可以被其他组件使用,作为别的组件的一部分,并且可以重用,可以作为不同的实例在不同的父组件或容器中使用。

(3) 数据驱动更新:自定义组件由状态变量的数据驱动,可以实现 UI 自动刷新。

(4) 生命周期:自定义组件具有生命周期,具有相应的回调方法,开发者可以重写回调方法以实现组件自身的业务功能和逻辑。

(5) 生成器方法:自定义组件必须定义生成器 build 方法,该方法用于构建组件内容。

(6) 无构造函数:自定义组件不能定义构造函数,组件内容的初始化构造是通过 build 完成的。

下面是一个自定义组件的例子,代码如下:

```
@Component                                      //组件装饰器
struct MyComponent {                            //自定义组件
    build() {
        Column() {                              //列容器组件
            Text('Hello')                       //文本组件,文字为 Hello
                .fontColor(Color.Red)           //字体红色
        }.alignItems(HorizontalAlign.Center)    //内容居中
    }
}
```

自定义组件的 build 方法会在初始渲染时执行,另外,当组件中的状态发生变化时,组件的 build 方法会被再次执行,以更新组件。

使用自定义组件,可以通过组件实例化进行,即实例化组件对象,组件实例化的基本语法如下:

```
组件名()
```

下面是在别的组件中使用上面定义的 MyComponent 组件的示例,代码如下:

```
@Component
struct OtherComponent {
    build() {
        Column() {
            MyComponent()                       //创建 MyComponent 实例
            Text('Hello').fontSize(20)          //使用系统内置组件 Text
            MyComponent()                       //再次创建 MyComponent 实例
        }
    }
}
```

组件可以在同一组件内被多次使用,也可以在不同的组件中重复使用。

由@Entry 装饰的自定义组件是页面的默认入口组件,加载页面时,仅会创建并呈现默认入口组件,在一个 ets 源文件中,最多只能存在一个使用@Entry 装饰的自定义组件,即只能有一个入口组件,没有被@Entry 装饰的自定义组件将不会被渲染显示,当然在入口组件中可以创建其他组件的实例,代码如下:

```
//ch04/Test4_4_2 项目中 Index.ets 文件
@Entry
@Component
struct Index{                                   //该组件会被渲染和显示
    build() {
        Column() {                              //Column 是系统内置容器组件
            Text('Hello')
                .fontColor(Color.Red)
        }
    }
}
```

```
}

@Component
struct MyText {                    //该组件不会被渲染和显示,非入口组件,不会直接实例化
    build() {
        Column() {
            Text('Good')
                .fontColor(Color.Blue)
        }
    }
}
```

在组件定义中,由@Builder 装饰的方法用于定义组件的声明式 UI 描述,可以在一个自定义组件内快速生成多个布局内容,@Builder 装饰方法的功能和语法规范与 build 函数相同,并可以在 build 内调用。下面是一个示例,代码如下:

```
//ch04/Test4_4_3 项目中 Index.ets 文件
@Entry
@Component
struct Index {
    mySize : number = 10;
    @Builder                                //Builder 装饰器
    SquareText(label: string) {             //该方法可以在 build 中被调用
        Text(label)
            .width( this.mySize )
            .height( this.mySize )
    }

    build() {
        Column() {
            Row() {
                this.SquareText("A")        //调用被 Builder 装饰的方法
                this.SquareText("B")        //调用被 Builder 装饰的方法
            }
            .width( 2 * this.mySize )
            .height( this.mySize )
        }
        .width( 2 * this.mySize )
        .height( 2 * this.mySize )
    }
}
```

通过@Extend 装饰器可以扩展内置组件,即可将新的属性函数添加到已有组件上,如扩展 Text、Column、Button 等。通过@Extend 装饰器可以快速定义并复用组件的自定义样式。下面是一个示例,代码如下:

```
//ch04/Test4_4_4 项目中 Index.ets 文件
@Extend(Text)                              //扩展 Text
function myStyle(fontSize: number) {
```

```
        .fontColor(Color.Red)
        .fontSize(fontSize)
        .fontStyle(FontStyle.Italic)
}

@Entry
@Component
struct Test {
    build() {
        Row() {
            Text("您好")
                .myStyle(16)            //调用扩展的功能
        }
    }
}
```

装饰器@Extend 只能用在 struct 定义框外,不能用在自定义组件 struct 定义框内。装饰器@Styles 是可以定义在组件内或组件外的。

通过@Styles 装饰器可以将新的属性函数添加到基本组件上,如 Text、Column、Button 等,不过@Styles 仅支持通用属性。通过@Styles 装饰器可以快速定义并复用组件的自定义样式,当在组件外定义时需带上 function 关键字,但在组件内定义时不需要。下面是一个示例,代码如下:

```
//ch04/Test4_4_5 项目中 Index.ets 文件
@Styles function yourBGStyle() {            //通过@Styles 装饰
    .backgroundColor(Color.Green)
}

@Entry
@Component
struct Test {
    @Styles myBGStyle() {                   //省略了 function 关键字
        .backgroundColor(Color.Blue)
    }
    build() {
        Column({ space: 10 }) {
            Text("您好")
                .yourBGStyle()
                .width(100)
                .height(100)
                .fontSize(30)
            Text("我的")
                .myBGStyle()
                .width(100)
                .height(100)
                .fontSize(30)
        }
    }
}
```

另外,@Styles 还可以在 StateStyles 属性的内部使用,在组件处于不同的状态时赋予相应的属性。在 StateStyles 内可以直接调用组件外定义的 Styles,但需要通过 this 关键字调用组件内定义的 Styles。下面是一个示例,代码如下：

```
//ch04/Test4_4_6 项目中 Index.ets 文件
@Styles function clickStyle() {                          //装饰样式
    .width(100).height(100).backgroundColor(Color.Red)
}

@Entry
@Component
struct Test {
    @Styles normalStyle() {                              //在 struct 内装饰样式
        .width(80).height(80)
    }
    build() {
        Row({ space: 10 }) {
            Button("确定")
                .stateStyles({                           //调用状态演示,传递参数
                    normal: this.normalStyle,            //正常情况下演示,注意 this
                    pressed: clickStyle                  //按钮按下样式
                })
        }
    }
}
```

4.4.3　组件渲染控制语法

1. 条件渲染

在创建组件时,可以根据条件进行,即在满足某个条件的情况下才进行组件的渲染。条件渲染组件的一般语法如下：

```
if( 条件 ){
    //实例化组件
} else {                                                 //可以没有 else 部分
    //实例化组件
}
```

下面是一个示例,代码如下：

```
//ch04/Test4_4_7 项目中 Index.ets 文件
@Entry
@Component
struct Test {
    count:number = 100
    build() {
        Column() {                                       //容器组件
```

```
            if (this.count < 0) {
                Text('count 为负数')
            } else if (this.count == 0) {
                Text('ccount 为 0')
            } else {                              //内部嵌套 if-else
                if ( this.count % 2 == 0) {
                    Text('count 是偶数').fontSize(26)
                    Divider().height(1)
                } else {
                    Text('count 是奇数').fontSize(26)
                    Divider().height(1)
                }
            }
        }
        if(this.count > 100){                     //错误,没有在组件容器内
            Text('count 超出了 100')
        }
    }
}
```

使用条件渲染可以使子组件的渲染依赖某种条件,从而灵活地构建界面。条件渲染语句必须在容器组件内使用,某些容器组件会限制子组件的类型或数量,在将 if 放置在这些组件内时,这些限制将应用于 if 和 else 语句内创建的组件。例如,Grid 组件的子组件仅支持 GridItem 组件,在 Grid 组件内使用 if 时,if 条件语句内仅允许使用 GridItem 组件。另外,if 条件语句可以使用状态变量。

2. 循环渲染

循环渲染可以批量处理组件,开发框架提供的循环渲染可以迭代数组,并可以根据每个数组项创建相应的组件。循环渲染可以使用 ForEach 函数,该函数的声明如下:

```
ForEach( arr: any[],
        itemGenerator: (item: any, index?: number) => void,
        keyGenerator?: (item: any, index?: number) => string
       ):void
```

该函数有 3 个参数,第 1 个参数为数组类型,第 2 个和第 3 个参数都是函数类型,第 3 个参数是可选的。它们的含义如下:

(1) 参数 arr:必须是数组,允许空数组,在空数组场景下不会创建子组件。该数组参数可以是一般的数组,也可以是返回值为数组类型的函数,例如 arr.slice(1,3),但是要求函数不得改变包括数组本身在内的任何状态变量,如 Array.splice、Array.sort 或 Array.reverse 这些改变原数组的函数。

(2) 参数 itemGenerator:该参数是一个函数类型,是一个 Lambda 函数,其作用是对第 1 个参数数组的每项执行 itemGenerator 对应的 Lambda 函数,为给定数组项生成一个或多个子组件,单个组件和子组件列表必须在花括号"{...}"中。该 Lambda 函数需要两个参数。

第 1 个参数是 item，是数组元素的迭代器，对应数组的每个元素。第 2 个参数是可选的 index，是数组下标的迭代器。该 Lambda 函数的返回值为 void 类型。

（3）参数 keyGenerator：该参数也是一个函数类型，是一个 Lambda 函数，用于为给定数组项生成唯一且稳定的键值。当子项在数组中的位置更改时，子项的键值不得更改，当数组中的子项被新项替换时，被替换项的键值和新项的键值必须不同。键值生成器的功能是可选的，但是，为了使开发框架能够更好地识别数组更改，提高性能，建议使用该参数。如将数组反向时，若没有提供键值生成器，则 ForEach 中的所有节点都将重建，这样会降低效率。

ForEach 函数一般用于通过数组构建多个组件的列表，下面是一个通过数组渲染组件的例子，代码如下：

```
//ch04/Test4_4_8 项目中 Index.ets 文件
@Entry
@Component
struct MyComponent {
    @State arr: string[] = ['张三', '李四', '王五']

    build() {
        Column() {
            ForEach(
                this.arr,                              //参数 1: 数组
                (item: string, index: number) => {     //参数 2: 迭代器函数
                    Row() {
                        Text(`下标: ${index}  `)
                        Text(`姓名: ${item}`)
                    }
                },
                (item: string, index: number) => {     //参数 3: 迭代器函数
                    return index + item
                }
            )
        }
    }
}
```

需要说明的是，循环渲染也必须在容器组件内使用，生成的子组件允许在 ForEach 的父容器组件中，允许子组件生成器函数中包含 if/else 条件渲染，同时也允许 ForEach 包含在 if/else 条件渲染语句中。

需要注意，子项生成器函数的调用顺序不一定和数组中的数据项相同，子项生成器和键值生成器函数的执行顺序也是不确定的。

在加载组件比较多的情况下，为了达到更好的用户体验，开发框架提供了数据懒加载函数 LazyForEach，LazyForEach 的使用和 ForEach 比较类似，也是从提供的数据源中按需迭代数据，并在每次迭代过程中创建相应的组件。LazyForEach 子项生成器函数的调用顺序

也不一定和数据源中的数据项相同。

数据懒加载必须在容器组件内使用,并且仅有List、Grid及Swiper组件支持数据的懒加载,LazyForEach在每次迭代中,必须且只允许创建一个子组件,生成的子组件必须允许在LazyForEach的父容器组件中,LazyForEach也可以包含在if/else条件渲染语句中,但不允许在LazyForEach中出现if/else条件渲染语句。

小结

本章简要地介绍了基于ArkTS的声明式UI开发框架ArkUI,基于ArkUI的HarmonyOS应用一般包含多个能力(Ability),其中PageAbility或UIAbility可以包含多个页面(Page),每个页面对应一个ets文件,每个页面的内部可以包含多个组件,其中必须有且只有一个入口(Entry)组件,组件可以嵌套,形成组件树,加以利用项目中的各种文本、图片、音视频等资源,进而构建丰富的界面。

基于ArkTS语言的声明式语法提供了开发HarmonyOS应用的基本规范,规范中定义了大量的装饰器,为应用提供高效的开发基础,UI界面构成采用了组件化方式,组件可以进行条件渲染和循环渲染等。更多组件的用法将在后续章节中进行详细阐述。

第 5 章 组　件

【学习目标】
- 理解 HarmonyOS 应用中的 UI 组件
- 掌握组件的通用属性，会自定义属性
- 掌握组件事件的配置方式，会使用通用的事件
- 理解状态管理模型，掌握组件状态，会用常用的状态装饰器

5.1 概述

在 HarmonyOS 应用开发中，组件是为应用开发提供的界面元素，例如文本框、图像、按钮、进度条等。组件是应用界面的基本构成单元，借助组件，开发者可以高效地构建自己的应用图形界面。

组件是绘制在设备屏幕上的一个对象，组件也是组成应用用户界面的基本单位。组件需要放置到组件容器中。组件容器可以容纳组件，也可以容纳组件容器，组件容器可以理解成特殊的组件，它是可以容纳其他内容的组件，组件容器可以称为容器组件或布局组件，也称为布局。可以说应用中绝大多数的用户界面效果是由组件容器和普通组件对象构成的，二者通过包含和被包含、相互配合形成丰富的用户界面，应用界面中的组件容器和普通组件在组织上是一棵树形结构。

在基于 ArkTS 的 HarmonyOS 应用开发中，系统提供了丰富的组件，如 Text、TextArea、Button、Image、Slider 等。系统也提供了很多容器组件，如 Row、Column、Flex、Navigator、List、Tabs 等。尽管这里把组件分为容器组件和普通组件，但实际上有的普通组件也可以容纳其他的组件，因此容器组件和普通组件实际上没有明确的界限，它们都是组件。

在应用界面中，实例化组件的一般语法如下：

```
组件名([参数]){              //参数视组件而定,是可选的
    //子组件,如果没有子组件,则此部分和花括号都可以省略
}.链式调用组件属性方法()      //组件属性方法一般也有参数
```

实例化组件也可以称为创建组件，例如，创建一个基本的按钮组件的代码如下：

```
Button('Ok')
    .fontSize(20)
    .borderRadius( $r('sys.float.ohos_id_corner_radius_button') )
    .backgroundColor( 0x666666 )
    .width(90).height(90)
```

在创建组件时，可以包含子组件，子组件需要用花括号括起来，而且组件可以嵌套包含。例如下面创建一个按钮组件，其内容包含 Row 容器组件，Row 中又包括 Image 和 Text 组件，代码如下：

```
Button() {
    Row() {
        Image( $r('app.media.loading'))    //要求存在loading资源图片
            .width(20).height(20).margin({ left: 12 })
        Text('加载中...')
            .fontSize(12).fontColor(0xffffff)
    }.alignItems( VerticalAlign.Center )
}.borderRadius(8).backgroundColor(0x317aff).width(90)
```

应用构建界面必须自定义组件，自定义组件是由装饰器@Component 装饰的 struct 结构体，自定义组件内容由其生成器函数进行构造，其内部可以实例化系统的内置组件和别的自定义组件。下面是构建的一个简单的登录界面例子，代码如下：

```
//ch05/LoginUI 项目中 Index.ets 文件
@Entry                                              //入口组件装饰器
@Component                                          //组件装饰器
struct Index {                                      //定义组件
    build() {                                       //生成器函数
        Column() {                                  //列容器组件
            Image( $r('app.media.icon'))            //图片组件
                .height(100).width(100)             //设置高、宽属性
                .margin({ top: 150 })               //设置边距
            TextInput().width("80%").height(50).margin(10)   //输入框组件
            TextInput().width("80%").height(50).margin(10)
                .type(InputType.Password)
            Button("登录")                          //按钮组件
                .width("60%")
                .height(50)
                .margin(20)
        }.height("100%")                            //设置 Column 的高度
        .width("100%")                              //设置 Column 的宽度
    }
}
```

以上代码构建的界面效果如图 5-1 所示。

图 5-1 简单的登录界面

5.2 组件属性

组件的显示效果一般是由组件的属性决定的,组件属性有通用属性和自定义属性,通用属性是所有组件都有的属性,如大小、位置、边框、背景等,自定义属性是一些组件特有的属性,以实现自己特有的样式。下面介绍一些通用属性和自定义属性,希望读者能够举一反三,设计出符合需求的组件。

5.2.1 通用属性

1. 尺寸

尺寸是用来设置组件大小的,如宽、高等。一般组件具有的尺寸属性及说明见表 5-1。

表 5-1 组件的尺寸属性及说明

名称	说明	取值举例
width	宽度,缺省时使用元素自身内容需要的宽度,值为 Length 类型	Button("您好") .width(100) .height(50)
height	高度,缺省时使用元素自身内容需要的高度,值为 Length 类型	Button("您好") .width('100%') .height('30px')

size	大小,可以同时设置宽和高,值为 JSON 对象,内部包含宽度和高度,宽和高类型为 Length 类型	{
		  width?:Length,
		  height?:Length
		}

续表

名称	说明	取值举例
padding	内边距，可以同时设置 4 个方向内边距，也可设置指定方向的内边距，设置 4 个方向时，采用 JSON 对象参数，内部包含 4 个方向的值都是 Length 类型，当设置一个值时表示同时设置 4 个方向内边距一致	{ 　top?:Length, 　right?:Length, 　bottom?:Length, 　left?:Length }或 Length
margin	外边距，方式同上	同上

constraintSize	设置约束尺寸，对组件布局进行尺寸范围限制，包括宽度和高度的最小值和最大值	{
		　minWidth?:Length,
		　maxWidth?:Length,
		　minHeight?:Length,
		　maxHeight?:Length
		}

layoutWeight	组件在布局中的大小权重，在容器尺寸确定时，元素与兄弟节点主轴布局尺寸按照权重进行分配，默认自适应占满剩余空间。该属性仅在 Row/Column/Flex 有效	值为 number 类型数值

在描述尺寸时一般会用到 Length 类型值，Length 类型是系统定义的类型，它可以是字符串(string)、数值(number)和资源(resource)。

在使用字符串表示尺寸大小时，可以显式指定像素单位，如'30px'、'30vp'等，也可设置百分比字符串，如'80%'。

在使用数值表示尺寸大小时，可以直接使用数值，其默认单位是 vp，如 30。

这里资源是使用引入资源的方式，使用系统资源或者应用资源中的尺寸。

2. 位置

位置属性顾名思义是设置组件的位置关系的，如居中、坐标、偏移量等。一般组件具有的位置属性及说明见表 5-2。

表 5-2　组件的位置属性及说明

名称	说明	取值举例
align	组件内容的对齐方式，只有当设置的宽、高超过元素内容大小时才有效，值为 Alignment 类型	Text('您好') 　.size({width:100,height:100 }) 　.align(Alignment.End) 另外，Alignment 还有 Top、TopStart、Start、Center、Buttom 等枚举值
direction	设置元素水平方向的布局，可选值为 Direction 枚举类型	Direction 有 3 个枚举值 Ltr 表示元素从左到右布局 Rtl 表示元素从右到左布局 Auto 表示系统默认布局方向

续表

名称	说明	取值举例

position	位置,表示组件在父容器中的位置。默认以组件的左上角为基准	{
		　　x:Length,
		　　y:Length
		}

markAnchor	组件位置定位时的锚点,以元素顶部起点作为基准点进行偏移	{
		　　x:Length,
		　　y:Length
		}
		默认值为(0,0)

offset	相对布局完成位置坐标偏移量,设置该属性,不影响父容器布局,仅在绘制时进行位置调整	{
		　　x:Length,
		　　y:Length
		}
		默认值为(0,0)

3. 背景

组件可以设置背景,既可以设置颜色背景,也可以设置图片背景。设置背景的主要属性见表 5-3。

表 5-3　组件的背景属性及说明

名称	说明	取值举例
backgroundColor	背景颜色,值为 Color 类型	Text('您好') 　　.size({ width:100, height:100 }) 　　.backgroundColor(0xCCCCCC)
backgroundImage	背景图片,可以设置一张图片的地址,可以是网络图片资源或本地图片资源,可以重复设置	如 Row(){}.backgroundImage('/comment/bg.jpg',ImageRepeat.X) 表示使用 bg.jpg 作为背景,沿 x 轴方向重复平铺
backgroundImageSize	背景图片大小,值为 JSON 格式数据或 ImageSize 类型	{ 　　width?:Length, 　　height?:Length }或 ImageSize
backgroundImagePosition	背景图在组件中的显示位置,值为 JSON 格式数据或 Alignment 类型	{ 　　width?:Length, 　　height?:Length }或 Alignment

4. 文本样式

文本样式主要用于设置组件内显示的文本的颜色、大小、字体等,关于文本设置的主要属性见表 5-4。

表 5-4 文本样式属性及说明

名称	说明	取值举例
fontColor	文本颜色,值为 Color 类型,可以直接用颜色值,也可以采用系统中的颜色	Text('您好') .size({ width: 100, height: 100 }) .fontColor(0xFF0000)
fontSize	字体大小,值为 Length 类型,当为数值时默认单位为 fp	Text('您好') .size({ width: 100, height: 100 }) .fontSize(30)
fontStyle	字体样式,值为 FontStyle 类型	Text('您好') .fontStyle(FontStyle.Normal)
fontWeight	字体粗细,值为 number 或 FontWeight 枚举类型,数值可以取 100~900 中的整百数值,默认为 400,值越大字越粗,FontWeight 提供了枚举类型	Text(this.message) .fontSize(50) .fontWeight(FontWeight.Bold)
fontFamily	字体,值为字符串类型。可以设置一种字体,也可以设置多种候选字体,以','分隔,按顺序选择显示的字体	Text(this.message) .fontSize(50) .fontFamily('Arial,sans-serif')

5. 其他属性

关于组件的属性还有很多,不过所有的属性都可以通过链式调用的方式设置,由于属性众多,且每个属性一般可以设定多种值,这里没有必要进行一一介绍。下面分类说明一下组件属性的主要用途,以便读者能够快速地了解组件属性,并能在使用时可以有的放矢地进行查询。关于组件属性的分类说明见表 5-5。

表 5-5 组件属性的分类说明

名称	主要用途说明
显示样式方面	组件的大小、位置、背景、透明度、边框、颜色渐变等
布局约束方面	宽高比、显示优先级、Flex 约束、栅格间距等
显示控制方面	显示隐藏控制、禁用控制、增加浮层、Z 序控制(层控制)等
图形图像处理方面	图形变换(旋转、平移、缩放、矩阵变换),图像效果(模糊、阴影、灰度、高光、饱和度、对比度、反转、颜色叠加、色相旋转、裁剪、遮盖等)

5.2.2 自定义属性

尽管系统中的组件属性非常丰富,但是在实际开发中难免还会定义一些特有的属性。开发者自定义组件属性可以扩展组件的属性,也可以在自定义的组件中定义属性。扩展已有组件的属性可以通过装饰器@Extend 实现,这一点在前面已经介绍过,下面介绍自定义组件属性。

自定义组件是通过@Component 修饰的,组件内可以自定义属性,即定义组件的成员

变量,自定义属性可以由多种不同的装饰器修饰,自定义组件及属性的一般形式如下:

```
@Component                              //组件装饰器
struct MyComponent {                    //组件名
    count:number = 0                    //无装饰器的常规成员变量,初始化为 0
    @State mystate: 类型 = 初始值
    @Prop myprop: 类型
    @StorageProp mystorageprop: 类型 = 初始值
    @Link mylink: 类型
    @StorageLink mystoragelink: 类型 = 初始值
    @Provide myprovide: 类型 = 初始值
    @Consume myconsume: 类型
    @ObjectLink myobjectlink: 类型
    build() {                           //生成器函数
        //省略了构造内部组件
    }
}
```

组件中的成员变量可以通过两种方式初始化,一种是在定义组件时直接进行本地初始化,另外一种方式是在实例化组件时通过传递构造参数进行初始化。

本地初始化直接在定义组件内实现,如上述定义的组件中的 count 成员变量(也称为属性)本地初始化,代码如下:

```
count:number = 0                        //本地初始化
```

本地初始化的成员在组件进行实例化时会自动初始化实例成员,实例化组件的代码如下:

```
MyComponent()                           //实例化组件,其成员变量 count 的值为 0
```

通过传递构造参数进行初始化是在构建组件时为其传递构造参数,参数一般以 JSON 对象的方式传递,JSON 对象中的键值要求和属性名称相同,示例代码如下:

```
MyComponent({ count : 值 })             //构建组件时传递 JSON 对象格式数据
```

无论是自定义组件还是系统内置组件,相当一部分属性是可以通过构造参数进行初始化的。下面是一个完整的使用自定义组件并初始化的示例,代码如下:

```
//ch05/MyComponent 项目中 Index.ets 文件
@Entry                                  //入口组件装饰器
@Component                              //组件装饰器
struct Index {                          //定义组件
  build() {                             //生成器函数
    Column() {
      MyComponent()                     //自定义无参数实例化
      MyComponent({ count: 100 })       //自定义组件带参数实例化
    }.size({ width: '100%', height: '100%' })  //系统组件带参数构建
```

```
    }
  }
  @Component                                      //组件装饰器
  struct MyComponent {                            //定义组件
    count: number = 0                             //无装饰器的常规成员变量,初始化为0
    build() {                                     //生成器函数
      if (this.count == 0) {
        Text('无可显示内容').fontSize(26)
      } else {
        Text('当前数量为' + this.count).fontSize(26)
      }
    }
  }
```

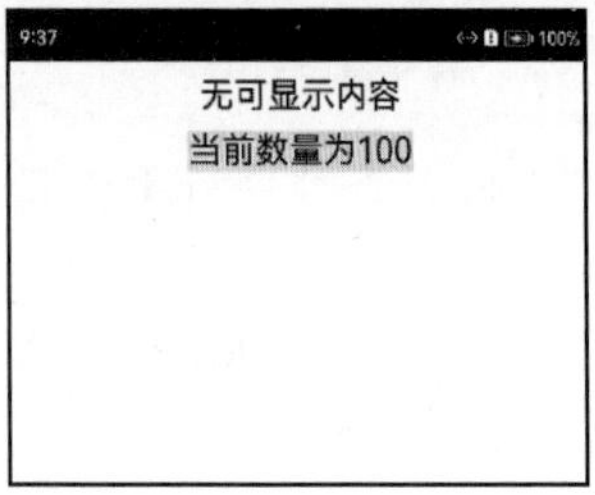

图 5-2　自定义组件

以上代码实例化了两个自定义组件 MyComponent 对象,一个没有参数,另一个带有构造参数,它们在初始化 count 属性时有所不同,运行效果如图 5-2 所示。

对于没有装饰器装饰的组件属性,既可以本地初始化,也可以通过构造参数初始化,但是对于由装饰器修饰的组件,在进行初始化时有一定的限制,有的属性只能进行本地初始化,有的只能通过构造参数初始化。具体的初始化限制见表 5-6。

表 5-6　组件属性初始化限制说明

修饰属性的装饰器	本地初始化限制说明	构造参数初始化限制说明
@State	必须进行本地初始化	可选
@Prop	禁止进行本地初始化	必须进行构造参数初始化
@StorageProp	必须进行本地初始化	禁止进行构造参数初始化
@Link	禁止进行本地初始化	必须进行构造参数初始化
@StorageLink	必须进行本地初始化	禁止进行构造参数初始化
@Provide	必须进行本地初始化	可选
@Consume	禁止进行本地初始化	禁止进行构造参数初始化
@ObjectLink	禁止进行本地初始化	必须进行构造参数初始化
常规成员变量	可选	可选

由表 5-6 可知,有的装饰器修饰的属性只能通过本地初始化的方式初始化,如 @StorageProp、@StorageLink。有的装饰器修饰的属性只能通过构造参数初始化,如 @Prop、@Link、@ObjectLink。由 @State、@Provide 修饰的属性必须进行本地初始化,同时也可以通过构造参数初始化,通过构造参数初始化会覆盖本地初始化的值。由 @Consume 修饰的属性禁止初始化,常规成员变量初始化比较自由。

除了组件自身属性在初始化时有一定限制外,在组件存在父子关系时,组件的属性赋值也存在一定的限制,这里所讲的父子关系是一种包含关系,如果一个组件内包含了另外一个组件,则前者为父组件,后者为子组件,示例代码如下：

```
//ch05/ParentChild项目中Index.ets文件
@Entry
@Component
struct Parent {                          //父组件定义
  b: boolean = true

  build() {
    Column() {                           //列容器
      Child()                            //子组件实例
      Child({ childState: this.b })      //子组件实例,传递参数
    }.width("100%")
  }
}

@Component
struct Child {                           //子组件定义
  @State childState: boolean = false    //初始化

  build() {
    Row() {
      Text('子组件状态' + this.childState)
        .fontSize(30)
    }
  }
}
```

以上代码定了父组件 Parent,其中实例化了两个子组件 Child 对象,在初始化第 2 个子组件时传递了构造参数,并采用了父组件成员变量。以上代码的运行效果如图 5-3 所示。

由于组件属性的初始化时机和不同装饰器装饰的属性更新机制不同,所以父组件属性数据在初始化子组件时有一定的限制。在使用父组件属性作为构造参数初始化子组件时,具体的限制说明见表 5-7。

图 5-3 父子组传递参数

表 5-7 父组件属性初始化子组件的限制说明

名称	主要用途说明
@State	不允许使用父组件中@State、@Link、@Prop 装饰的属性作为参数初始化 允许使用常规变量作为参数初始化
@Link	不允许使用父组件中@Prop、@StorageProp 装饰的属性和常规变量作为参数初始化 允许使用@State、@Link、@StorageLink 装饰的属性作为参数初始化

续表

名　称	主要用途说明
@Prop	不允许使用父组件中@StorageLink、@StorageProp 装饰的属性和常规变量作为参数初始化 允许使用@State、@Link、@Prop 装饰的属性作为参数初始化
常规成员变量	允许使用任意装饰的属性和常规变量作为参数初始化

　　由表 5-7 可知,子组件中由@State 修饰的属性不允许由父组件的@State 装饰的属性进行初始化,这是因为父组件的状态变化一般不需要重新构建其中的所有子组件,因此有必要限制这种参数传递。

　　实际上,不同的装饰器规定了属性的更新方式,要进一步了解深层原因,需要进一步理解组件的状态。

5.3　组件事件

　　组件事件的设置和组件属性比较类似,不同的是用于设置属性的方法是以数据为参数的,而设置组件事件的方法是以函数为参数的。

5.3.1　组件事件配置方式

　　通过组件提供的事件方法可以配置组件支持的事件,并通过实现响应的代码达到事件处理的目的。配置组件事件有 3 种方式,下面以按钮(Button)的单击事件为例说明这 3 种方式。

1. 使用 Lambda 表达式配置组件的事件

　　使用 Lambda 表达式作为按钮单击事件的参数,便可以为按钮配置单击响应,示例代码如下:

```
//ch05/EventSet 项目中 Index.ets 文件部分代码
@Entry
@Component
struct ComponentA {
  @State count: number = 0

  build() {
    Column() {

      Button('单击 1')
        .onClick(() => {                    //单击响应,Lambda 表达式方式
          this.count++
        })

      Text(`count: ${this.count}`).fontSize(25)
    }.width('100%')
  }
}
```

通过 Button 组件的 onClick( )方法为按钮设置单击响应,当单击按钮时,会调用 Lambda 表达式对应的代码,实现按钮单击响应。

2. 使用组件的成员函数配置组件的事件

该方式需要定义组件成员函数,然后以成员函数作为参数传递给组件事件方法,示例代码如下:

```
//ch05/EventSet 项目中 Index.ets 文件部分代码
@Entry
@Component
struct ComponentA {
  @State count: number = 0

  fun(): void {                          //定义成员函数
    console.log("do something in fun")
    this.count++                         //绑定后可以改变成员变量
  }

  build() {
    Column() {

      Button('单击 2')
        //成员函数作为参数,如果不绑定,则不能访问 this.count
        //.onClick( this.fun )
        .onClick(this.fun.bind(this))    //绑定

      Text(`count: ${this.count}`).fontSize(25)
    }.width('100%')
  }
}
```

以上代码通过在按钮的 onClick 方法参数中传入组件成员函数(this.fun)实现事件配置,当单击按钮时,会调用 fun 函数。

需要注意的是,这里的 fun 函数不能操作组件中的成员,因为,在 fun 函数中不能确保函数体中 this 引用了包含的组件。如果想操作组件的成员变量,则需要调用绑定(bind(this))操作。

3. 使用匿名函数表达式配置组件的事件

使用匿名函数不需要为函数命名,函数的定义和使用是一体的,例如对于前面按钮单击事件,使用匿名函数响应单击事件的代码如下:

```
//ch05/EventSet 项目中 Index.ets 文件部分代码
Button('单击 3')
  .onClick(function(){                   //匿名函数
    this.count++
    console.log("do something")
  }.bind(this))
```

5.3.2 通用事件方法

前面用到了单击事件的设置(onClick()),组件有一些通用的事件设置方法,如单击事件、触摸事件、按键事件等,这些方法适用所有组件,包括普通组件和容器(布局)组件。下面简要介绍这些事件方法。

1. 单击事件

单击事件指组件被单击时触发的事件,该事件对应的方法声明如下:

```
onClick(callback: ( event?:ClickEvent ) => void )
```

单击事件方法参数是一个回调函数,该回调函数有一个可选的单击事件参数,类型名为ClickEvent,ClickEvent 对象的属性说明见表5-8。

表 5-8 ClickEvent 对象说明属性

属性名称及类型	说 明
x:number	x 坐标,值为单击点相对于被单击组件左边沿的距离
y:number	y 坐标,值为单击点相对于被单击组件上边沿的距离
screenX:number	单击点相对于设备屏幕左边沿的 x 坐标
screenY:number	单击点相对于设备屏幕上边沿的 y 坐标
target:EventTarget	被单击的组件对象,该对象内含有组件的区域信息
timestamp	单击事件发送的时间戳

下面是使用单击事件参数的示例,代码如下:

```
//ch05/WithClickEvent 项目中 Index.ets 文件部分代码
Button('单击按钮')
  .onClick((event) => {                //单击响应,Lambda 表达式方式
    console.log("screenX:" + event.screenX)
    console.log("screenY:" + event.screenY)
    console.log("source:" + event.source.toString())
    console.log("x:" + event.x)
    console.log("y:" + event.y)
    console.log("timestamp: " + event.timestamp.toString())
  })
```

除了单击事件,组件还有一些通用的事件设置方法,如触摸事件、按键事件等。这些方法适用所有组件,包括普通组件和容器(布局)组件,下面简要介绍这些事件方法。

2. 触摸事件

触摸事件指组件被触摸时触发的事件,当手指放在组件上、滑动或从组件上移开时,该事件会被触发。该事件对应的方法声明如下:

```
onTouch( callback : ( event?:TouchEvent ) => void)
```

触摸事件方法参数是一个回调函数,该回调函数有一个可选的触摸事件参数,类型名为

TouchEvent，TouchEvent 对象的属性说明见表 5-9。

表 5-9 TouchEvent 对象说明属性

属性名称及类型	说 明
type：TouchType	触摸事件的类型。TouchType 包含 4 种枚举类型，即 Down：手指按下；Up：手指抬起；Move：手指按压在屏幕上移动；Cancel：触摸事件取消
touches：Array	触摸的全部手指信息
changedTouches：Array	当前发生变化的手指信息
target：EventTarget	被触摸的组件对象，该对象内含有组件的区域信息
timestamp	触摸事件发送的时间戳

3．按键事件

按键事件指组件与键盘、遥控器等按键设备交互时触发的事件。绑定该方法的组件获焦后，按键动作触发该方法，该事件对应的方法声明如下：

```
onKeyEvent( event : ( event?:KeyEvent ) = > void )
```

按键事件方法参数是一个回调函数，该回调函数有一个可选的按键事件参数，类型名为 KeyEvent，KeyEvent 对象的属性及接口说明见表 5-10。

表 5-10 KeyEvent 对象说明属性及接口说明

属性名称及接口	说 明
type：KeyType	按键的类型，KeyType 有两个枚举量，即 Down：按键按下；Up：按键松开
keyCode：number	按键的键码
keyText：string	按键的键值
keySource：KeySource	触发当前按键的输入设备类型
deviceId：number	触发当前按键的输入设备 ID
timestamp：number	按键发生的时间戳
stopPropagation()：void	阻塞事件冒泡传递

4．焦点事件

焦点事件指组件在获得或失去焦点时响应的事件。该类事件有两个事件配置方法，分别对应获得焦点事件和失去焦点事件，对应的方法声明如下：

```
onFocus( callback: () = > void )          //获得焦点,当前组件获取焦点时触发回调
onBlur( callback: () = > void )           //失去焦点,当前组件失去焦点时触发回调
```

焦点事件从 API Version 8 开始支持，目前支撑的组件有 Text、Button、Image、List 和 Grid。

5．其他事件

除了前面介绍的常用事件外，组件还支持其他的组件事件，这些组件事件在使用上尽管都有差别，但是它们都和常用事件类似，都是通过设置事件处理函数进行事件处理，这里不再详细说明。这里仅给出一些其他事件配置方法的简要说明，以便读者可以快速地认识这

些事件。一些其他事件的配置函数及说明见表 5-11。

表 5-11 其他事件配置方法及说明

事件方法	简要说明
onDragStart()	第 1 次拖曳组件时,触发回调
onDragEnter()	拖曳进入组件范围内时,触发回调
onDragMove()	拖曳在组件范围内移动时,触发回调
onDragLeave()	拖曳离开组件范围内时,触发回调
onDrop()	当在本组件范围内停止拖曳行为时,触发回调
onHover()	鼠标进入或退出组件时触发该回调
onMouse()	当前组件被鼠标按键单击时或者鼠标在组件上移动时,触发该回调
onAreaChange()	组件区域变化时触发该回调,如变大或变小
onAppear()	组件挂载显示时触发此回调
onDisappear()	组件卸载消失时触发此回调

注意,表 5-11 中省略了这些事件方法的回调函数参数。

5.4 状态管理

5.4.1 状态模型

在基于 ArkTS 的声明式 UI 编程范式中,UI 是应用程序状态的函数,当应用程序状态发生改变时,系统会自动更新界面。

对于没有数据存储的 UI 界面来讲,界面中的组件可以通过状态装饰器装饰成员变量来关联组件。关联的组件之间,在一个组件的状态数据发生变化时,系统会自动更新相关组件。组件对应的状态装饰器及相互更新状态的关系如图 5-4 所示。

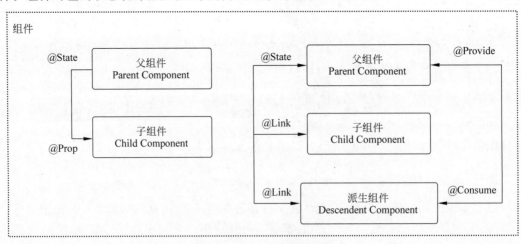

图 5-4 组件间的数据关联

如图 5-4 所示,当父组件中由@State 修饰的成员变量发生变化时,系统框架会自动通知子组件中由@Prop 修饰的成员变量,并更新 UI,这种传递是单向的,而对于子组件中由@Link 修饰的成员变量,父子组件之间状态变化传递是双向的。

对于具有数据存储的应用来讲,应用中不仅包含组件界面,而且包含其他元素,如应用存储(AppStorage)、能力(Ability)、持久存储(Persistent)等。组件和应用存储之间可以建立双向或单向的数据更新机制,具体如图 5-5 所示。

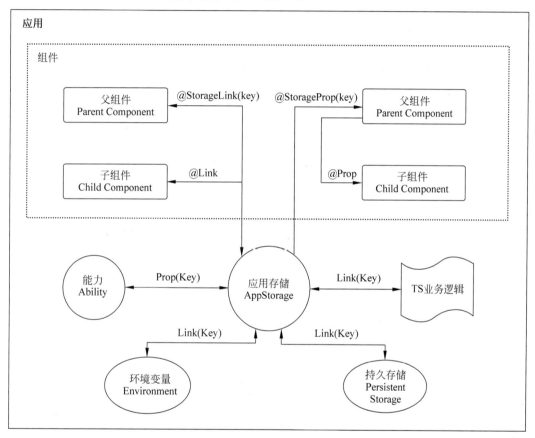

图 5-5　应用中数据关联

应用存储是整个 UI 应用程序状态的数据中心,UI 框架会针对应用程序创建单例 AppStorage 对象,并提供相应的装饰器和接口供应用程序使用。AppStorage 提供了用于业务逻辑实现的 API,用于添加、读取、修改和删除应用程序的状态属性,修改后的状态数据会同步到 UI 组件并更新。

5.4.2　组件状态

在组件状态管理方面,系统框架主要提供了 3 个装饰器,分别是@State、@Prop、@Link。

1. 装饰器@State

组件中，由@State装饰的变量是组件内部状态数据，当内部状态数据变化时，会调用所在组件的生成器方法进行界面刷新，因此组件会随着内部状态数据的变化而实时更新。

关于@State装饰器需要注意以下几点：

（1）组件只能监听到第1层状态数据的改变，内层数据的改变无法触发build生命周期。

（2）@State可以装饰class、number、boolean、string类型成员，也可以装饰它们构成的数组，如Array<class>、Array<string>、Array<boolean>、Array<number>，但是，不允许装饰object和any类型成员。

（3）在组件具有多个实例的情况下，各个实例的内部状态数据是独立的。

（4）使用@State装饰的变量必须进行本地初始化，否则可能导致框架行为未定义。

（5）对于自定义组件，内部状态变量名可以通过构造参数进行初始化。

下面是一个关于@State的实例，代码如下：

```
//ch05/StateDemo项目中Index.ets文件
@Entry
@Component
struct Index {
    @State count: number = 0                    //由@State装饰
    build() {
        Column() {
            Text(`刷新单击次数：${this.count}`)
                .fontSize(30)
            MyButton()                          //无参数实例化
            MyButton({ isclicked: false })      //带参数初始化
        }.width("100%").backgroundColor(0xff0000).padding(20)
        .onClick(() => {                        //背景区域,Column单击响应
            this.count++                        //更新内部状态数据,会重新build
        }
        )
    }
}

@Component
struct MyButton {
    @State isclicked: boolean = true            //由@State装饰
    build() {
        Column() {
            Button() {
                Text(`当前状态：${this.isclicked}`)
                    .fontSize(20)
            }.margin(10)
            .onClick(() => {                    //按钮,Button单击响应
                this.isclicked = !this.isclicked
```

```
                }
            )
        }
    }
}
```

以上代码运行的效果如图 5-6 所示，当每次单击背景区域时都会更新组件 Index 中的 count 内部状态变量，进而重新构建整个界面。在界面中有两个 MyButton 的实例，一个构建没有参数，另一个带有构造参数。组件 MyButton 内也有内部状态变量，单击时会重刷新 MyButton 实例状态，两个 MyButton 实例相互独立。由于第 1 个 MyButton 实例构建没有参数传递，在单击背景区刷新时，第 1 个 MyButton 的状态不变化。

 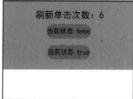 

(a) Column单击6次　　　　　(b) 按钮响应　　　　　(c) Column单击7次

图 5-6　内部状态数据实例

2. 装饰器@Prop

装饰器@Prop 与@State 有相同的语义，但初始化方式不同。由@Prop 装饰的变量在使用其父组件提供的由@State 装饰的变量进行初始化时，便建立了父子组件之间的状态绑定。绑定后，父组件中@State 变量的变化会通知子组件中的@Prop 变量，但在子组件内部修改@Prop 变量时不会通知父组件，即@Prop 属于单向数据绑定。

关于@Prop 装饰器需要注意以下几点：

(1) 装饰器@Prop 只能装饰简单类型，包括 number、string、boolean 等简单类型。

(2) 在组件中可以定义多个由@Prop 装饰的属性。

(3) 在自定义组件时，不能在组件内初始化@Prop 变量。

(4) 在创建组件实例时，必须通过构造参数初始化所有@Prop 变量。

下面是一个关于@Prop 的实例，代码如下：

```
//ch05/PropDemo 项目中 Index.ets 文件
@Entry
@Component
struct ParentComponent {
    @State goldCount: number = 10                              //由@State 装饰的变量
    build() {
        Column() {
            Row() {
                Text(`初始化金币数量: ${this.goldCount} `)
```

```
                .margin(10).fontSize(15)
            Button() {
                Text(' - 1 ')
            }.margin(5).size({ height: 30, width: 30 })
            .backgroundColor(0xccccff)
            .onClick(() => {                                //单击响应
                this.goldCount -= 1
            })

            Button() {
                Text(' + 1 ')
            }.margin(5).size({ height: 30, width: 30 })
            .backgroundColor(0xccccff)
            .onClick(() => {                                //单击响应
                this.goldCount += 1
            })
        }.margin(10)

        //下面创建3个子组件,必须初始化@Prop变量count
        //普通变量可以不通过参数初始化
        ChildComponent({ count: this.goldCount })           //有绑定
        ChildComponent({ count: this.goldCount, cost: 2 })  //有绑定
        ChildComponent({ count: 100, cost: 5 })             //没有绑定
    }.backgroundColor(0xeeeeee)
    .width('100%')
  }
}

@Component
struct ChildComponent {
    @Prop count: number                                     //由@Prop装饰的变量
    private cost: number = 1                                //普通成员变量

    build() {
        Row() {
            if (this.count > 0) {
                Text(`您剩余金币: ${this.count} 个 `)
            } else {
                Text('已用完!')
            }

            Button() {
                Text(`单击消费 ${this.cost} 金币`)
            }.padding(10)
            .onClick(() => {                                //单击响应
                this.count -= this.cost
            })
        }.backgroundColor(0xbbbbbb)
```

```
            .margin(5).padding(10)
    }
}
```

以上代码运行的效果如图 5-7 所示,当每次单击父组件(ParentComponent)中的＋1 或 −1 按钮时,程序会初始化金币数量(goldCount 值),由于前两个子组件和父组件进行了绑定,所以子组件也会刷新数量(count 值),而第 3 个子组件不刷新。在子组件中单击消费金币时,各个子组件独立减少自己的金币数量,相互之间互不干扰,也不会更新父组件。

(a) 初始　　　　　　　　　(b) 增加金币　　　　　　　　(c) 消费金币

图 5-7　关于@Prop 的数据状态实例

3. 装饰器@Link

由@Link 装饰的变量可以和父组件的@State 变量建立双向数据绑定连接,这一点和@prop 装饰的单向绑定不同,由@Link 建立的双向绑定可以实现父组件和子组件的双向联动。

14min

关于@Link 装饰器需要注意以下几点:

(1) 装饰器@Link 可以装饰的变量与@State 的类型相同,即 class、number、string、boolean 及它们的数组。

(2) 由@Link 装饰的变量不能在组件内进行本地初始化。

(3) 自定义组件在实例化时,必须初始化所有@Link 变量。

(4) 由@Link 装饰的变量可以使用父组件的@State 变量或@Link 变量的引用来进行初始化。

(5) 初始化所用的@State 变量,可以通过 ' $ '操作符创建引用。

(6) 绑定后,子组件对@Link 变量的更改将同步修改父组件的@State 变量,反之亦然。

下面是一个关于@Link 的实例,代码如下:

```
//ch05/LinkDemo 项目中 Index.ets 文件
@Entry
@Component
struct ParentComponent {
    @State message: string = ''              //由@State 装饰的变量
    @State curValue: string = ''             //由@State 装饰的变量
```

```
    build() {
        Column() {
            Text(`欢迎您`).fontSize(25)
            Text(`${this.message}`)                //提示信息
                .margin(5).fontSize(18).fontColor(0xff0000)
            //下面创建子组件,必须初始化@Link变量,普通变量通过参数初始化可选
            //这里 msg 和 message 绑定,value 和 curValue 绑定
            ChildComponent({ msg: $message, value: $curValue,    //绑定
                hint: '输入用户名' })
            Text(`当前值: ${this.curValue}`)        //提示信息
                .margin(5).fontSize(18).fontColor(0x00ff00)
            Button() {
                Text(`重 置`).fontSize(22)
            }.onClick(() => {                      //响应单击
                this.message = '您单击了重置'
                this.curValue = ''                 //这里会更新绑定的子组件变量 value
            })
        }.backgroundColor(0xeeeeee)
        .width('100%').padding(30)
    }
}

@Component
struct ChildComponent {
    @Link msg: string                              //由@Link装饰的变量
    @Link value: string                            //由@Link装饰的变量
    minLength: number = 8                          //普通变量
    hint: string = ''                              //普通变量

    build() {
        Row() {
            //输入框组件
            TextInput({ text: this.value, placeholder: this.hint })
                .fontSize(30)
                .onChange((v: string) => {         //当输入内容时响应
                    this.value = v
                    if (v.length < this.minLength) {
                        //msg更新,会更新父组件的 message 变量
                        this.msg = '当前输入的长度为 ' + v.length
                            + '小于' + this.minLength;
                    } else {
                        this.msg = '符合长度要求'
                    }
                })
        }.backgroundColor(0xbbbbbb)
        .margin(5).padding(10)
    }
}
```

以上代码运行的效果如图 5-8 所示,当在子组件的输入框中输入数据时,由于子组件中 msg、value 分别和父组件中的 message、curValue 进行了数据绑定,因此父组件中会实时更新提示。当在父组件中单击"重置"按钮时,由于父组件中 curValue 被赋值成了空字符串,这样子组件中 value 值也被更新成空字符串,进而会把子组件的输入框内容置空。通过@Link 装饰可以实现父子组件之间数据的双向绑定,动态更新。

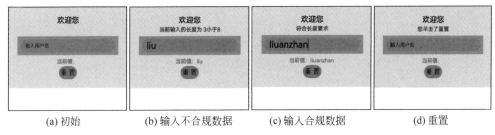

(a) 初始　　　　　(b) 输入不合规数据　　　(c) 输入合规数据　　　(d) 重置

图 5-8　关于@Link 的数据状态实例

5.4.3　应用程序状态

通过组件的状态数据可以实现组件之间的数据绑定,实现父组件和子组件之间的互动,比较适合用于单个页面内多个组件的情景。对于多个页面之间的数据共享采用应用存储更为合适。

AppStorage 是应用程序中的单例对象,由 UI 框架在应用程序启动时创建,在应用程序退出时销毁,为应用程序范围内的可变状态属性提供中央存储。AppStorage 可以保存属性及属性值,属性值可以通过唯一的键值进行访问。

UI 组件可以通过装饰器与 AppStorage 进行同步,应用业务逻辑的实现也可以通过接口访问 AppStorage 存储的数据。

组件成员和 AppStorage 进行同步的装饰器有@StorageLink 和@StorageProp。

组件通过@StorageLink(key)装饰的状态变量与 AppStorage 建立双向数据绑定。当创建包含@StorageLink 的状态变量的组件时,该状态变量的值将使用 AppStorage 中对应的值进行初始化。在 UI 组件中对@StorageLink 的状态变量所做的更改将同步到 AppStorage 中,并从 AppStorage 同步到任何其他绑定实例中,如 PersistentStorage 或其他绑定的 UI 组件。

组件通过@StorageProp(key)装饰的状态变量与 AppStorage 建立单向数据绑定。当创建包含@StoageProp 的状态变量的组件时,该状态变量的值将使用 AppStorage 中的值进行初始化。AppStorage 中的属性值的更改会导致绑定的 UI 组件进行状态更新。

下面是一个使用 AppStorage 的实例,该实例中包含 index.ets 和 next.ets 两个 ETS 文件,index.ets 文件的代码如下:

```
//ch05/AppStorageDemo 项目中 index.ets 文件
import router from '@ohos.router';
```

```
@Entry
@Component
struct Index {
  //注意下面两个装饰符都是@StorageLink
  @StorageLink('count1') indexCount1: number = 0        //双向绑定
  @StorageLink('count2') indexCount2: number = 0        //双向绑定
  private label: string = '单击'

  build() {
    Column({ space: 20 }) {
      Text('当前页面是 index.ets').fontSize(30)
      Button(`${this.label}`)
        .onClick(() => {                                //响应单击
          //下面通过 API 修改应用存储变量
          var temp = AppStorage.Get<number>('count1')
          AppStorage.Set('count1', temp + 1)
          //下面通过组件成员变量修改
          this.indexCount2++
        })

      //使用组件的成员变量
      Text(`indexCount1: ${this.indexCount1}`).fontSize(25)
      Text(`indexCount2: ${this.indexCount2}`).fontSize(25)

      //使用存储变量
      Text(`count1: ${AppStorage.Get<number>('count1').toString()}`)
        .fontSize(25)
      Text(`count2: ${AppStorage.Get<number>('count2').toString()}`)
        .fontSize(25)

      Button('跳转到 next 页面')
        .onClick(() => {                                //单击响应
          router.push({ url: 'pages/next' })            //跳转到 next.ets
        })
    }.width('100%').padding(20)
    .backgroundColor(0xccFFcc)
  }
}
```

next.ets 文件的代码如下：

```
//ch05/AppStorageDemo 项目中 next.ets 文件
import router from '@ohos.router';
@Entry
@Component
struct Next {
  //注意下面两个装饰符都是@StorageProp
  @StorageProp('count1') nextCount1: number = 0         //单向绑定
```

```
      @StorageProp('count2') nextCount2: number = 0           //单向绑定

      private label: string = '单击'

      build() {
        Column({ space: 20 }) {
          Text(`当前页面是 next.ets`).fontSize(30)
          Button(`${this.label}`)
            .onClick(() => {
              //可以通过 API 修改应用存储变量
              var t = AppStorage.Get<number>('count1')
              AppStorage.Set<number>('count1', t + 1)
              //下面的修改会提示错误,TypeError: no setter for property
              this.nextCount2++})

          //使用组件的成员变量
          Text(`nextCount1: ${this.nextCount1}`).fontSize(25)
          Text(`nextCount2: ${this.nextCount2}`).fontSize(25)

          //通过 API 使用存储变量
          Text(`count1: ${AppStorage.Get<number>('count1').toString()}`)
            .fontSize(25)
          Text(`count2: ${AppStorage.Get<number>('count2').toString()}`)
            .fontSize(25)

          Button('返回')
            .onClick(() => {
              router.back()                                    //返回上一个页面
            })
        }.width('100%').padding(20)
          .backgroundColor(0xFFcccc)
      }
    }
```

以上代码的运行效果如图 5-9 所示。当在 index 页面(图 5-9(a))上单击按钮时,4 个变量都会改变,因为在 index 中采用的是@StorageLink 装饰器,indexCount1 和 count1,

(a) index 页上单击

(b) next 页

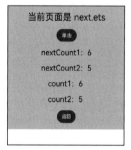
(c) next 页上单击

图 5-9 AppStorage 和组件数据绑定

indexCount2 和 count2 建立的都是双向绑定,因此无论通过 AppStorage 提供的 API 修改 count1,还是直接修改 indexCount2 都会更新绑定的另一个变量。

当跳转到 next 页面(图 5-9(b))时,4 个变量也会同步显示,但是在 next 页面上单击按钮时(图 5-9(c)),只有 indexCount1 和 count1 会同步更新,这里采用的是 @StorageLink 装饰器,建立的是单向绑定。

AppStorage 中存储的数据采用的是键-值对的形式,AppStorage 提供了操作存储数据的接口 API,常用的 API 的说明见表 5-12。

表 5-12　AppStorage 提供的部分接口

方法声明	说明
Set(key:string,newValue:T):void	将已保存的 key 值设置为新的 newValue 值
SetOrCreate (key: string, newValue: T): boolean	创建一个键为 key,值为 newValue 的属性,如果已存在,并且可以改写,则替换为新值 newValue,返回值为 true,否则返回值为 false。属性值不支持 null 和 undefined
Get(key:string):T	获取 key 对应的值,如果不存在,则返回 undefined
Has(propName:string):boolean	判断对应键值的属性是否存在
Link(key:string):@Link	如果存在具有给定键的数据,则返回此属性的双向数据绑定,该双向绑定意味着变量或者组件对数据的更改将同步到 AppStorage,通过 AppStorage 对数据的修改将同步到变量或者组件。如果具有此键的属性不存在或属性为只读,则返回 undefined
SetAndLink(key:string,defaultValue:T):@Link	与 Link 接口类似,不同的是,在 key 不存在时创建并赋默认值
Prop(key:string):@Link	与 Link 不同的是,该接口建立的是单向绑定。Prop 方法对应的属性值类型只能是简单类型
SetAndProp(propName:string,defaultValue:S):@Prop	与 Prop 接口类似,不同的是,在 key 不存在时创建并赋默认值
Keys():array＜string＞	返回包含所有键的字符串数组
Delete(key:string):boolean	删除 key 对应的键-值对
IsMutable(key:string):boolean	判断 key 属性是否存在且可以改变
Clear():boolean	删除所有的属性,如果当前有状态变量依旧引用属性,则不能清除,返回值为 false

AppStorage 的选择状态属性可以与不同的数据源或数据接收器同步,这些数据源和接收器可以是设备上的本地或远程,并具有不同的功能,如数据持久性。这样的数据源和接收器可以独立于 UI 在业务逻辑中实现。

另外,系统框架提供的环境对象(Environment)也是在应用程序启动时创建的单例对象,它可以为 AppStorage 提供一系列应用程序需要的环境状态属性。通过 Environment 提供 API 可以和 AppStorage 建立联系,代码如下:

```
Environment.EnvProp("accessibilityEnabled", "default")
```

以上代码可以使无障碍屏幕朗读环境变量（accessibilityEnabled）和 AppStorage 建立联系，通过 AppStorage 可以访问该变量，代码如下：

```
var read = AppStorage.Get("accessibilityEnabled")        //获得环境变量值
```

总之，AppStorage 可以为多个页面中的组件提供底层的统一数据支持，实现在应用运行期间组件之间的数据共享，同时数据可以实现单向或双向的绑定。在应用开发中，AppStorage 可以和环境变量、持久化存储、TS 业务逻辑等建立数据绑定关系，为上层组件提供数据支撑。

5.5 系统内置组件简介

在基于 TS 扩展的声明式开发范式的方舟开发框架中，系统为 HarmonyOS 应用开发提供了很多内置组件，通过这些组件可以使开发者更轻松地构建出丰富的界面。

内置组件在使用的方式上基本是相同的，开发者可以类比前面介绍的组件进行学习并掌握。由于组件众多，组件的属性和方法也非常丰富，限于篇幅原因，这里不再一一介绍它们的具体使用细节。为了能够使读者快速地了解及认识这些组件，这里简要地给出这些组件的名称、主要用途和一些实例效果供读者参考，具体见表 5-13。

表 5-13 系统内置组件简要说明

组件名称	主要用途	实例效果
Text	文本，用于显示文字，可以修饰文字，也可以在其他组件内部使用	蓝色文字 带框文字 省略内容,... 带下画线,倾斜
TextInput TextArea	TextInput 单行文本输入框，可以输入一行文本，如用于输入账号、密码等。 TextArea 为多行输入框	请输入账号 请输入密码
TextClock TextTimer	TextClock 通过文本显示当前系统时间，支持不同时区的时间显示，精度到秒。 TextTimer 为文本计时器组件，支持自定义时间格式	上午11:37:26 00:01:03.59
TextPicker	文本滑动选择器，可以关联一个字符串数组，通过上下滑动选择需要的文本选项	四年级 一年级 二年级 三年级 四年级

续表

组件名称	主要用途	实例效果
Image	图片,用于显示图片,图片源可以是资源图片或网络图片等,可以在其他组件的内部使用。另外,还有 ImageAnimator 图片帧动画组件,通过提供多张图片,实现逐帧播放图片,可以配置播放的图片列表,每张图片可以配置时长	图片还可以渲染、缩放、裁剪、重复平铺等
Button	按钮,一般用于单击,支持多种样式按钮,结合 Image 可以做出各种个性化按钮	
Checkbox	复选框,通常用于某选项的复选	
CheckboxGroup	复选框群组,用于控制复选框全选或全不选	
Radio	单选框,用于单选,同组的单选框可以互斥	
Progress	进度条,用于显示内容加载或操作处理进度可视化展示	直线形、胶囊形、实线环、刻度环
Slider	滑动条组件,用来通过滑动调节设置值,如设置进度、音量、亮度等	
Rating	评价条,一般用于服务、商品等评价	
DataPanel	数据面板组件,用于对多个数据占比情况进行展示,可以采用圆形或线性图形的方式展示	圆形、线形
QRCode	二维码,可以根据数据生成并显示二维码	
Search	搜索框组件,提供用于搜索内容的输入区域	
Navigation	导航组件,一般用作页面的根容器,通过属性设置来展示页面的标题、工具栏、菜单	

续表

组件名称	主要用途	实例效果
Stepper StepperItem	Stepper 为步骤导航器，每步对应一个 StepperItem 步骤导航器元素	
DatePicker TimePicker	DatePicker 是日期选择器，可以通过上下滑动选择年、月、日 TimePicker 是时间选择器，可以通过上下滑动选择时间	
Select	下拉选择菜单，可以通过下拉在多个选项之间选择一个选项	
Badge	新事件标记，在组件上提供事件信息展示	
Counter	计数器，用于购物数量增加或者减少计数等	

除了表 5-13 中列出的组件外，系统框架还提供了一些特殊功能的组件，如空白填充组件（Blank）、分隔器组件（Divider）等，还有一些功能高级的组件，如 Web 组件（Web）、用于 EGL/OpenGLES 和媒体数据写入的组件（XComponent）等。开发者也可根据已有的组件，组装出更多更丰富的自定义组件。

小结

本章介绍了 ArkUI 开发框架中的组件。组件是界面的基本组成单元，组件也是应用中的一个对象。组件可以设置属性和事件。通用属性是所有组件都具有的属性，如尺寸、位置、背景、样式等，组件还可以自定义属性以满足个性化需求。组件事件可以为组件设置动态特性，通过回调函数响应组件的行为，使组件具有可以操作的功能。

在 HarmonyOS 基于 ArkTS 的声明式 UI 编程范式中，UI 是应用程序状态的函数。状态管理为应用中的组件更新提供了动态机制，组件是通过装饰器实现状态管理的。父子组件之间、组件和应用存储之间可以通过状态管理实现数据绑定，使应用界面可以动态刷新。系统提供了丰富的组件，开发者可以根据需求选择合适的组件构建应用界面。

第 6 章 布局和页面跳转

【学习目标】
- 理解布局组件
- 掌握常用布局的运用,了解内置的布局
- 掌握页面之间的连接方法,理解页面的生命周期
- 会综合使用布局和组件构建应用界面

6.1 布局

6.1.1 布局概述

布局也是组件,可以称为容器组件,和普通组件不同的是布局主要是为了更好地布置其中的组件的放置位置和效果。普通组件侧重解决在界面上放什么的问题,而布局则主要是为了解决怎么放的问题。

可以把用户看到的界面看成一个大容器,容器中可以放置组件,也可以放置小的容器。放置在用户界面中的布局(容器组件)和普通组件结构可以用树表示,树根是一个布局,里面包含了子组件和子布局,子布局中又可以再次包含组件或布局。这样用户界面中的元素就形成了一棵组件树,如图 6-1 所示,根据这种规律,设计者可以设计出丰富的界面效果。

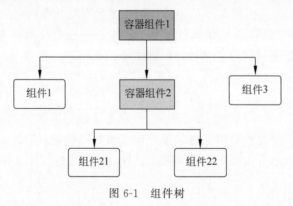

图 6-1 组件树

组件树只是说明了应用界面中容器组件和组件之间的逻辑关系,为了更好地理解,可以把设备屏幕理解成一个矩形框。用户界面中的组件树结构如图 6-2 所示,这样就可以更容易地和设备中的应用界面对应。

尽管根据图 6-2 更容易把组件树结构和应用界面联系在一起,但是,同一棵组件树在屏幕中放置组件的位置还没有唯一确定。如果不进行一定的设定或约束,则势必会造成界面凌乱。

布局可以很好地组织界面中的元素,使应用界面组织更有序、更丰富多彩。

在基于 ArkTS 的 HarmonyOS 应用界面中,容器组件(布局)的创建和组件的创建相同,其基本语法格式如下:

图 6-2 用户界面中的组件树结构

```
容器组件名(参数){
    //布局中的子组件
}
```

开发中,通过 ets 文件展示的界面也是以组件定义的,自定义的组件通过生成器方法构建整个界面,这样图 6-2 的用户界面组件结构树对应的组件构建代码如下:

```
@Component
struct 自定义组件名{
    //成员变量、方法
    build() {
        容器组件 1() {                    //根组件只能有一个
            组件 1()
            容器组件 2(){
                组件 21()
                组件 22()
            }
            组件 3()
        }
    }
}
```

在页面的自定义组件的生成器方法内必须有一个根组件,根组件一般用于布局,可以在根布局中包含其他布局和普通组件,进而形成组件树。当然,当整个界面只有一个组件时,可以允许根组件是一个普通组件。

作为组件,布局可以通过参数进行初始化,也可以通过链式调用方式设置属性或设置事件,进行事件处理,这些基本的使用方式都和普通组件相同。和普通组件不同的是,布局组件的属性和方法更多是为了约束和布置其中的内容的放置方式,因此常称为布局。

6.1.2 常用布局

在 HarmonyOS 应用开发提供的方舟开发框架(ArkUI)中,提供了很多布局组件,如 Row、Column、Flex、Grid、Stack 等,每种布局都有自己的特点,布局通过设置属性对包含在其中的子组件进行布置和约束,进而使应用界面效果达到设计要求。下面介绍几个常用的布局。

8min

1. 行布局

行布局可以称为横向布局或水平布局,行布局对应的布局组件名称为 Row,在行布局中的组件是沿着水平方向依次放入行布局中的。行布局的默认高度是其中的最高组件的高度,行布局默认的宽度取决于容纳所有组件所占的宽度。

行布局的使用的接口如下:

```
Row( value?:{ space?: string | number } )
```

其中,space 参数表示横向布局元素之间的间距,默认值为 0。

行布局组件具有一般组件拥有的属性,如大小、宽度、高度、背景、位置等,同时行布局还具有特有属性,主要有下面两个属性。

(1) alignItems:用于设置横向排列的子组件在垂直方向的对齐方式,包括上对齐、居中对齐和下对齐,对应的取值分别为 VerticalAlign.Top、VerticalAlign.Center 和 VerticalAlign.Bottom,默认为居中显示。

(2) justifyContent:用于设置子组件在水平方向上的对齐格式,包括居左、居中、居右、平均分占等,对应的取值为 FlexAlign 中定义的枚举值,默认为居左显示。

下面是一个使用 Row 布局的示例,代码如下:

```
//ch06/TestRow 项目中 Index.ets 文件
@Entry
@Component
struct TestRow {
  build() {
    Column({ space: 2 }) {
      Row({ space: 30 }) {
        Text('文本子组件').backgroundColor(0xffff00).fontSize(20)
        Button('按钮').width(220)
      }.width('90%').height(90).border({ width: 1 }).margin(10)

      Row() {
        Text('文本子组件').backgroundColor(0xffff00).fontSize(20)
        Button('按钮').width(100)
      }.border({ width: 1 }).margin(10)

      Row() {
```

```
      Text('文本子组件').backgroundColor(0xffff00).fontSize(20)
      Button('按钮').width(100)
    }.width('90%').height(90).border({ width: 1 }).margin(10)
    .alignItems(VerticalAlign.Top)
    .justifyContent(FlexAlign.Center)

    Row() {
      Row().width('30%').height(50).backgroundColor(0xFF0000)
      Row().width('30%').height(50).backgroundColor(0x00FF00)
    }
    .width('90%')
    .height(90)
    .border({ width: 1 })
    .margin(10)
    .justifyContent(FlexAlign.Center)

    Row() {
      Row().width('30%').height(50).backgroundColor(0xFF0000)
      Row().width('30%').height(50).backgroundColor(0x00FF00)
    }
    .width('90%')
    .height(90)
    .border({ width: 1 })
    .margin(10)
    .justifyContent(FlexAlign.SpaceEvenly)

    Row() {
      Row().width('30%').height(50).backgroundColor(0xFF0000)
      Row().width('30%').height(50).backgroundColor(0x00FF00)
    }.width('90%').height(90).border({ width: 1 }).margin(10)
    .justifyContent(FlexAlign.SpaceAround)

    Row() {
      Row().width('30%').height(50).backgroundColor(0xFF0000)
      Row().width('30%').height(50).backgroundColor(0x00FF00)
    }.width('90%').height(100).border({ width: 1 }).margin(10)
    .justifyContent(FlexAlign.SpaceBetween)
  }.width('100%')
}
}
```

以上代码运行的效果如图 6-3 所示。

2. 列布局

列布局可以称为纵向布局或垂直布局,列布局对应的布局组件名称为 Column,在列布局中的组件是沿着垂直方向依次放入列布局中的。列布局和行布局的区别是子组件的排列方向。

3min

列布局使用的接口如下:

图 6-3　Row 布局示例

```
Column( value?:{ space?: string | number } )
```

其中，space 参数表示横向布局元素之间的距离，默认值为 0。

列布局组件同样具有一般组件拥有的属性，如大小、宽度、高度、背景、位置等，同时列布局还具有特有属性，主要有下面两个属性。

（1）alignItems：用于设置横向排列的子组件在垂直方向的对齐方式，包括左对齐、居中对齐和右对齐，对应的取值分别为 HorizontalAlign.Left、HorizontalAlign.Center 和 HorizontalAlign.Right，默认为居中对齐。

（2）justifyContent：用于设置子组件在垂直方向上的对齐格式，包括居上、居中、居下、平均分占等，对应的取值为 FlexAlign 中定义的枚举值，默认为居上对齐。

下面是一个使用 Column 布局的示例，代码如下：

```
//ch06/TestColumn 项目中 Index.ets 文件
@Entry
@Component
struct TestColumn {
  build() {
    Column({ space: 1 }) {
      Column({ space: 2}) {
        Text('文本子组件').backgroundColor(0xffff00).fontSize(20)
        Button('按钮').width(100)
      }.width('90%').height(120).border({ width: 1 }).margin(10)
```

```
Column() {
  Text('文本子组件').backgroundColor(0xffff00).fontSize(20)
  Button('按钮').width(100)
}.border({ width: 1 }).margin(10)

Column() {
  Text('文本子组件').backgroundColor(0xffff00).fontSize(20)
  Button('按钮').width(100)
}.width('90%').height(160).border({ width: 1 }).margin(10)
.alignItems( HorizontalAlign.End)
.justifyContent(FlexAlign.End)

Column() {
  Row().width('30%').height(50).backgroundColor(0xFF0000)
  Row().width('30%').height(50).backgroundColor(0x00FF00)
}.width('90%').height(200).border({ width: 1 }).margin(10)
.justifyContent(FlexAlign.SpaceAround)
        }.width('100%')
    }
}
```

以上代码运行的效果如图 6-4 所示。

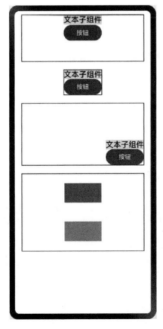

图 6-4 Column 布局示例

3. 弹性布局

弹性布局顾名思义布局具有弹性,弹性布局对应的布局组件名称为 Flex,和行、列布局相比,弹性布局更加灵活。

弹性布局使用的接口如下:

```
Flex( options?:{ direction?: FlexDirection,
              wrap?: FlexWrap,
              justifyContent?:FlexAlign,
              alignItems?: ItemAlign,
              alignContent?: FlexAlign
            }
    )
```

其中,参数 direction 用于定义弹性布局的布局方向,弹性布局有两个方向,子组件放置的方向称为主轴,与主轴垂直的方向是交叉轴。通过 direction 参数设置容器主轴的方向,其值可以是 FlexDirection.Row、FlexDirection.RowReverse、FlexDirection.Column、FlexDirection.ColumnReverse。

当 direction 的值为 FlexDirection.Row 时,表示主轴为水平方向,子组件从起始端沿着水平方向开始排布,此时弹性布局类似于行布局。

当 direction 的值为 FlexDirection.RowReverse 时,表示主轴为水平方向,子组件从终点端沿着 FlexDirection.Row 相反的方向开始排布。

当 direction 的值为 FlexDirection.Column 时,表示主轴为垂直方向,子组件从终点端沿着垂直方向开始排布,此时弹性布局类似于列布局。

当 direction 的值为 FlexDirection.ColumnReverse 时,表示主轴为垂直方向,子组件从终点端沿着 FlexDirection.Column 相反的方向开始排布。

例如对于以下代码,当 direction 的取值不同时,显示的效果如图 6-5 所示。

```
Flex({ direction: FlexDirection.Row }) {          //对应图 6-5(a)
    Text('文本 1').width('33%').height(30).backgroundColor(0xFF9999)
    Text('文本 2').width('33%').height(30).backgroundColor(0x99FF99)
    Text('文本 3').width('33%').height(30).backgroundColor(0x9999FF)
}.width('90%').padding(5).margin(10).backgroundColor(0xEEEEEE)
```

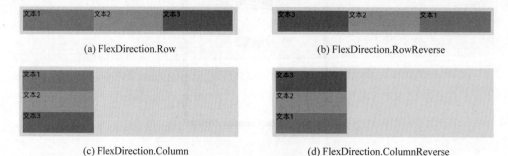

(a) FlexDirection.Row　　　　　　　　(b) FlexDirection.RowReverse

(c) FlexDirection.Column　　　　　　　(d) FlexDirection.ColumnReverse

图 6-5　不同的 direction 值的弹性布局排列效果

在默认情况下，子组件在 Flex 容器的主轴中线性排列，当操作布局边界时也不会自动换行/列，通过 wrap 参数设置可以自动换行/列。参数 wrap 的可选值有 FlexWrap.NoWrap、FlexWrap.Wrap、FlexWrap.WrapReverse。

当参数 wrap 的值为 FlexWrap.NoWrap 时，表示不换行。如果子元素的宽/高度总和大于父弹性布局组件，则子元素会被压缩。

当参数 wrap 的值为 FlexWrap.Wrap 时，表示换行。如果子元素的宽/高度总和大于父弹性布局组件，则再起一行/列。

当参数 wrap 的值为 FlexWrap.WrapReverse 时，表示换行，并且排列方向为主轴相反方向。如果子元素的宽/高度总和大于父弹性布局组件，则再起一行或列。

例如对于以下代码，显示的效果如图 6-6 所示。

```
Flex({ wrap: FlexWrap.WrapReverse}) {
    Text('文本 1').width('50%').height(50).backgroundColor(0xFF9999)
    Text('文本 2').width('50%').height(50).backgroundColor(0x99FF99)
    Text('文本 3').width('50%').height(50).backgroundColor(0x9999FF)
    Text('文本 4').width('70%').height(50).backgroundColor(0xFF9999)
    Text('文本 5').width('10%').height(50).backgroundColor(0x99FF99)
}.width('90%').padding(5).backgroundColor(0xEEEEEE).height(160)
```

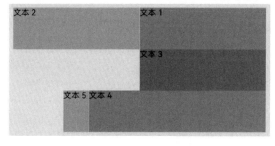

图 6-6　方向排列且自动换行效果

参数 justifyContent 用于设定弹性布局主轴方向上的子组件的放置方式，其作用与 Row 或 Column 布局的参数 justifyContent 的含义一致。

参数 alignContent 用于设定弹性布局在交叉轴的对齐方式，其作用与 Row 或 Column 布局的参数 alignContent 的含义一致。

关于 Flex 布局，当其参数 direction 的值为 FlexDirection.Row（默认值）、wrap 的值为 FlexWrap.NoWrap 时，弹性布局和 Row 布局基本相同。当其参数 direction 的值为 FlexDirection.Column、wrap 的值为 FlexWrap.NoWrap 时，弹性布局和 Column 布局基本相同。

下面给出一个综合使用弹性布局的实例，该实例通过输入关键字，然后可以把代表关键字的标签添加到下方的设定关键字集合中，运行效果如图 6-7 所示。

该实例对应的具体的代码如下：

(a) 初始　　　　　　　　　(b) 输入关键字　　　　　　　(c) 添加关键字后

图 6-7　弹性布局综合实例

```
//ch06/FlexUseDemo 项目中 Index.ets
@Entry
@Component
struct Index {
    @State private curArr: string[] = ["HarmonyOS", "鸿蒙",
                    "C语言", "C++", "Java", "TypeScript"]
    build() {
        Column() {
            MyKeyInput({ arr: $curArr })
            Text('设定的关键字').fontSize(16).margin(10)
            MyKeyContainer({ arr: $curArr })
        }
    }
}

@Component
struct MyKeyInput {
    @Link arr: string[]
    @State private curInput: string = ''

    build() {
        Flex({ alignItems: ItemAlign.Center }) {        //弹性布局
            TextInput({ placeholder: '请输入新关键字...',
                        text: this.curInput })
                .height(50)
                .layoutWeight(8)
                .borderRadius('20px')
                .onChange((value: string) => {
```

```
                this.curInput = value
            })
            Button({ type: ButtonType.Capsule, stateEffect: false }) {
                Text('添加').fontSize(18)
            }.layoutWeight(2)
            .onClick(() => {
                if (this.curInput!= null && this.curInput.length > 0) {
                    this.arr.unshift(this.curInput)
                    this.curInput = ''
                }
            })
        }.padding(10).margin(10)
        .backgroundColor(0xF8F8F8)
    }
}

@Component
struct MyKeyContainer {
    @Link arr: string[]

    build() {
        Flex({ justifyContent: FlexAlign.Start,
            wrap: FlexWrap.Wrap }) {     //弹性布局
            if (this.arr.length > 0) {
                ForEach(this.arr,           //循环渲染
                    (item: string) => {
                        Text(`${item}`)
                            .fontSize(18)
                            .backgroundColor(0xCCCCCC)
                            .borderRadius('60px')
                            .padding(12)
                    },
                    (item: string) => item.toString()
                )
            }
        }.padding(10).margin(10)
        .backgroundColor(0xF8F8F8)
    }
}
```

4. 堆叠布局

堆叠布局对应的布局组件名为 Stack,堆叠布局中子组件是一个栈结构,各个子组件按照从下到上分层依次放入布局中。

堆叠布局使用的接口如下:

3min

```
Stack(value?: {alignContent?: Alignment})
```

其中,参数 align 用于设置子组件在容器内的对齐方式,默认为居中对齐。

显示的效果如图 6-8 所示,示例代码如下:

```
//ch06/TestStack 项目中 Index.ets
@Entry
@Component
struct TestStack {
    build() {
        Stack({ alignContent: Alignment.Center }) {          //堆叠布局
            Text('第 1 层').width('90%').height('90%')
                .backgroundColor(0xFFEEEE).align(Alignment.TopStart)
            Text('第 2 层').width('70%').height('70%')
                .backgroundColor(0xEEFFEE).align(Alignment.TopStart)
            Text('第 3 层').width('50%').height('50%')
                .backgroundColor(0xEEEEFF).align(Alignment.TopStart)
        }
        .width('100%')
        .height(100)
    }
}
```

图 6-8　堆叠布局示例效果

5. 列表

列表在实际的应用开发中会经常用到，如好友列表、新闻列表、剧集列表等。列表中一般包含若干格式相同的列表项，列表适合连续、多行呈现同类数据。列表对应的布局组件为 List，列表中的项对应的组件是 ListItem。

使用列表组件的基本接口如下：

```
List(value?:{ space?: number | string,
              initialIndex?: number,
              scroller?: Scroller} )
```

（1）参数 space：表示列表项间距。

（2）参数 initialIndex：设置当前 List 初次加载时视口起始位置显示的条目索引，默认为 0，如果设置的序号超过了最后一个索引，则设置无效。

（3）参数 scroller：可滚动组件的控制器，用于和可滚动组件进行绑定。

列表组件拥有的属性及说明见表 6-1。

表 6-1　List 的属性

名称	参数类型	描述
listDirection	Axis	设置 List 组件的排列方向，可以纵向（Axis.Vertical）、横向（Axis.Horizontal）排列，默认为纵向排列

续表

名称	参数类型	描述
divider	{ strokeWidth:Length, color?:ResourceColor, startMargin?:Length, endMargin?:Length }|null	用于设置 ListItem 分隔线样式,默认无分隔线 strokeWidth：分隔线的线宽 color：分隔线的颜色 startMargin：分隔线距离列表侧边起始端的距离 endMargin：分隔线距离列表侧边结束端的距离
scrollBar()	BarState	设置滚动条状态,可以是不显示(BarState.Off)、显示(BarState.On)、自动显示(BarState.Auto),自动触摸时显示,2s 后消失,默认值为不显示
cachedCount	number	设置预加载的列表项 ListItem 的数量,默认值为 1
editMode	boolean	设置当前 List 组件是否为可编辑模式,默认为不可编辑,当参数为 true 时,设置为可编辑
edgeEffect	EdgeEffect	设置滑动效果,默认为回弹效果(EdgeEffect.Spring),还可以是阴影效果(EdgeEffect.Fade)和无效果(EdgeEffect.None)
chainAnimation	boolean	用于设置当前列表是否启用链式联动动效,开启后列表滑动及顶部和底部拖曳时会有链式联动的效果。 链式联动效果：列表内的条目间隔一定距离,在基本的滑动交互行为下,主动对象驱动从动对象进行联动,驱动效果遵循弹簧物理动效。参数为 false 表示不启用,参数为 true 表示启动,默认参数值为 false

列表组件拥有的事件方法及说明见表 6-2。

表 6-2　List 的事件

方法名称	功能描述
onItemDelete(event：(index：number) => boolean)	删除列表项时触发
onScroll(event：(scrollOffset：number,scrollState：ScrollState) => void)	滑动列表时触发,scrollOffset 为滑动偏移量,scrollState 为当前滑动状态,包括未滑动状态(ScrollState.Idle)、惯性滑动状态(ScrollState.Scroll)和拖动状态(ScrollState.Fling)
onScrollIndex(event：(start：number,end：number) => void)	滑动列表时触发,start 为滑动起始位置索引值,end 为滑动结束位置索引值
onReachStart(event：() => void)	列表到达起始位置时触发
onReachEnd(event：() => void)	列表到底末尾位置时触发
onScrollStop(event：() => void)	列表滑动停止时触发
onItemMove(event：(from：number, to：number) => boolean)	列表元素发生移动时触发,from、to 分别为移动前索引值与移动后索引值
onItemDragStart(event：(event：ItemDragInfo,itemIndex：number) => ((() => any)|void))	开始拖曳列表元素时触发,event 为列表项条目拖曳信息,itemIndex 为被拖曳列表元素索引值

续表

方法名称	功能描述
onItemDragEnter(event：(event：ItemDragInfo) => void)	拖曳进入列表元素范围内时触发，event 为列表项条目拖曳信息
onItemDragMove(event：(event：ItemDragInfo, itemIndex：number, insertIndex：number) => void)	拖曳在列表元素范围内移动时触发，event 为列表项条目拖曳信息，itemIndex 为拖曳起始位置，insertIndex 为拖曳插入位置
onItemDragLeave(event：(event：ItemDragInfo, itemIndex：number) => void)	拖曳离开列表元素时触发，event 为列表项条目拖曳信息，itemIndex 为拖曳离开的列表元素索引值
onItemDrop（event：（event：ItemDragInfo, itemIndex：number, insertIndex：number, isSuccess：boolean) => void)	绑定该事件的列表元素可作为拖曳释放目标，当在列表元素内停止拖曳时触发，event 为列表项条目拖曳信息，itemIndex 为拖曳起始位置，insertIndex 为拖曳插入位置，isSuccess 为是否成功释放

需要注意，列表编辑需要和条目编辑配合使用，如对于删除列表项功能，需要满足以下条件：

（1）列表本身可以编辑，即 List 的 editMode 属性设置为 true。

（2）列表绑定条目删除事件，即 List 绑定 onItemDelete，并且事件回调的返回值为 true。

（3）列表项可以编辑，即 ListItem 的 editable 属性设置为 true。

列表在使用时，一般需要批量的列表数据，列表数据可以是数组、集合等。

下面是一个简单列表的示例，运行效果如图 6-9 所示，初始列表显示效果如图 6-9(a)所示，当单击"删除"按钮时，显示效果如图 6-9(b)所示，当删除了李四对应的条目时，显示效果如图 6-9(c)所示。

(a) 初始列表　　　　　　(b) 可删除效果　　　　　　(c) 删除一条后

图 6-9　List 示例效果

图 6-9 所示的列表效果的示例代码如下：

```
//ch06/ListUseDemo 项目中 Index.ets
@Entry
@Component
struct TestList {
    @State editFlag: boolean = false                //编辑标记变量
    private arr: string[] = ['张三', '李四', '王五', '赵六', '爱国',
                            '爱民', '小明', '小红', '小刚', '小龙']
    build() {
        Stack({ alignContent: Alignment.TopStart }) {   //堆叠布局
            List({ space: 10, initialIndex: 0 }) {
                ForEach(this.arr, (item) => {           //循环渲染
                    ListItem() {                        //列表条目
                        Row(){
                            Image( $r('app.media.icon'))
                                .height(70).width('25%')
                            Text(item)
                                .width('72%')
                                .height(70)
                                .fontSize(18)
                                .textAlign(TextAlign.Center)
                                .borderRadius(10).margin('3%')
                                .backgroundColor(0xDDEEFF)
                        }.backgroundColor(0xFFFFFF)
                        .padding(10).borderRadius(10)
                    }.editable(true)
                }, item => item)
            }
            .listDirection(Axis.Vertical)               //垂直方向排列
            .divider({ strokeWidth: 2, color: 0xFFFFFF,
                    startMargin: 20,
                    endMargin: 20 })                    //分隔线
            .edgeEffect(EdgeEffect.None)                //滑动到边缘无效果
            .chainAnimation(false)                      //联动特效关闭

            .onScrollIndex((firstIndex: number,
                        lastIndex: number) => {         //滑动时
                console.info('first' + firstIndex)      //输出提示信息
                console.info('last' + lastIndex)        //输出提示信息
            })
            .editMode(this.editFlag)
            .onItemDelete((index: number) => {          //删除条目时
                this.arr.splice(index, 1)               //删除 index 处 1 条信息
                this.editFlag = false
                return true
            })
            .margin({ top: 5, left: 20, right: 20 })
```

```
            Button('删除')
                .onClick(() => {
                    this.editFlag = !this.editFlag
                }).margin({ top: 5, left: 20 })
                .backgroundColor(0xFF0000)
    }.width('100%').height('100%')
    .backgroundColor(0xDCDCDC).padding({ top: 5 })
  }
}
```

6.1.3 系统内置布局简介

为了帮助开发者更好地构建界面,系统为 HarmonyOS 应用开发提供了很多内置布局,这些布局的使用方式和前面介绍的几个常用布局类似,这里不再一一详细赘述。

为了能够使读者快速地了解及认识这些布局组件,这里简要地给出这些布局的名称并简要说明其主要用途和特点以供读者参考,具体见表 6-3。

表 6-3 系统内置布局简要说明

布局名称	简要说明
AlphabetIndexer	字母索引,如一般的手机通讯录中的名字字母索引
Grid	网格容器,内部按照行、列进行布置子组件,类似表格,一般与 GridItem 一起使用,GridItem 表示一个单元格,网格中可以跨行或跨列
Panel	面板,可滑动,提供了一种轻量的内容展示的窗口,可方便地在不同尺寸中切换,属于弹出式组件,如通过上滑拉出一个面板
Refresh	下拉刷新容器,常用于列表刷新等
Scroll	可滚动容器,当子组件的布局尺寸超过父组件的视口时,内容可以滚动,类似滚动条
Swiper	滑动容器,通过滑动可以切换不同的子组件,常用于软件首次进入时的使用说明等
Tabs	一种可以通过页签进行内容视图切换的容器组件,每个页签对应一个内容视图,每个内容视图是一个 TabContent 容器,类似选项卡
Video	视频播放组件,用于播放视频,支持视频的播放、倍速、暂停等控制,支持播放本地、网络视频等
Canvas	画布,提供了自由绘图区域,用于自定义绘制各种图形,另外还有绘图相关的多个组件,如绘制二维画布、渐变对象、位图对象等
Circle	圆,可以绘制出一个圆形,另外还有多种图形组件,如椭圆、矩形、线、多边形、路径等基本图形组件

表 6-3 并未列出所有的系统内置布局组件,有的布局和普通组件之间也没有明显界限。另外,由于不同的 API 版本支持的布局组件也不尽相同,有的布局组件还在不断升级变化中,所以开发者在使用这些布局组件时也要注意其变化或升级。

6.2 页面跳转

在基于 ArkTS 的应用开发框架中,一个应用包可以包含多个能力(Ability),每个 Ability 中包含一个 app.ets 文件和若干个页面,一个页面对应一个 ets 文件。

这里所讲的页面跳转指的是在同一个 Ability 内的多个页面之间的跳转。声明式 UI 范式提供了两种机制,用于实现页面间的跳转:

(1) 使用路由容器导航组件(Navigator)实现页面跳转,该组件包装了页面路由的能力,在指定页面目标(target)后,该组件内的子组件都具有路由能力,可以跳转到其他页面。

(2) 使用路由 API 实现页面跳转,系统提供了路由(Router)接口,通过在页面上引入路由,然后可以调用 router 提供的各种接口,从而实现页面跳转的各种路由操作。

6.2.1 导航容器组件跳转

导航容器组件是系统提供的内置组件,包含在导航组件中具有导航页面跳转功能,默认其中的组件在被单击时跳转到目标页面,Navigator 组件的接口如下:

```
Navigator(value?: {target: string, type?: NavigationType})
```

实现单击 Navigator 中的文本 Text 组件跳转到 Other 页面的功能,代码如下:

```
Navigator({ target: 'pages/other' }) {
    Text('跳转转到 Other 页面')
}
```

在使用 Navigator 时,其内部只能包含一个根子组件,下面是错误的示例,代码如下:

```
Navigator({ target: 'pages/other' }) {
    Text('跳转转到 Other 页面')
    Text('跳转转到 Other 页面')        //不能包含两个根子组件
}
```

在使用 Navigator 时,尽管内部只能包含一个根子组件,但是内部组件还可以包含子组件,下面是一个示例,代码如下:

```
Navigator({ target: 'pages/other' }) {
    Column(){                        //只有一个根子组件
        Text('跳转转到 Other 页面')
        Text('跳转转到 Other 页面')
    }
}
```

如上代码,Column 组件及其所有的子组件 Text 都具有了导航跳转功能。

在使用 Navigator 时,被导航跳转到的页面应该在配置文件(config.json)中注册,如对于上述代码中的 Other 页面，这里假设当前页面是 index，对应的配置信息如下：

```
...
    "pages": [
        "pages/index",
        "pages/other"
    ]
...
```

在使用 Navigator 时，目标参数是必需的，导航类型参数是可选的，type 的值有 3 种情况：

（1）当 type 为 NavigationType.push 时，导航跳转到应用内的指定页面，以压栈的方式打开，即新页面覆盖在当前页面的上方，当在新页面上返回时，会返回当前页面。该方式也是导航组件的默认跳转方式。

（2）当 type 为 NavigationType.Replace 时，导航跳转会用目标页面替换当前页面，并销毁被替换的页面。

（3）当 type 为 NavigationType.Back 时，导航以返回方式跳转到目标页面。如果目标页面在页面栈中不存在，则不跳转。如果目标页面在页面栈中只存在一个，则跳转到目标页面，同时目标页面上的页面退栈。如果目标页面在页面栈中存在多个，则跳转到距离栈顶最近的目标页面。

6.2.2 路由方式跳转

路由方式页面跳转是通过系统提供的 API 实现页面跳转的，调用页面路由 router 模块，使用 router 提供的 API 需要用到 router 模块，导入该模块的语句如下：

```
import router from '@ohos.router';    //分号可以省略
```

关于模块 router，也可以从系统模块（system）下导入，导入语句如下：

```
import router from '@system.router';
```

两个模块中的路由 API 有一定的区别，但基本功能相同，开发者可以任选一个导入即可，推荐使用前者。

在导入路由模块后，便可以调用其提供的接口进行页面路由跳转，其提供的主要接口方法见表 6-4。

表 6-4　路由模块提供的接口

接 口 名 称	说　　明
push(options: RouterOptions): void	以压栈方式跳转到应用内指定的页面，目标页面 url 由参数给出，新打开的页面位于栈顶
replace(options: RouterOptions): void	以替换方式跳转到应用内指定的页面，目标页面 url 由参数给出，新打开的页面替换当前页面

续表

接口名称	说明
back(options?: RouterOptions): void	返回上一页面,当前栈顶页面出栈,如果参数指定的目标页面在页面栈中,则跳转到目标页面
clear(): void	清空页面栈中的所有历史页面,仅保留当前页面作为栈顶页面
getLength(): string	获取当前在页面栈内的页面数量
getState(): RouterState	获取当前页面的状态信息,包括页面在页面栈中的索引、页面对应的文件名、页面路径,这些信息封装在 RouterState 中
enableAlertBeforeBackPage(options: EnableAlertOptions): void	开启页面返回询问对话框
disableAlertBeforeBackPage(): void	禁用页面返回询问对话框
getParams(): Object	获取发起跳转的页面向当前页面传入的参数

由路由方式页面跳转提供的 3 种方法 push()、replace()、back() 和导航组件 Navigator 的 3 种导航类型是对应的,实际上导航组件调用的路由也是这 3 个接口方法。3 个页面跳转方法都需要一个路由选项(RouterOptions)类型的参数,在 RouterOptions 中有两个成员分量,分别是 url 和 params。具体说明见表 6-5。

表 6-5 RouterOptions 成员分量

名称	类型	说明
url	string	必须赋值,目标页面的网址,值一般为在配置文件中配置的页面路径,如"pages/other"。值也可以是"/",此时目标页为首页
params	Object	赋值可选,页面跳转时,如果希望携带参数,则由 params 携带,数据一般以 JSON 对象表示,在目标页面可以获得所传递的参数

下面是一段以进栈方式跳转到指定页面 other 上的示例,代码如下:

```
router.push({
    url: 'pages/other'
})
```

6.2.3 页面传递参数

无论是通过导航组件还是路由接口,在跳转到新的页面时都可以携带参数,这就保障了页面之间的参数传递。

在使用导航组件跳转时,可以通过其提供的属性方法 params 设置参数,示例代码如下:

```
@Component
struct Index {
    @State count: number = 0
    build() {
```

```
            Navigator({ target: 'pages/other' }) {
                ...
            }
            .params({ count: this.count })       //设置携带的参数
        }
    }
```

在使用路由接口跳转页面时,可以为跳转方法传递 params 参数,参数以对象的形式进行赋值,示例代码如下:

```
router.push({
    url: 'pages/other',
    params: { count: this.count }
})
```

无论哪种方式,页面跳转携带的参数(params)的值都是一个对象,对象的内容都是键-值对,在目标页面上都可以通过路由提供的 getParams() 方法获得参数对象,并可以通过键名获得对应的值,如对于上面传递的参数数据中的 count,在目标页面上获得其值的代码如下:

```
router.getParams()['count']
```

下面通过一个具体实例说明页面间的参数传递,该实例的运行效果如图 6-9 所示。

(a) Index页面　　(b) 有参数的Other页面　　(c) 无参数的Other页面　　(d) Another页面

图 6-10　页面跳转实例

在该实例中有 3 个页面,即 Index 页面、Other 页面和 Another 页面,它们分别对应 3 个文件 Index.ets、Other.ets 和 Another.ets,Index.ets 文件的代码如下:

```
//ch06/PageToPage 项目中 Index.ets 文件
import router from '@ohos.router'                       //导入路由模块

@Entry
@Component
struct Index {
    message: string = 'Index 页面'
    @State count: number = 1

    build() {
        Row() {
            Column() {
                Text(this.message)
                    .fontSize(50)
                    .fontWeight(FontWeight.Bold)
                Row() {
                    Text("请输入数量：").fontSize(28)
                    Counter() {
                        Text(this.count.toString()).fontSize(25)
                    }.margin(5).height(32)
                    .onInc(() => {
                        this.count++
                    })
                    .onDec(() => {
                        this.count--
                    })
                }.padding(5).backgroundColor(0xEEEEEE)
                .justifyContent(FlexAlign.SpaceEvenly)
                .margin(20)

                Navigator({ target: 'pages/Other' }) {    //导航组件
                    Column() {
                        Text('导航跳转到 Other')
                            .fontSize(30).backgroundColor(0xEEFFEE)
                            .fontWeight(FontWeight.Bold)
                    }.width("100%").backgroundColor(0xFFEEEE)
                    .padding(5)
                }.margin(20)
                .params({ data: this.count })             //携带参数

                Button('路由跳转到 Other')
                    .fontSize(30)
                    .fontWeight(FontWeight.Bold)
                    .width("90%")
                    .margin(20)
                .onClick( () =>{                          //单击跳转
                    router.push({
                        url:'pages/Other',
                        params:{ data: this.count }       //携带参数
```

```
            })
        })
    }
    .width('100%')
}
.height('100%')
    }
}
```

Other.ets 文件的代码如下：

```
//ch06/PageToPage 项目中 Other.ets 文件
import router from '@ohos.router'

@Entry
@Component
struct Other {
    message: string = 'Other 页面'
    @State params:object = router.getParams()            //获取参数对象

    build() {
        Row() {
            Column() {
                Text(this.message)
                    .fontSize(50)
                    .fontWeight(FontWeight.Bold)

                if(this.params != undefined)
                {                                         //通过下标 i 形式使用参数中的数据
                    Text("传递的数值: " + this.params['data'])
                        .fontSize(30)
                }else
                {
                    Text("没有获得传递参数")
                        .fontSize(30).fontColor(0xff0000)
                }

                Navigator({ target: 'pages/Other' }) {
                    Column() {
                        Text('跳转到 Other 页面')
                            .fontSize(30).backgroundColor(0xEEFFEE)
                            .fontWeight(FontWeight.Bold)
                    }.width("100%")
                    .backgroundColor(0xFFEEEE).padding(15)
                }.margin(20).active(false)

                Navigator({ target: 'pages/Another' }) {
                    Column() {
```

```
                    Text('跳转到 Another 页面')
                        .fontSize(30).backgroundColor(0xEEFFEE)
                        .fontWeight(FontWeight.Bold)
                }.width("100%").backgroundColor(0xFFEEEE)
                    .padding(15)
            }.margin(20).active(false)

        }
        .width('100%')
    }
    .height('100%')
  }
}
```

Another.ets 文件的代码如下：

```
//ch06/PageToPage 项目中 Another.ets 文件
import router from '@ohos.router';
@Entry
@Component
struct Goto {
  message: string = 'Another 页面'

  build() {
    Row() {
      Column() {
        Text(this.message)
          .fontSize(50)
          .fontWeight(FontWeight.Bold)

        Button('router 返回')
          .fontSize(30)
          .fontWeight(FontWeight.Bold)
          .width("90%")
          .margin(20)
          .onClick(() => {                          //单击跳转
            router.back()                           //无参数
          })

        Navigator({ target: 'pages/Other',
          type:NavigationType.Back }) {
          Column(){
            Text('Navigator 返回')
              .fontSize(30).backgroundColor(0xEEFFEE)
              .fontWeight(FontWeight.Bold)
          }.width("100%").backgroundColor(0xFFEEEE)
            .padding(15)
        }.margin(20)
```

```
        Navigator({ target: 'pages/Index',
           type:NavigationType.Back }) {
          Column(){
            Text('Navigator 到 Index')
              .fontSize(30).backgroundColor(0xEEFFEE)
              .fontWeight(FontWeight.Bold)
          }.width("100%").backgroundColor(0xFFEEEE)
            .padding(15)
        }.margin(20)
      }
      .width('100%')
    }
    .height('100%')
  }
}
```

6.3 组件生命周期

页面在跳转的过程中伴随着组件的创建、显示和消失等过程,实际上就是伴随着组件实例的生命周期变化。

对于自定义组件,生命周期回调函数是框架在特定的条件下自动调用的,不能在应用程序中手动调用,但是,开发者可以重写其生命周期函数,以实现具体需要的操作。

自定义组件的生命回调函数见表 6-6。

表 6-6 组件的生命周期回调函数说明

函 数 声 明	说　　明
aboutToAppear():void	组件创建实例后触发调用,该函数在组件的 build 函数执行之前执行。新创建的组件实例一般会进入页面栈,所以一般在进入页面栈时调用。在该函数中允许改变状态变量,在后续执行 build 函数时会采用更新后的组件状态变量
onPageShow():void	页面显示时触发调用,该函数仅在装饰器@Entry 修饰的组件中生效。如当路由到某个页面时,页面显示时会触发该函数,页面在由后台进入前台显示时也会触发该函数
onPageHide():void	页面隐藏时触发调用,该函数仅在装饰器@Entry 修饰的组件中生效,该函数和 onPageShow 函数对称。如当路由离开某个页面时或页面被其他页面覆盖而隐藏时,会触发调用该函数
onBackPress():void	单击设备上的返回按钮时触发调用,该函数仅在装饰器@Entry 修饰的组件中生效
aboutToDisappear():void	自定义组件析构释放之前触发调用,即组件实例在释放前调用,如页面退栈等。不允许在该函数中修改组件状态变量,特别是@Link 装饰的变量

下面通过一个示例说明组件的生命周期函数的调用触发过程,该示例的部分运行效果

如图 6-11 所示，该实例的具体代码如下：

```
//ch06/TestLife 项目中 Index.ets 文件
import router from '@ohos.router';
@Entry
@Component
struct Index {
    @State value: number = 10
    aboutToAppear(): void  {                              //当进入页面栈时调用
        console.log("aboutToAppear 被调用 value = " + this.value)
    }
    onPageShow(): void{                                   //当显示出来时调用
        console.log("onPageShow 被调用 value = " + this.value)
    }
    onPageHide(): void{                                   //当隐藏时调用,如被覆盖
        console.log("onPageHide 被调用 value = " + this.value)
    }
    onBackPress(): void{                                  //当按下设备上的返回键时调用
        console.log("onBackPress 被调用 value = " + this.value)
    }
    aboutToDisappear(): void {                            //当退出页面栈时调用
        console.log("aboutToDisappear 被调用 value = " + this.value)
    }
    build() {
        Row() {
            Column() {
                Text(`value = ${this.value}`).fontSize(50)
                Counter() {
                    Text(this.value.toString()).fontSize(25)
                }.margin(5).height(50).width(160)
                .onInc(() => {
                    this.value++
                })
                .onDec(() => {
                    this.value--
                })
                Button('push').fontSize(30)
                    .onClick(() => {
                        router.push({
                            url: "pages/Index"
                        })
                    }).margin({ top: 10 })
                Button('replace').fontSize(30)
                    .onClick(() => {
                        router.replace({
                            url: "pages/Index"
                        })
                    }).margin({ top: 10 })
                Button('back').fontSize(30)
```

```
                    .onClick(() => {
                        router.back()
                    }).margin({ top: 10 })
            }.width('100%')
        }.height('100%')
    }
}
```

在示例中,只有一个自定义组件(Index),这里重写了它的所有生命周期函数,每个函数内都在终端输出提示信息及状态变量 value 的值。在该组件中有 3 个子组件按钮(push、replace、back),单击按钮事件中的 push 以进栈方式跳转换到本页面,replace 以替换方式跳转到本页面,back 为路由返回。

当按照下面步骤操作时,生命周期函数回调并在终端上输出的效果如图 6-11 所示。

(1) 首次启动时,显示效果如图 6-11(a)所示,终端输出如图 6-12(a)所示。此时创建了一个组件实例并显示到了界面中。

(2) 单击"-",value 减少后变为 9,如图 6-11(b)所示,此时并未调用生命周期函数。

(3) 单击 push,以进栈方式跳转,此时会重新创建一个组件实例并进栈,显示效果如图 6-11(c)所示,终端输出如图 6-12(b)所示。状态值 value 为 9 的组件实例被遮挡,新的实例创建并显示,value 值为 10。

(4) 单击"+",value 增加后变为 11,如图 6-11(d)所示,此时并未调用生命周期函数。

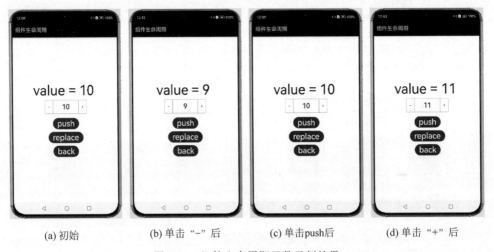

图 6-11 组件生命周期函数示例效果

(5) 单击 replace,以替换方式跳转。状态值 value 为 11 的组件实例被替换(释放),新的实例被创建并显示,value 值为 10。终端输出如图 6-12(c)所示。

(6) 单击 back,栈顶的实例释放,返回如图 6-11(b)所示的界面,终端输出如图 6-12(d)所示。

(a) 初始时输出的信息

(b) 单击"-"后输出的信息

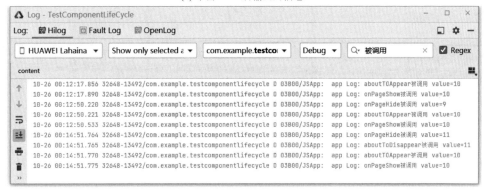

(c) 单击push后输出的信息

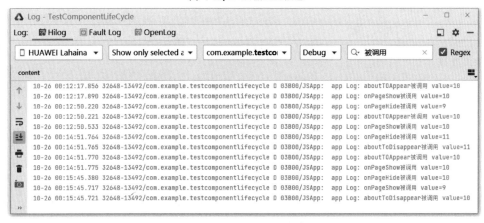

(d) 单击"+"后输出的信息

图 6-12　组件生命周期函数调用输出信息

6.4 商品列表实例

本节通过一个商品列表实例，介绍如何综合运用组件，以便构建应用界面。

6.4.1 实例说明

商品列表实例的运行效果如图 6-13 所示，该实例主要包括商品列表界面(图 6-13(a))和登录界面(图 6-13(b))。在商品列表界面主要按照分类展示商品列表，选择左侧不同的分类，在右侧显示不同的商品列表，同时可以单击"欢迎您，请登录"跳转到登录界面。在登录界面输入用户名和密码，登录后返回商品列表界面(图 6-13(c))，登录的用户名会显示在上方。

(a) 商品列表

(b) 登录界面

(c) 登录后界面

图 6-13 商品列表实例运行效果

6.4.2 实例实现

1. 数据

在该实例中，商品分类信息和商品信息数据需要事先准备好，在实际项目的开发中数据一般通过配置文件、数据库或网络获得，本例以 JSON 格式提供文本数据和文本信息。

本例中的商品基本信息包括 categoryID、id、name、imageUrl、price，分别表示类别 ID、商品 ID、商品名称、LOGO 图片、价格，所有商品信息以 JSON 数组格式给出，具体的基本格式如下：

```
//ch06/ShoppingListDemo 项目中 JSONData.ets 文件部分内容
export const ListJSONData: any[] = [
```

```
{
    "categoryId": 1,
    "id": 1,
    "name": "HarmonyOS 移动应用开发",
    "imageUrl": "/images/image1.jpg",
    "price": 0
},
...
{
    "categoryId": 6,
    "id": 106,
    "name": "鸿蒙应用开发实战",
    "imageUrl": "/images/book_6.jpg",
    "price": 79
}
]
```

商品类别信息同样以 JSON 数组格式给出,具体格式如下:

```
//ch06/ShoppingListDemo 项目中 JSONData.ets 文件部分内容
export const CategoryJSONData: any[] = [
    {
        "categoryId": 1,
        "categoryName": "热门课程"
    },
    ...
    {
        "categoryId": 6,
        "categoryName": "图书"
    }
]
```

2. 代码实现

项目文件结构如图 6-14 所示,其中,images 目录下存储着需要的商品 LOGO 图片,JSONData.ets 文件中存储着商品类别和商品信息的数据,Model.ets 文件实现数据管理,Index.ets 文件实现商品列表界面,Login.ets 文件实现登录界面。

文件 Model.ets 中的代码如下:

```
//ch06/ShoppingListDemo 项目中 Model.ets 文件
import { CategoryJSONData, ListJSONData } from './JSONData';

export class CategoryDataItem {                       //分类条目
    categoryId: number;                               //单击该分类时内容滑动到的位置
    categoryName: string;                             //分类标题
    index: number;                                    //索引号,这里对应数组中的下标

    constructor(categoryId: number, categoryName: string ) {
```

```
        this.categoryId = categoryId;
        this.categoryName = categoryName;
    }
}

export class ListDataItem {                              //商品列表条目
    categoryId: number;                                  //类别 ID
    id: number;                                          //商品 ID
    name: string;                                        //商品名称
    imageUrl: string;                                    //图片地址
    price: number;                                       //价格

    constructor(categoryId: number,
                id: number,
                name: string,
                imageUrl: string,
                price: number) {
        this.categoryId = categoryId;
        this.id = id;
        this.name = name;
        this.imageUrl = imageUrl;
        this.price = price;
    }
}

export function getCategoryArrayData(): Array<CategoryDataItem> {
    let arr = new Array<CategoryDataItem>()              //商品分类数据
    let index = 0;
    CategoryJSONData.forEach(item => {
        let it = new CategoryDataItem(item.categoryId,
            item.categoryName);
        arr.push(it)
    })
    return arr;
}

export function getListArrayByCategory(categoryDataItem:
                CategoryDataItem): Array<ListDataItem> {
    let arr = new Array<ListDataItem>()                  //商品分类数据
    ListJSONData.forEach(item => {
        if (item.categoryId == categoryDataItem.categoryId) {
            let it = new ListDataItem(item.categoryId,
                item.id,
                item.name,
                item.imageUrl,
                item.price);
            arr.push(it)
        }
    })
    return arr;
}
```

图 6-14　项目文件结构

商品分类列表界面由文件 Index.ets 实现，具体的代码如下：

```
//ch06/ShoppingListDemo 项目中 Index.ets 文件
import { CategoryDataItem, ListDataItem } from '../model/Model';
import { getCategoryArrayData, getListArrayByCategory }
                                        from '../model/Model';
import router from '@ohos.router';

@Entry
@Component
struct Index {
  @State index: number = 0;                        //分类选中的索引
  @State loginName: string = ''                    //登录的用户名
  private tabArray: Array<CategoryDataItem> = []   //分类数据
  private listArray: Array<ListDataItem> = []      //商品列表数据

  aboutToAppear() {
    //初始化列表数据
    this.tabArray = getCategoryArrayData();
    this.listArray = getListArrayByCategory(this.tabArray[this.index]);
  }

  onPageShow() {
    //获取登录名
    if (router.getParams() != undefined) {
      this.loginName = router.getParams()['name']
```

```
      }
      console.log(this.loginName)
   }

   build() {
     Column() {
       Text("商品列表").fontSize(25).margin({ top: 15 })
       if (this.loginName == '') {
         Text("欢迎您,请登录 ")
           .fontSize(20)
           .fontColor(0xFF6666)
           .width('100%')
           .textAlign(TextAlign.End)
           .backgroundColor(0xEEEEFF)
           .padding(6)
           .onClick(() => {
             router.push({
               url: 'pages/Login'
             })
           })
       } else {
         Text("欢迎您," + this.loginName)
           .fontSize(20)
           .width('100%')
           .textAlign(TextAlign.End)
           .backgroundColor(0xEEEEFF)
           .padding(6)
           .onClick(() => {
             router.push({
               url: 'pages/Login'
             })
           })
       }

       Row() {
         Column() {
           ForEach(this.tabArray.map((item1, index1) => {
             return { index: index1, data: item1 };
           }), item => {
             Text(item.data.categoryName)
               .fontColor(0x696969)
               .backgroundColor
                 (this.index == item.index?0xffffff:0xEEEEEE)
               .fontSize(16)
               .width('100%')
               .height(60)
               .textAlign(TextAlign.Center)
               .onClick(() => {
                 if (this.index != item.index) {
```

```
            this.index = item.index
            this.listArray = getListArrayByCategory(item.data);
          }
        })
      }
        , item => '' + item.data)
    }.height('100%')
    .width(100).backgroundColor(0xEEEEEE)

    List() {
      ForEach(this.listArray, item => {
        ListItem() {
          Stack({ alignContent: Alignment.TopStart }) {
            Image(item.imageUrl)
              .objectFit(ImageFit.Fill)
              .width(110)
              .height(80)
              .margin({ left: 10, top: 10 })

            Text(item.name)
              .fontColor(0x363636)
              .fontSize(15)
              .margin({ left: 130, top: 12 })
              .maxLines(3)
              .textOverflow({ overflow: TextOverflow.Clip })

            Text(item.price == 0 ? '免费' : '¥' + item.price)
              .fontColor(0xff6600)
              .fontSize(22)
              .position({ x: 0, y: '100%' })
              .markAnchor({ x: 0, y: '100%' })
              .margin({ left: 130, bottom: 10 })

            Divider()
              .margin({ left: 10, right: 10 })
              .color(0xefefef)
              .strokeWidth(0.7)
              .position({ x: 0, y: '100%' })
              .markAnchor({ x: 0, y: '100%' })
          }.height(100)
        }
      }, item => '' + item)
    }.width('100%')
    .layoutWeight(1)
  }.width('100%')
  .backgroundColor(0xffffff)
  .alignItems(VerticalAlign.Top)
}.width('100%').height('100%').padding(10)
  }
}
```

登录界面由文件 Login.ets 实现,具体的代码如下:

```
//ch06/ShoopingListDemo 项目中 Login.ets 文件
import router from '@ohos.router';

@Entry
@Component
struct Login {
  @State userName: string = ''
  @State password: string = ''

  build() {
    Column() {
      Image($r('app.media.icon'))
        .height(100).width(100)
        .margin({ top: 150 })
      TextInput({ text: this.userName }).width("80%")
        .height(50).margin(10)
        .onChange((v) => {
          this.userName = v
        })
      TextInput({ text: this.password })
        .width("80%")
        .height(50)
        .margin(10)
        .type(InputType.Password)
        .onChange((v) => {
          this.userName = v
        })
      Button("登录")
        .width("60%")
        .height(50)
        .margin(20)
        .onClick(() => {                                  //简单验证用户名和密码
          if (this.userName == "张三" && this.password == "123") {
            router.back(
              {
                url: 'pages/Index',
                params: { name: this.userName }
              }
            )
          } else {
            this.userName = ""
            router.back()
          }
        })
    }.height("100%")
    .width("100%")
  }
}
```

小结

本章介绍了基于 ArkTS 的声明式 UI 开发框架中的布局,布局也是组件,是容器组件,布局一般用于布置界面中组件的位置关系。常用的布局组件有行布局(Row)、列布局(Column)、弹性布局(Flex)、堆叠布局(Stack)、列表(List)等,系统提供了非常丰富的布局,可以供开发者在构建应用界面时进行选择。

在基于 ArkTS 的 HarmonyOS 应用开发中,开发框架为页面之间的跳转主要提供了导航组件和路由 API 两种方式,两种方式实际上都是路由调用,在页面跳转时可以将参数携带到目标页面,并能够通过路由 API 获得参数,页面跳转伴随着组件的生命周期函数调用。本章最后给出了一个组件使用的综合实例,该实例可以供开发者参考。

第 7 章 Ability

【学习目标】
- 理解 HarmonyOS 中的 Ability 概念，了解 FA 和 Stage 模型的区别
- 会在 FA 模型下定义 PageAbility，理解 PageAbility 的生命周期
- 掌握 PageAbility 的调度和参数传递，包括同一应用内和不同应用间的调用，会用相关 API
- 会在 Stage 模型下定义和使用 UIAbility，掌握 UIAbility 的调度，会用相关 API
- 理解跨设备迁移

7.1 Ability 概述

在 HarmonyOS 应用开发中，一个应用中有若干个能力，Ability 是能力的抽象，Ability 可以理解成鸿蒙操作系统中相对独立的功能集，是操作系统的调度单元，开发一个应用本质上就是创建并实现若干 Ability。

在 HarmonyOS 应用开发 FA(Feature Ability)模型中，Ability 分为 PageAbility、ServiceAbility、DataAbility、FormAbility。

PageAbility 也可称为页面能力，一般用于为应用提供用户交互界面，PageAbility 是用户可见且可交互的 Ability，一个页面能力内一般包含多个页面，一个页面一般由若干组件构成。

ServiceAbility 也可称为服务能力，简称服务或 Service。ServiceAbility 是后台运行的能力，为其他 Ability 调用提供服务。服务一般没有界面，不和用户进行直接交互。

DataAbility 也可称为数据能力，简称数据或 Data，DataAbility 也是后台能力，DataAbility 通过统一的接口为其他 Ability 提供数据支持服务，如数据的增、删、改、查等。数据一般没有界面，不和用户进行直接交互。

FormAbility 是一种以卡片形式展示界面的 Ability。

在 FA 模型中，一个项目就是一个应用，当应用运行时系统会启动一个独立的进程，应用进程在每个 Ability 第 1 次启动时创建一个线程，每个 Ability 独占一个线程，每个

Ability 绑定一个独立的 JSRuntime 实例。应用之间是以进程分割的，应用中的 Ability 之间是以线程隔离的，如图 7-1 所示。

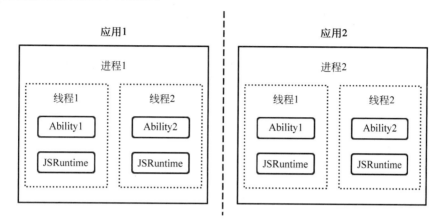

图 7-1　应用进程线程模型

在 HarmonyOS 应用开发的 Stage 模型中，能力抽象分为 UIAbility 和 ExtensionAbility 两大类，其中 ExtensionAbility 又被扩展为 ServiceExtensionAbility、FormExtensionAbility、DataShareExtensionAbility 等。

Stage 模型的设计基于以下 3 个出发点：

（1）优化应用的能力与总体系统功耗的平衡。在系统运行过程中，前台应用的资源占用会被优先保障。Stage 模型通过 Ability 与 UI 分离、严格的后台管控、基于场景的服务机制及单进程模型来达成应用能力与整体系统功耗的平衡。

（2）支持组件级的迁移和协同。HarmonyOS 是原生支持分布式的操作系统，Stage 模型通过 Ability 与 UI 分离及 UI 展示与服务能力合一等模型特性，实现原生组件级的迁移和协同。

（3）支持多设备和多窗口形态。Stage 模型通过重新定义了 Ability 生命周期及定义和设计了组件管理服务和窗口管理服务的单向依赖，从而支持多种设备形态，并易于实现多种不同的窗口，从而更有利于定制不同的窗口形态。

图 7-2 展示了 Stage 模型中应用运行期间的基本概念。

（1）Application：应用或 App，一个应用有唯一 appid 标识，一般通过簇名（bundleName）等信息唯一标识一个应用，一个应用中可以包含多个模块（Module）。

（2）Module：模块。模块是 HarmonyOS 应用编译、分发、加载的基本单位，模块以 HAP 的形式打包。每个模块都有一个应用内唯一的名称，也拥有一种类型。一个应用可以包含多个模块，但是只能包含一个入口类型的模块，每个模块内可以有多个 Ability。在 Stage 模型中，每个模块在运行期都有一个 AbilityStage。

（3）AbilityStage：HAP 的运行期类，在 HAP 首次加载到进程中时创建实例，一个应用里可以有多个 AbilityStage，AbilityStage 对开发者可见。

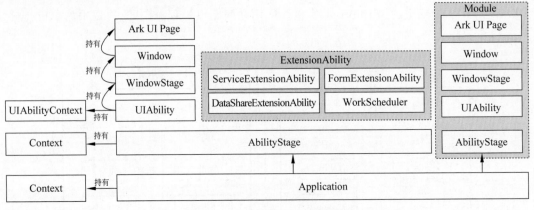

图 7-2　Stage 模型中的基本概念

（4）Context：上下文，提供运行期环境和各种能力调用。Application、AbilityStage、PageAbility 和各种 ExtensionAbility 都有各自不同的上下文，它们都继承自基类 Context，上下文包含各自运行期间的环境信息，如包名、模块名、路径等，同时可以通过上下文调用各种能力。

（5）UIAbility：能力，在 Stage 模型中，UIAbility 指的是界面能力抽象，类似 FA 模型中的 PageAbility，持有 UIAbilityContext，提供生命周期回调，支持组件迁移/协同。UIAbility 持有 WindowStage，进一步持有 Window 及 ArkUI Page。WindowStage 是本地窗口管理器。Window 是窗口管理器管理的基本单元，持有一个 ArkUI 引擎实例。ArkUI Page 是方舟开发框架页面。

（6）ExtensionAbility：基于场景的服务扩展能力的统称，系统定义了多种基于场景的 ExtensionAbility 类，持有 ExtensionContext，ExtensionAbility 目前还不够完善。

FA 模型和 Stage 模型的对比见表 7-1。

表 7-1　FA 和 Stage 模型的对比

对比方面	FA 模型	Stage 模型
API 支持	一直支持	API 9 及以后
开发语言支持	Java（API 7 以前）、JS、TS、ArkTS	TS、ArkTS
Ability 类型	PageAbility、ServiceAbility、DataAbility、FormAbility	PageAbility 和 ExtensionAbility，其中后者又包括 ServiceExtensionAbility、FormExtensionAbility、DataShareExtensionAbility
开发方式	Java/TS/ArkTS 提供面向对象的 API，JS 提供类 Web 的 API	TS/ArkTS 提供面向对象的开发方式
ArkUI 开发	声明式，与 Stage 模型一致	声明式，与 FA 模型一致
组件	提供 PageAbility（页面展示）、ServiceAbility（服务）、DataAbility（数据分享）及 FormAbility（卡片）	提供 PageAbility（页面展示）、ExtensionAbility（扩展能力），扩展可以基于场景

续表

对比方面	FA 模型	Stage 模型
包描述文件	使用 config.json 描述 HAP 包和组件信息,组件必须使用固定的文件名	使用 module.json5 描述 HAP 包和组件信息,可以指定入口文件名
进程内对象共享	不支持	支持
引擎实例	非 Java 开发,每个进程内的每个 Ability 实例独享一个 JS VM 引擎实例	每个进程内的多个 Ability 实例共享一个 JS VM 引擎实例

在 FA 模型下,在 DevEco Studio 中,每创建一个 Ability 都会单独创建一个目录,目录名对应 Ability 的名称,并在其下生成 Ability 的相关文件。不同的 Ability 类型生成的文件也不尽相同,对于 PageAbility 会生成一个 app.ets 和一个 index.ets 文件。对于 ServiceAbility 会生成一个 service.ts 文件,对于 DataAbility 会生成一个 data.ts 文件。一个简单的项目结构如图 7-3 所示。

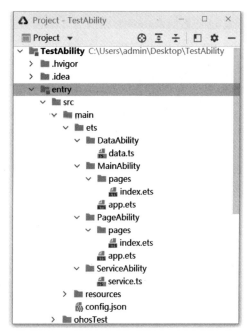

图 7-3　项目组成

项目中的每个 Ability 在配置文件 config.json 中都有对应的配置信息,鸿蒙操作系统正是根据这些配置信息把各种能力注册到系统中的,这样才能在系统中发现已注册的能力并进行使用或调度。开发中创建的 Ability 基本配置信息都配置在 config.json 的 abilities 节点下,示例代码如下:

```
//ch07/TestAbility 项目中 config.json 文件(部分)
...
  "abilities": [
```

```json
{
    "orientation": "unspecified",
    "formsEnabled": false,
    "name": ".PageAbility",
    "srcLanguage": "ets",
    "srcPath": "PageAbility",
    "icon": "$media:icon",
    "description": "$string:PageAbility_desc",
    "label": "$string:PageAbility_label",
    "type": "page",
    "visible": true,
    "launchType": "standard"
},
...
]
...
```

每个 Ability 的基本信息包括名字(name)、类型(type)、源代码语言(srcLanguage)、标签(label)、启动方式(launchType)等信息。

在 Stage 模型下，在 DevEco Studio 中，每创建一个 Ability 都会单独创建一个目录，目录名对应 Ability 的名称，并在其下生成一个 ts 文件，文件名对应 Ability 的名称。实际上，创建 Ability 实际上是定义了一个继承于 UIAbility 的类，UIAbility 又继承于 Ability，并实现相关的生命周期方法。由于目前 Stage 模型下的 Ability 默认就是 UIAbility，所以一般需要创建页面文件，用于 Ability 加载。

7.2 FA 模型中的 PageAbility

7.2.1 PageAbility 创建

定义 PageAbility 可以在 DevEco Studio 中的项目上右击，依次选择 New→Ability→Page Ability，如图 7-4 所示，然后，在弹出的新建对话框中输入需要创建的 Page Ability 名称即可创建一个 PageAbility，如图 7-5 所示。新创建的 PageAbility 会自动在配置文件 config.json 中加入默认的配置。

成功创建一个 PageAbility 后，项目中会创建一个以其名称命名的目录，该目录下有一个 app.ets 文件和 pages 文件夹。app.ets 文件的名称是固定的，pages 目录下可以有多个页面，每个页面可以对应一个 ets 文件，每个页面在配置文件 config.json 中都有对应的配置，例如在 OtherAbility 中有 3 个页面(index、second、withResult)的配置信息，代码如下：

```
"js": [
    ...
    {
        ...
        "pages": [
```

```
      "pages/index",
      "pages/second",
      "pages/withResult"
    ],
    "name": ".OtherAbility",
    ...
  }
]
```

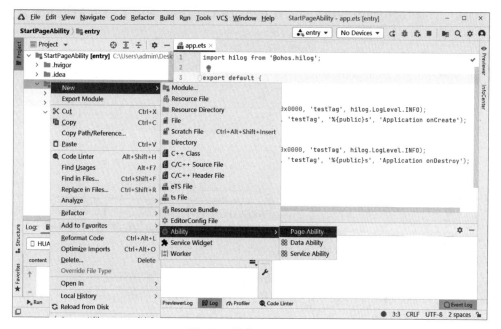

图 7-4 创建 PageAbility

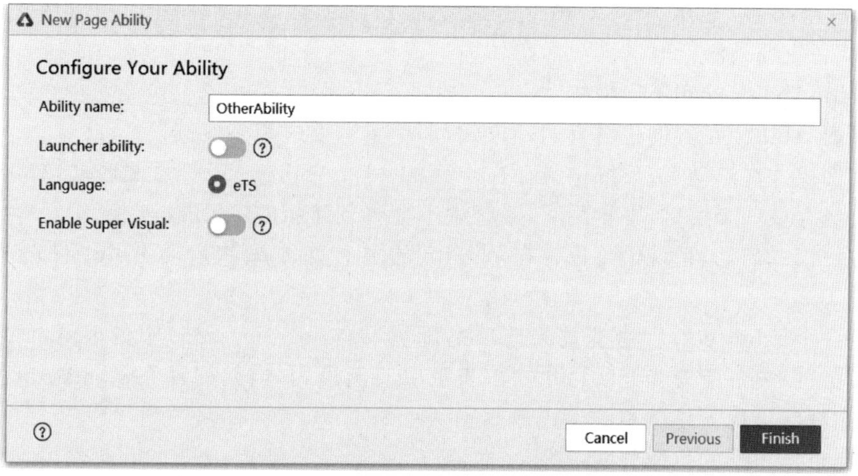

图 7-5 新建 PageAbility 对话框

配置中的第 1 个页面是 PageAbility 的首页，是在 PageAbility 启动时默认启动的页面。

7.2.2 PageAbility 的生命周期

1. PageAbility 的生命周期状态

定义的 PageAbility 在运行时会实例化成 Ability 对象，一个 PageAbility 实例从创建到销毁的全过程称为生命周期，在 PageAbility 的整个生命周期中，它会在多种状态之间进行切换，这些状态包括未初始化态（UNINITIALIZED）、初始态（INITIAL）、激活态（ACTIVE）、非激活态（INACTIVE）、后台状态（BACKGROUND）。PageAbility 生命周期状态转换如图 7-6 所示。

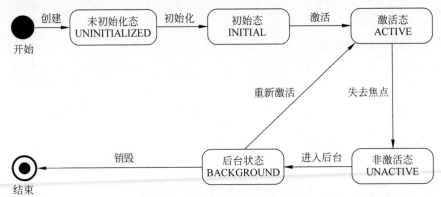

图 7-6 PageAbility 的生命周期

（1）未初始化态：为临时状态，PageAbility 被创建后会立即进入初始态。
（2）初始态：此状态下当前 PageAbility 还未运行，当启动后由初始化态进入激活态。
（3）激活态：此时 PageAbility 位于前台，界面已显示，并获取焦点。
（4）非激活态：当前 PageAbility 已显示但是已失去焦点的状态。
（5）后台状态：表示 PageAbility 退到后台，PageAbility 在被停止时由后台状态进入初始化态，或者重新被激活时进入激活态。

2. PageAbility 的实例化模式

定义的 Ability 在实例化时有两种模式，即单实例模式和多实例模式。

单实例模式在启动后，系统中只存在唯一的一个 Ability 实例，每次启动 Ability 时，如果判断已经存在一个实例，则复用它，系统中不会再创建新的 Ability 实例。

多实例模式启动，系统中可以存在 Ability 的多个实例，每次启动 Ability 都会启动一个新的实例。

配置一个 Ability 的启动模式的选项是配置文件（config.json）中的 launchType 配置项。当 launchType 配置为 singleton 时，表示单实例模式，当其配置为 standard 时，为多实例模式，在默认情况下是单实例模式。

3. PageAbility 的生命周期函数

PageAbility 的生命周期中的状态变化，伴随着其生命周期函数的调用，PageAbility 的生命周期函数见表 7-2。

表 7-2　PageAbility 生命周期回调函数简介

函 数 名	简 要 说 明
onCreate()	Ability 第 1 次启动实例化时调用 onCreate 方法，在该方法里一般进行应用初始化工作
onActive()	Ability 切换到激活态，并且已获取焦点时调用 onActive 方法
onShow()	Ability 由后台状态切换到前台激活状态时会调用 onShow 方法
onHide()	Ability 由前台切换到后台状态时调用 onHide 方法
onInactive()	Ability 失去焦点时调用 onInactive 方法，Ability 在进入后台状态时会先失去焦点，再进入后台状态
onDestroy()	销毁释放 Ability 对象前调用 onDestroy 方法，释放后生命周期结束。开发者可以在该方法里做一些回收资源、清空缓存等退出前的收尾工作

如果开发者改写 PageAbility 的生命周期函数的默认行为，则需要在其 app.ets 中重写相关生命周期回调函数，下面是一个 PageAbility 的生命周期函数的简单实现，代码如下：

```
export default {
    onCreate() {
        console.info('Ability 创建')
    },
    onDestroy() {
        console.info('Ability 销毁')
    },
    onShow(){
        console.info('Ability 显示')
    },
    onHide(){
        console.info('Ability 隐藏')
    },
    onInactive(){
        console.info('Ability 进入非激活态')
    },
    onActive(){
        console.info('Ability 进入激活态')
    },
}
```

PageAbility 的生命周期函数一般会伴随着其状态的变化自动调用，状态转变的触发可以来自 PageAbility 内部，如主动调用生命周期函数。状态转变的触发也可能来自其他的 Ability，如被别的 Ability 启动。

7.2.3　PageAbility 调度及实例

在 FA 模型中，启动 PageAbility 需要导入 featureAbility 模块，导入该模块的语句如下：

12min

```
import featureAbility from '@ohos.ability.featureAbility'
```

导入该模块后,便可以使用其提供的接口方法在不同的 Ability 之间进行互操作,如启动、停止 Ability 等。

1. 启动和停止 PageAbility

启动 PageAbility 可以通过 featureAbility 提供的 startAbility() 方法,该方法的一种声明如下:

```
void startAbility(parameter: StartAbilityParameter)
```

采用 startAbility 启动其他 Ability 需要启动能力参数(StartAbilityParameter),该参数内有一个必选的 want 成员,其中包含启动 Ability 相关的必要信息,如 bundleName、abilityName 等。启动一个 Ability 的基本代码如下:

```
featureAbility.startAbility( {
    want:
        {
            deviceId: "",
            bundleName: "cn.edu.huest.otherapp",
            abilityName: "cn.edu.huest.entry.MainAbility"
            parameters: {
                msg: "something"
            }
        }
} );
```

被启动的 PageAbility 可以是当前应用中的一个能力,也可以是本地设备上其他应用中的能力,还可以是其他远程设备上的应用的能力。参数中的 want 可以理解成意图,其中的数据信息会交给系统,系统会根据意图里的数据信息选择最匹配的 Ability 进行启动。

当启动本地 PageAbility 时,一般给出 bundleName 和 abilityName 即可,无须给出设备 ID,即 deviceId,deviceId 省略或为空时表示本地设备。

如果启动的是其他设备上的 PageAbility,则需要给出目标设备的 ID,设备 ID 可通过系统提供的 API 获得,在 OpenHarmony API 8 版本中,设备管理模块(DeviceManager)提供了创建设备实例、获得可信设备列表等接口,进而可以获得设备的 ID 信息,示例代码如下:

```
import deviceManager from '@ohos.distributedHardware.deviceManager';
......
let dmInstance
deviceManager.createDeviceManager("com.example.myapplication",
    (err, data) => {
        if (err) {
            return;
        }
        dmInstance = data;                                          //获得设备管理实例
    }
)
```

```
...
dmInstance.getTrustedDeviceList((err, data) => {              //获取设备列表
    console.log('设备列表: ' + JSON.stringify(data));
    for (var i = 0; i < data.length; i++) {
        console.log( '设备 ID: ' + deviceList[i].deviceId )    //设备 ID
    }
});
```

在启动新的 PageAbility 时,可以为其携带自定义的参数,参数可以通过 want 中的 parameters 给出,parameters 的值是一个 JSON 对象,内部可以携带若干键-值对信息。在被启动的 PageAbility 中可以通过 getWant() 获得其中的数据并使用,在目标 Ability 中获得数据的基本代码如下:

```
featureAbility.getWant().then((data) => {
    //处理 data
    console.info( data.parameters.msg )
});
```

当需要停止一个 PageAbility 时,可以通过调用 terminateSelf() 实现,该方法可以设置 PageAbility 返回的结果代码和数据,并销毁此 PageAbility。结束当前 Ability 的基本代码如下:

```
import featureAbility from '@ohos.ability.featureAbility';
featureAbility.terminateSelf() then((data) => {               //停止当前 Ability
    console.info( "结果信息: " + JSON.stringify(data) );
});
```

2. FA 接口

除了基本的启动和停止接口外,featureAbility 模块还为 PageAbility 调度提供一些其他的相关接口方法,这些接口方法的简要说明见表 7-3。

表 7-3 PageAbility 调度的主要方法简介

方 法 声 明	简 要 说 明
startAbility(parameter: StartAbilityParameter, callback: AsyncCallback< number >): void	启动新 Ability(Callback 形式)
startAbility(parameter: StartAbilityParameter): Promise< number >	启动新 Ability(Promise 形式)
startAbilityForResult(parameter: StartAbilityParameter, callback: AsyncCallback< AbilityResult >): void	启动新 Ability,获得返回结果(Callback 形式)
startAbilityForResult(parameter: StartAbilityParameter): Promise< AbilityResult >	启动新 Ability,获得返回结果(Promise 形式)
terminateSelfWithResult(parameter: AbilityResult, callback: AsyncCallback< void >): void	结束当前 Ability,设置数据返给调用者(Callback 形式)
terminateSelfWithResult(parameter: AbilityResult): Promise< void >	结束当前 Ability,设置数据返给调用者(Promise 形式)
getWant(callback: AsyncCallback< Want >): void	获取从 Ability 发送的 Want(Callback 形式)

续表

方法声明	简要说明
getWant()：Promise＜Want＞	获取从 Ability 发送的 Want(Promise 形式)
terminateSelf(callback：AsyncCallback＜void＞)：void	结束当前 Ability(Callback 形式)
terminateSelf()：Promise＜void＞	结束当前 Ability(Promise 形式)

这里同名的接口一般提供了两种形式，即 Callback 形式和 Promise 形式。两种形式都是回调，Callback 形式回调由被调函数控制，成功后的主调方不易获取结果。Promise 形式回调负责成功后的通知，成功后的操作放在了 then 回调里面，可由 Promise 控制，Promise 形式可以很方便地使用回调结果。

3. 实例

本节通过实例说明 PageAbility 之间的跳转，包括同一个应用内的两个不同 PageAbility 之间的跳转和不同应用之间的 PageAbility 跳转。该实例中有两个应用，分别为 StartPageAbility 和 StartPageAbilityTarget。

首先介绍 StartPageAbility 应用，该应用的运行界面如图 7-7 所示。

图 7-7 StartPageAbility 应用界面效果

应用 StartPageAbility 的项目结构如图 7-8 所示,该项目包含两个 Ability,分别是 MainAbility 和 OtherAbility。MainAbility 内有一个页面文件 index.ets,对应效果图 7-7(a), OtherAbility 中包含 3 个页面文件 index.ets、second.ets、withResult.ets,三个文件分别对应效果图 7-7 的(b)、(d)、(e)。

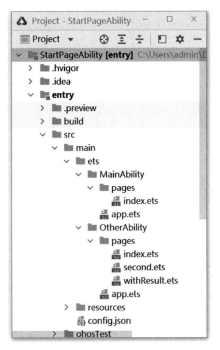

图 7-8 StartPageAbility 应用项目结构

在 StartPageAbility 应用中,通过单击 MainAbility 首页上的不同按钮可以跳转到 OtherAbility 的不同页面上,同时可以携带数据,在 OtherAbility 的 withResult 页面(图 7-7(e))中,还可以通过输入数据信息返给 MainAbility,如图 7-7(f)所示。

应用 StartPageAbility 中包含两个 Ability,即 MainAbility 和 OtherAbility。MainAbility 中有一个页面 index.ets 文件,其主要实现代码如下:

```
//ch07/StartPageAbility 项目中,MainAbility/pages 下的 index.ets 文件
import featureAbility from '@ohos.ability.featureAbility';
@Entry
@Component
struct Index {
  @State message: string = '这是 MainAbility'
  @State result: string = '暂无数据'
  build() {
    Row() {
      Column() {
        Text(this.message)
```

```
        .fontSize(40).textAlign(TextAlign.Center)
        .fontWeight(FontWeight.Bold)
      Divider()
      Button('跳转到OtherAbility首页').margin({ top: 35 })
        .onClick(() => {
          featureAbility.startAbility({
            want: {
              bundleName: 'com.example.startpageability',
              abilityName:
                'com.example.startpageability.OtherAbility',
              parameters: { "msg": "传递的数据" }
            }
          });
        })
      Button('跳转到OtherAbility指定页').margin({ top: 15 })
        .onClick(() => {
          featureAbility.startAbility({
            want: {
              bundleName: 'com.example.startpageability',
              abilityName:
                'com.example.startpageability.OtherAbility',
              parameters: {
                url: 'pages/second', //指定到特定页面
                msg: "传递的数据"
              }
            }
          });
        })

      Button('跳转到新的Application登录页').margin({ top: 35 })
        .onClick(() => {
          featureAbility.startAbility({
            want: {
              bundleName: 'cn.edu.zut.startpageabilitytarget',
              abilityName:
                'cn.edu.zut.startpageabilitytarget.MainAbility',
              parameters: {
                url: 'pages/login',
                msg: "传递的数据"
              }
            }
          });
        })

      Button('带参数跳转到新的Application登录页').margin({ top: 15 })
        .onClick(() => {
          featureAbility.startAbility({
            want: {
              bundleName: 'cn.edu.zut.startpageabilitytarget',
```

```
                    abilityName:
                        'cn.edu.zut.startpageabilitytarget.MainAbility',
                    parameters: { //参数内是键-值对,值可以是基本类型或数组
                        url: 'pages/login',
                        name: '张三',
                        pwd: '123',
                        arr: [1, 2, 3] //数组数据
                    }
                }
            });
        })

        Button('跳转到 OtherAbility 获取数据').margin({ top: 35 })
            .onClick(() => {
                featureAbility.startAbilityForResult(
                    {
                        want:
                        {
                            deviceId: "",
                            bundleName: "com.example.startpageability",
                            abilityName:
                                "com.example.startpageability.OtherAbility",
                            parameters: {
                                url: 'pages/withResult'
                            }
                        }
                    },
                ).then((data) => {
                    this.result = "结果码:" + data.resultCode
                        + " 参数数据:" + data.want.parameters['result']
                    console.log(JSON.stringify(data));
                });
            })
        Text(this.result)
            .fontSize(30).textAlign(TextAlign.Center)
            .fontWeight(FontWeight.Bold)
    }
    .width('100%')
  }
  .height('100%')
 }
}
```

在 OtherAbility 中有 3 个页面,其中 index.ets 文件的主要实现代码如下：

```
//ch07/StartPageAbility 项目中,OtherAbility/pages 下的 index.ets 文件
import featureAbility from '@ohos.ability.featureAbility';
@Entry
```

```
@Component
struct Index {
    @State message: string = '这是 OtherAbility\nindex'
    @State text: string = '单击获得 want 数据'

    showWantData(): void {
        this.text = '无数据'    //测试
        featureAbility.getWant().then((data) => {
            console.info("msg === " + data.parameters['msg']);
            this.text = data.parameters['msg']
        })
    }

    build() {
        Row() {
            Column() {
                Text(this.message)
                    .fontSize(40).textAlign(TextAlign.Center)
                    .fontWeight(FontWeight.Bold)
                Divider().height(100)
                Text(this.text)
                    .fontSize(50).textAlign(TextAlign.Center)
                    .fontWeight(FontWeight.Bold)
                    .onClick(() => {
                        this.showWantData()
                    })
            }
            .width('100%')
        }
        .height('100%')
    }
}
```

在 OtherAbility 中 second.ets 文件的主要实现代码如下：

```
//ch07/StartPageAbility 项目中,OtherAbility/pages 下的 second.ets 文件
import featureAbility from '@ohos.ability.featureAbility';
@Entry
@Component
struct Second {
    @State message: string = '这是 OtherAbility\nsecond'
    @State text: string = '无数据'

    aboutToAppear(): void {
        featureAbility.getWant().then((data) => {
            //接收数据可以用中括号下标或点形式
            console.info("msg=" + data.parameters['msg']);
            this.text = data.parameters.msg
```

```
      })
    }
    build() {
        Row() {
            Column() {
                Text(this.message)
                    .fontSize(40).textAlign(TextAlign.Center)
                    .fontWeight(FontWeight.Bold)
                Divider().height(100)
                Text(this.text)
                    .fontSize(50).textAlign(TextAlign.Center)
                    .fontWeight(FontWeight.Bold)
            }
            .width('100%')
        }
        .height('100%')
        .backgroundColor(0xEEEEEE)
    }
}
```

在 OtherAbility 中 withResult.ets 文件的主要实现代码如下：

```
//ch07/StartPageAbility 项目中,OtherAbility/pages 下 withResult.ets 文件
import featureAbility from '@ohos.ability.featureAbility';
@Entry
@Component
struct WithResult {
  @State message: string = '这是 OtherAbility\nwithResult'
  @State result: string = ''
  build() {
    Row() {
      Column() {
        Text(this.message)
          .fontSize(40).textAlign(TextAlign.Center)
          .fontWeight(FontWeight.Bold)

        TextInput().width("90%").height(50).margin(10)
          .onChange((value) => {
            this.result = value
          })

        Button('结束返回输入内容').margin({ top: 35 })
          .onClick(() => {
            featureAbility.terminateSelfWithResult(    //结束,携带结果返回
              {
                resultCode: 1,
                want:
                {
```

```
                deviceId: "",
                bundleName: "com.example.featureabilitytest",
                abilityName:
                    "com.example.featureabilitytest.MainAbility",
                parameters: {
                    result: this.result
                }
            }
        }
    );
})
}
    .width('100%')
}
    .height('100%')
  }
}
```

在 StartPageAbility 应用中,通过单击 MainAbility 首页上提供的按钮可以打开其他应用,也可以携带数据。这里的其他应用是 StartPageAbilityTarget。

应用 StartPageAbilityTarget 的运行效果如图 7-9 所示,首页界面(图 7-9(a))和登录界面(图 7-9(b))均可以通过 StartPageAbility 中的按钮直接打开,并且可以传递参数。

(a) 首页界面　　　　(b) 登录界面

图 7-9　StartPageAbilityTarget 应用界面效果

应用 StartPageAbilityTarget 的项目结构如图 7-10 所示,首页对应的文件是 index. ets,登录页面对应的文件是 login.ets。

应用 StartPageAbilityTarget 中有一个 MainAbility,其内又包含两个页面,其中 index. ets 文件的主要实现代码如下:

```
//ch07/StartPageAbilityTarget 中的 index.ets 文件
import router from '@ohos.router';
```

```
@Entry
@Component
struct Index {
  @State message: string = '这是\n新的 Application\n首页'
  build() {
    Row() {
      Column() {
        Text(this.message)
          .fontSize(40).textAlign(TextAlign.Center)
          .fontWeight(FontWeight.Bold)
        Button("登录")
          .width("60%")
          .height(50)
          .margin(20)
          .onClick(()=>{
            router.push({
              url:'pages/login'
            })
          })
      }
      .width('100%')
    }
    .height('100%')
  }
}
```

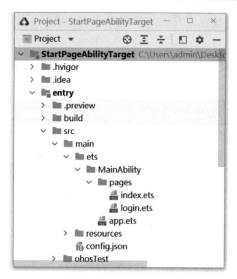

图 7-10　StartPageAbilityTarget 应用项目结构

在 MainAbility 中 login.ets 文件的主要实现代码如下：

```
//ch07/StartPageAbilityTarget 中的 login.ets 文件
import featureAbility from '@ohos.ability.featureAbility';
```

```
@Entry
@Component
struct Login {
    @State message: string = '这是\n新的 Application'
    @State userName: string = ''
    @State password: string = ''
    aboutToAppear(): void {
        featureAbility.getWant().then((data) => {
            //可以通过两种方式使用参数数据
            this.userName = data.parameters['name']
            this.password = data.parameters.pwd
        })
    }
    build() {
        Column() {
            Text(this.message)
                .fontSize(40).textAlign(TextAlign.Center)
                .fontWeight(FontWeight.Bold)
            Image($r('app.media.icon'))
                .height(100).width(100)
                .margin({ top: 100 })
            TextInput({text:this.userName})
                .width("80%").height(50).margin(10)
                .onChange((v) => {
                    this.userName = v
                })
            TextInput({text:this.password})
                .width("80%").height(50).margin(10)
                .type(InputType.Password)
                .onChange((v) => {
                    this.password = v
                })
            Button("登录").width("60%").height(50).margin(20)
        }.height("100%")
        .width("100%")
    }
}
```

7.3 Stage 模型中的 UIAbility

7.3.1 UIAbility 创建

在 Stage 模型下,UIAbility 是从 ArkTS 3.2.2 版本后开始支持的,UIAbility 继承于 Ability。

在 Stage 模型下,定义 UIAbility 可以在 DevEco Studio 中的项目上右击,依次选择 New→Ability,如图 7-11 所示,然后在弹出的新建对话框中输入需要创建的 Ability 名称即可创建一个 Ability，如图 7-12 所示。新创建的 Ability 会自动在配置文件 module.json5 中加入默认的配置。当前 DevEco Studio 版本通过向导创建的 Ability 默认为 UIAbility。

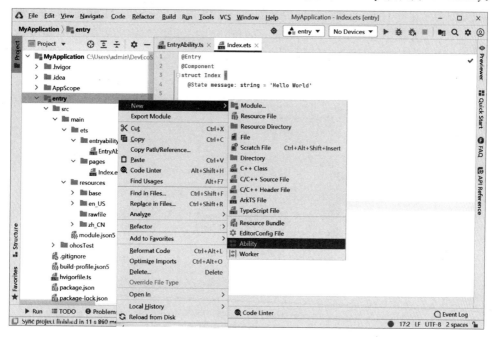

图 7-11　创建 UIAbility

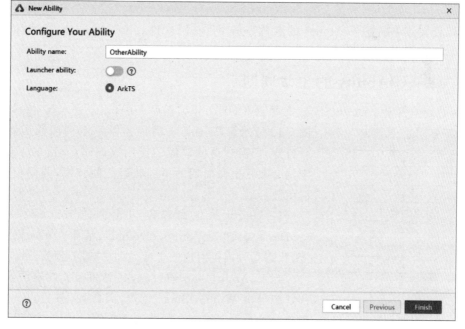

图 7-12　新建 UIAbility 对话框

创建 UIAbility 时,如果选择 Launcher ability,则所创建的 UIAbility 是系统可以直接启动的 Ability,应用安装到设备后会在设备的主屏幕上显示应用图标。

成功创建一个 UIAbility 后,项目中会创建一个以其名称命名的目录,该目录下有一个同名的 ts 文件,文件中定义了一个继承于 UIAbility 的类,并默认实现了 UIAbility 的生命周期方法。同时,在配置文件中会生成 Ability 的配置信息,如前面创建的类 OtherAbility 对应的配置信息如下:

```
{
  "module": {
    ...
    "abilities": [
      ...,
      {
        "name": "OtherAbility",
        "srcEntrance": "./ets/otherability/OtherAbility.ts",
        "description": "$string:OtherAbility_desc",
        "icon": "$media:icon",
        "label": "$string:OtherAbility_label",
        "startWindowIcon": "$media:icon",
        "startWindowBackground": "$color:start_window_background",
        "visible": true
      }
    ]
  }
}
```

在配置文件中描述了 Ability 的名称(name)、源码文件(srcEntrance)、标签(label)等信息。

7.3.2　UIAbility 的生命周期

在 Stage 模型中,AbilityStage 负责创建 UIAbility,然后 UIAbility 进入其生命周期,如图 7-13 所示。UIAbility 类提供了一系列回调函数,当用户打开、切换和返回对应的应用界面时,对应的 UIAbility 实例会在其生命周期的不同状态之间转换,调用相应的回调函数。

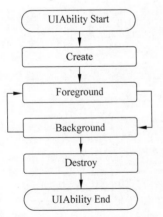

图 7-13　UIAbility 生命周期

UIAbility 的生命周期包含创建(onCreate)、销毁(onDestroy)、前台(onForeground)、后台(onBackground)等,状态括号内是对应的生命周期函数的名称。

当 UIAbility 位于前台时,其界面相关内容的获焦、失焦状态等由 WindowStage 负责,因此在 UIAbility 内的页面变化不会引起其生命周期状态变化,如图 7-14 所示。

在 UIAbility 生命周期中,与 WindowStage 相关的生命

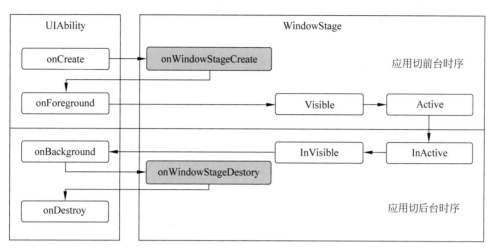

图 7-14　UIAbility 生命周期函数和 WindowStage 关系

周期状态为 onWindowStageCreate 和 onWindowStageDestroy，仅存在于具有窗口显示能力的设备中。前者表示 WindowStage 已经创建完成，开发者可以通过执行 loadContent 的操作设置 Ability 需要加载的页面；后者在 WindowStage 销毁后调用，一般用于资源的释放。

根据 UIAbility 启动时的实例化方式的不同，UIAbility 有 3 种启动类型。

（1）单例模式（singleton）：应用进程中只存在一个该类型的 UIAbility 实例，UIAbility 首次启动时创建实例，再启动时复用已存在的实例。单例模式是 UIAbility 的默认启动类型，即在默认情况下，同一类型的 UIAbility 只存在一个实例。

（2）标准模式（standard）：每次启动 UIAbility 时都会在应用进程中创建一个新的该类型的 UIAbility 实例。

（3）定制模式（specified）：允许在系统创建 UIAbility 实例之前，为实例创建一个 key，后续每次创建该类型的 UIAbility 实例时，会首先判断应用使用哪个 key 对应的 UIAbility 实例，以此来响应启动请求。如果不存在对应的 key，则创建新的 UIAbility 实例，如果存在，则使用存在的 UIAbility 实例。

UIAbility 的启动类型，可以在配置文件 module.json5 中通过 launchType 进行配置，示例代码如下：

```
{
  "module": {
    "abilities": [
      {
        "launchType": "standard",
      }
    ]
  }
}
```

7.3.3 UIAbility 交互及实例

1. 启动 UIAbility 接口

启动 UIAbility 的接口位于 UIAbilityContext 类中,其中提供了多个重载的 startAbility() 和 startAbilityForResult() 方法,具体的接口说明见表 7-4。

表 7-4 UIAbilityContext 提供的启动 UIAbility 接口介绍

方 法 声 明	简 要 说 明
startAbility(want: Want, callback: AsyncCallback<void>): void	启动 UIAbility,回调方式
startAbility(want: Want, options?: StartOptions): Promise<void>	启动 UIAbility,Promise 方式
startAbilityWithAccount(want: Want, accountId: number, callback: AsyncCallback<void>): void	带 AccountId 启动 UIAbility,回调方式
startAbilityWithAccount(want: Want, accountId: number, options?: StartOptions): Promise<void>	带 AccountId 启动 UIAbility,Promise 方式
startAbilityForResult(want: Want, callback: AsyncCallback<AbilityResult>): void	带返回结果启动 UIAbility,回调方式
startAbilityForResult(want: Want, options?: StartOptions): Promise<AbilityResult>	带返回结果启动 UIAbility,Promise 方式
startAbilityForResultWithAccount(want: Want, accountId: number, callback: AsyncCallback<AbilityResult>): void	带返回结果及 AccountId 启动 UIAbility,回调方式
startAbilityForResultWithAccount(want: Want, accountId: number, options?: StartOptions): Promise<AbilityResult>	带返回结果及 AccountId 启动 UIAbility,Promise 方式

UIAbility 拥有 context 属性,context 属性对应的类型为 UIAbilityContext 类,因此在一个 UIAbility 内启动另外一个 UIAbility 时,可以直接通过 context 属性调用 startAbility() 接口。一般形式如下:

```
this.context.startAbility( ... )
```

在 UIAbility 的页面中启动另外一个 UIAbility,首先需要获得当前 UIAbility 的 context。可以通过全局函数 getContext() 获得 context,并将其转化成 UIAbilityContext,然后调用 startAbility() 接口。一般使用方法如下:

```
let context = getContext(this) as common.UIAbilityContext
context.startAbility( ... )
```

在启动 UIAbility 时,want 参数是必需的,它是系统启动目标 UIAbility 的依据,want 一般需要指明被启动的 UIAbility 的 bundleName 和 abilityName,如果采用跨设备的启动方式,则还需要指明 deviceId,同时还可以通过指明 uri 使启动的 Ability 路由到指定页面。一般代码如下:

```
let context = this.context
var want = {
    "deviceId": "",                              //默认为当前设备
    "bundleName": "com.example.MyApplication",
    "abilityName": "OtherAbility",
    "uri": "pages/OtherIndex"                    //省略启动首页
};
context.startAbility(want)
    .then(() => {
        console.log("启动成功")
    })
    .catch((error) => {
        console.error("启动失败" + JSON.stringify(error))
    })
```

当通过 want 在两个 UIAbility 之间传递参数时，可以通过 want 中的 uri 参数或 parameters 参数传递。当将 UIAbility 的启动模式设置为单例时，若 UIAbility 已启动，当再次拉起时，UIAbility 不会触发 onCreate 回调，而只会触发 onNewWant 回调，因此在被启动的 UIAbility 一侧可以在 onNewWant 回调方法中获取 want，进而可以在被启动的 UIAbility 中使用传递的数据。被启动的 UIAbility 的示例代码如下：

```
export default class OtherAbility extends UIAbility {
    onNewWant(want) {
        globalThis.newWant = want            //获得 want
    }
}
```

2. 信息传递载体 Want

Want 是对象间信息传递的载体，可以用于应用组件间的信息传递。Want 也是一种类型，其对象内部是 JSON 格式的键-值对，Want 可以理解成意图，它用于对象之间传递信息。

Want 的使用场景之一是作为启动 Ability 的参数，即 startAbility 的参数，其内包含了指定的启动目标，以及启动时需携带的相关数据，如 bundleName 和 abilityName 字段分别指明目标 Ability 所在应用的包名及对应包内的 Ability 名称。当 AbilityA 启动 AbilityB 并需要将一些数据传给 AbilityB 时，Want 作为一个数据载体将数据传给 AbilityB。

3. 启动 UIAbility 实例

本节通过实例说明在 Stage 模型下 UIAbility 之间的跳转，该实例中有两个 UIAbility，分别为 EntryAbility 和 OtherAbility。该应用的运行效果如图 7-15 所示。

在第 1 个 UIAbility 的页面中输入"携带的数据内容"信息，如图 7-15(a)所示，通过单击"启动 OtherAbility"按钮可以启动 OtherAbility，并携带输入的信息传给该 Ability，然后显示携带的数据内容，如图 7-15(b)所示。

本例中 EntryAbility 对应的 UIAbility 实现代码是默认生成代码，这里不再说明，该 UIAbility 加载的页面 Index.ets 文件的代码如下：

(a) EntryAbility   (b) OtherAbility

图 7-15 启动 UIAbility 实例效果

```
//ch07/StartAbility 项目中,pages/Index.ets 文件
import common from '@ohos.ability.common';

@Entry
@Component
struct Index {
  @State message: string = '携带的数据内容'

  build() {
    Row() {
      Column() {
        Text("这是 EntryAbility")
          .fontSize(35).margin(50)
          .fontWeight(FontWeight.Bold)
        TextInput({ text: this.message })
          .fontSize(30).width('80%')
          .onChange((v) => {
            this.message = v
          })
        Button('启动 OtherAbility').margin({ top: 35 })
          .onClick(() => {
            var want = {
              deviceId: "",                          //默认为当前设备
              bundleName: "cn.edu.zut.soft.myapplication",
              abilityName: "OtherAbility",
              uri: "pages/OtherIndex",               //如果省略 uri,则启动默认首页
              parameters: {
                "msg": this.message
              }
```

```
            };
            let context = getContext(this) as common.UIAbilityContext
            context.startAbility(want);                        //启动 Ability
        })
      }
      .width('100%')
    }
    .height('100%')
  }
}
```

本例中 OtherAbility 的实现对应的 OtherAbility.ts 文件的主要代码如下：

```
//ch07/StartAbility 项目中, otherability/OtherAbility.ts 部分代码
import UIAbility from '@ohos.app.Ability.UIAbility'
import Window from '@ohos.window'
export default class OtherAbility extends UIAbility {
    onCreate(want, launchParam) {
        globalThis.msg = want?.parameters?.msg;        //获取携带的数据
    }
    onWindowstageCreate(Windowstage: Window.Windowstage) {
        //加载 OtherIndex 页面
        Windowstage.loadContent('pages/OtherIndex', (err, data) => {
            if (err.code) {
                return;
            }
        });
    }
}
```

本例中 OtherAbility 加载的页面 OtherIndex.ets 文件的代码如下：

```
//ch07/StartAbility 中 OtherIndex.ets 文件
import common from '@ohos.app.ability.common';

@Entry
@Component
struct OtherIndex {
  @State message: string = '这是 OtherAbility'
  onPageShow() {
    this.message = globalThis.msg          //获得传递来的数据
  }
  build() {
    Row() {
      Column() {
        Text('这是 OtherAbility')
          .fontSize(35).margin(50)
          .fontWeight(FontWeight.Bold)
```

```
            Text(this.message)
                .fontSize(30)
            Button('结束 OtherAbility').margin({ top: 35 })
                .onClick(() => {
                    let context = getContext(this) as common.UIAbilityContext
                    context.terminateSelf()           //终止当前 Ability
                })
        }.width('100%')
    }.height('100%')
  }
}
```

7.4 跨设备迁移

跨设备迁移是指在同一账户下的 HarmonyOS 设备上的应用能力可以在不同设备之间进行迁移，使应用具有分布式流转特性，使多个设备具有统一的特点，逻辑上形成一个超级终端。具有跨设备迁移能力的分布式应用具有更好的统一体验，更能适应万物互联时代。

跨设备迁移实际上是一个应用能力的运行状态在另外一个设备上的实时重现，使应用能力能够在另外一个设备上继续当前的状态而运行，同时迁移的过程对用户透明，使用户获得流畅的使用体验。

在 HarmonyOS 系统中，跨设备迁移的基本单位是能力，即迁移必须以 Ability 为单元进行。由于 Ability 具有远程调度能力，因此进行跨设备迁移应用开发可以按照开发项目的基本思路进行：

(1) 记录当前 Ability 的状态数据。
(2) 跨设备启动远程设备上的同名 Ability，并通过 want 携带状态数据。
(3) 远程设备启动同名 Ability，并根据状态恢复数据。

在基于 ArkTS 的 API 9 版本的 ohos.application.Ability 模块中，目前支持了跨设备的迁移的基本接口 Ability.onContinue 和 Ability.onWindowStageRestore，它们的基本说明如下：

```
//当 Ability 准备迁移时触发,用于保存状态数据
onContinue(wantParam:{[key:string]:any})
              :AbilityConstant.OnContinueResult

//当迁移多实例 Ability 时,恢复 WindowStage 后调用
onWindowStageRestore(WindowStage: window.WindowStage): void
```

由于目前 API 9 版本还不是很稳定，而且开发跨设备迁移应用需要有专门的 OpenHarmony 设备支持，这里暂不做详细阐述，开发者可以通过官方代码仓库链接地址 https://gitee.com/OpenHarmony/codelabs 提供的一些实例进行学习。

小结

本章介绍了 HarmonyOS 应用开发中的 Ability 的概念。目前，HarmonyOS 应用开发有两种模型，即 FA 模型和 Stage 模型，本章对比了两种模型的主要区别。PageAbility 在 FA 模型中是页面能力的抽象，为应用提供和用户进行交互的能力，系统提供了 PageAbility 的生命周期管理和调度接口，开发者可以通过接口启动或停止 PageAbility。在 Stage 模型中，UIAbility 是界面能力的抽象，Stage 通过把 UIAbility 和前端页面显示分离，更好地支持组件级协同。同样，系统支持 Stage 模型下的 UIAbility 生命周期管理和调度，系统也支持 Ability 跨设备的调度和迁移。目前，使用 DevEco Studio 向导创建的 Ability 默认就是 UIAbility。

第 8 章 服务和数据能力

【学习目标】
- 理解 HarmonyOS 应用服务的概念和生命周期
- 掌握服务的定义
- 掌握命令方式和连接方式访问服务
- 理解 Data Ability 的概念
- 掌握 Data Ability 创建、实现和使用

在 FA 模型下,HarmonyOS 应用具有服务能力和数据能力,服务能力是后台运行能力,数据能力提供了数据共享机制。在 Stage 模型中,后台运行能力由 ServiceExtensionAbility 提供,但是由于目前不支持三方应用创建,所以本章所述的内容都是在 FA 模型下的。

8.1 服务能力

8.1.1 服务能力的定义

在 HarmonyOS 应用中,服务能力也称为 Service Ability,简称服务或 Service。服务为应用提供了后台运行能力,服务一般没有界面,不直接与用户交互。服务常用于长时间在 HarmonyOS 后台运行任务,如执行音乐播放、文件下载等。简单地说,服务提供的是一种即使用户未与应用交互也可在后台运行的能力。

服务能力也是能力,即 Service Ability 是 Ability,因此和 PageAbility 有类似之处。

对于开发者而言,定义 Service Ability 可以在 DevEco Studio 中的项目上右击,依次选择 New→Ability→Service Ability,如图 8-1 所示,然后在弹出的新建对话框中输入需要创建的 Service Ability 名称,如图 8-2 所示。新创建的 Service Ability 会自动在配置文件 config.json 中加入默认的配置。

成功创建一个 Service Ability 后,项目中会创建一个以其名称命名的目录,该目录下有一个 service.ts 文件,同时每个服务在配置文件 config.json 中都有对应的配置。例如,MyServiceAbility 服务配置的主要信息如下:

第8章 服务和数据能力

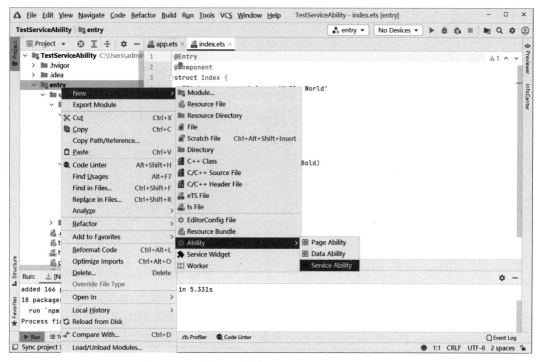

图 8-1 创建 Service Ability

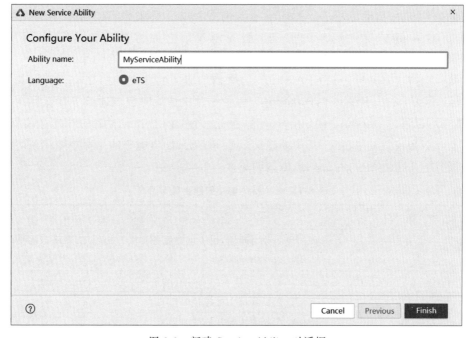

图 8-2 新建 Service Ability 对话框

```
...
"abilities": [
  ...
  {
    "name": ".MyServiceAbility",
    "srcLanguage": "ets",
    "srcPath": "MyServiceAbility",
    "icon": "$media:icon",
    "description": "$string:MyServiceAbility_desc",
    "type": "service"
  }
],
...
```

8.1.2 服务生命周期

服务是单实例的,换句话说,在一个设备上,同一个服务只会存在一个实例对象。服务的生命周期是从服务的实例创建到服务实例销毁的全过程。在这个服务对象的生命周期内,所有使用该服务的其他应用或对象都在和同一个服务对象打交道。

根据服务启动的方式不同,服务的生命周期也不相同。服务的启动方式有两种,即命令启动方式和连接启动方式。

命令启动方式是通过 startAbility() 方法启动服务的方式。Ability 为开发者提供了 startAbility() 方法来启动另外一个 Ability,服务也是 Ability,因此也可以通过 startAbility() 方法启动,并将 want 传递给启动的服务。服务创建后会保持在后台运行,当服务通过 terminateSelf() 停止本服务或被系统强制中止时,服务的生命周期会结束。

连接启动方式是通过 connectAbility() 方式启动服务的方式。Ability 为开发者提供了 connectAbility() 方法,用来专门连接服务。服务被首次连接时会创建服务并保持在后台运行,连接方可以通过 disconnectAbility() 断开服务,当多个 Ability 共用一个服务实例时,只有当所有与服务连接的 Ability 都中断连接后服务才会退出,服务的生命周期结束。

在服务的生命周期中,相关的函数说明见表 8-1。

表 8-1 服务相关生命周期函数简介

函 数 名	说 明
onStart()	在创建服务时调用,用于创建服务实例并初始化,在服务的整个生命周期只会调用一次
onCommand(want,startId)	在服务创建后,该函数在客户端每次以命令方式启动服务时调用
onConnect(want)	该函数在服务每次被连接时调用
onDisconnect(want)	该函数在服务被断开连接时调用
onStop()	在服务销毁时调用,一般用于清理工作,如释放资源、关闭线程等

8.1.3 命令访问服务

1. 启动服务

启动服务和启动 PageAbility 类似，通过 featureAbility 提供的 startAbility() 方法可以启动服务，该方法需要提供 want 内容，其中包含 bundleName 与 abilityName 以确定被启动的服务信息。启动本地服务的基本代码如下：

```
import featureAbility from '@ohos.ability.featureAbility';
...
let result = featureAbility.startAbility(
  {
    want:
    {
      bundleName:"com.example.testserviceability",
      abilityName:"com.example.testserviceability.MyServiceAbility",
    },
  }
);
```

执行上述代码后，如果服务尚未创建，则服务会先调用 onStart() 方法创建并初始化服务，然后回调服务的 onCommand() 方法提供服务；如果已经运行，则服务会直接调用 onCommand() 方法提供服务。

2. 停止服务

停止服务可以由服务调用 terminateSelf() 方法主动停止服务，此时服务会调用 onStop() 方法停止服务。服务也可能由于系统资源等问题，而被系统强制停止。

3. 实例

本节通过实例说明命令方式访问服务，该实例中有两个 Ability，另一个是 PageAbility，另一个是 ServiceAbility。该实例中的服务实现的是判断一个数是否是素数的功能，该数由界面输入。该实例的运行效果如图 8-3 所示。

(a) 输入107　　　(b) 输入10700

图 8-3　命令方式访问服务实例

首先在界面中输入数值 107，单击"启动服务判断素数"，如图 8-3(a)所示，然后输入一个非素数 10700，单击"启动服务判断素数"，最后单击"停止服务"。在 Log 窗口中的输出如图 8-4 所示。

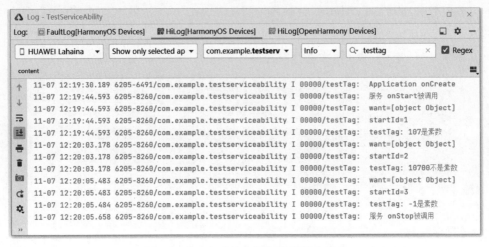

图 8-4　命令方式访问服务实例输出信息

该实例的项目结构如图 8-5 所示，其中 MainAbility 是一个 PageAbility 实现的 UI 界面，MyServiceAbility 是一个 ServiceAbility 实现判断素数的服务，判断的结果输出到 Log 窗口。

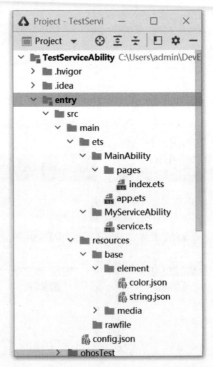

图 8-5　命令方式访问服务实例项目结构

该实例的界面实现对应的是 MainAbility 中的 index.ets 文件，具体的实现代码如下：

```
//ch08/TestServiceAbility 项目中,MainAbility/pages/index.ets 文件
import featureAbility from '@ohos.ability.featureAbility';

@Entry
@Component
struct Index {
  @State message: string = '命令启动服务'
  @State num: number = 107

  build() {
    Row() {
      Column() {
        Text(this.message)
          .fontSize(40)
          .fontWeight(FontWeight.Bold)

        TextInput({ placeholder: '请输入一个整数', text: "107" })
          .width('80%').fontSize(26).margin({ top: 30 })
          .onChange((value) => {
            if (Number(value) != NaN) {
              this.num = Number(value)
            }
          })

        Button("启动服务判断素数").fontSize(25).margin({ top: 15 })
          .onClick(() => {
            featureAbility.startAbility( //命令方式访问服务
              {
                want:
                {
                  bundleName: "com.example.testserviceability",
                  abilityName:
                    "com.example.testserviceability.MyServiceAbility",
                  parameters: {
                    num: this.num
                  }
                }
              }
            );
          })

        Button("停止服务").fontSize(25).margin({ top: 15 })
          .onClick(() => {
            featureAbility.startAbility(
              {
                want:
                {
```

```
                    bundleName: "com.example.testserviceability",
                    abilityName:
                      "com.example.testserviceability.MyServiceAbility",
                    parameters: {
                      num: -1
                    }
                  }
                }
              );
            })
        }
        .width('100%')
      }
      .height('100%')
    }
  }
```

该实例的服务实现对应的是 MyServiceAbility 中的 service.ts 文件,具体的实现代码如下:

```
//ch08/TestServiceAbility 项目中,MyServiceAbility/service.ts 文件
import hilog from '@ohos.hilog';
import featureAbility from '@ohos.ability.featureAbility';

export default {
  onStart() {
    hilog.info(0x0000, 'testTag', '服务 %{public}s', 'onStart 被调用');
  },
  onStop() {
    hilog.info(0x0000, 'testTag', '服务 %{public}s', 'onStop 被调用');
  },
  onCommand(want, startId) {
    hilog.info(0x0000, 'testTag', 'want = %{public}s', want);
    hilog.info(0x0000, 'testTag', 'startId = %{public}d', startId);
    let n: number = want.parameters["num"]
    if (n == -1) //-1 时,停止服务
    {
      featureAbility.terminateSelf()
    }
    let i = 1
    let msg = ''
    for (i = 2; i < n; i++) {
      if (n % i == 0) {
        msg = "testTag: " + n + "不是素数"
        break
      }
    }
    if (i >= n) {
```

```
    msg = "testTag: " + n + "是素数"
  }
  hilog.info(0x0000, 'testTag', '%{public}s', msg);
}
};
```

8.1.4 连接访问服务

1. 连接和断开服务

连接服务通过 featureAbility 提供的 connectAbility() 方法实现，为了在连接服务后可以和服务进行交互，在客户端需要有远程服务的代理对象，在使用 connectAbility() 处理回调时，需要传入 want 和 ConnectOptions，want 用于确定目标服务，ConnectOptions 用于回调。连接服务的基本代码如下：

```
import featureAbility from '@ohos.ability.featureAbility';
import rpc from "@ohos.rpc"
...
let connId = featureAbility.connectAbility(
  {
    bundleName: "com.example.service",
    abilityName: "com.example.service.ServiceAbility",
  },
  options
)
var options = {
  onConnect: function onConnectCallback(element, proxy) {
    //连接回调,可以保存返回 proxy,用于请求服务和服务交互
    rpcRemoteObj = proxy
  },
  onDisconnect: function onDisconnectCallback(element) {
    //断开连接处理代码
  },
  onFailed: function onFailedCallback(code) {
    //失败处理代码
  }
}
```

在鸿蒙操作系统中服务是通过远程对象调用来实现的，系统提供了远程对象类(rpc.RemoteObject)，该类实现了远程对象接口(rpc.IRemoteObject)。客户端连接服务成功后，返回的远程对象代理(proxy)是一个远程对象接口实例，可以与服务进行交互。

当服务被连接时，在服务的生命周期函数 onConnent() 需要返回客户端一个远程对象，对应客户端的远程对象代理，该代理是服务器端的远程对象引用，通过接口提供的 sendRequest() 方法可以进行请求服务，实现和服务交互。请求服务的基本代码如下：

```
let data = rpc.MessageParcel.create()
let reply = rpc.MessageParcel.create()
let option = new rpc.MessageOption()
rpcRemoteObj.sendRequest(0, data, reply, option)          //请求服务
```

断开服务可以调用 featureAbility 提供的 disconnectAbility()方法,该方法传入 want,携带需要断开的服务的基本信息,即可和服务断开连接。断开服务连接的基本代码如下:

```
import featureAbility from '@ohos.ability.featureAbility';
...
let result = featureAbility.disconnectAbility(
  {
    want:
    {
      bundleName:"com.example.service",
      abilityName:"com.example.service.ServiceAbility",
    },
  }
);
```

连接和断开服务都伴随着服务的生命周期函数调用,如连接服务时,服务会调用 onConnect()方法,断开服务时,服务会调用 onDisconnect()方法。当服务首次被连接时,系统会创建服务实例,当所有的连接都断开后,服务实例才会被释放。

连接和断开服务的具体接口说明见表 8-2。

表 8-2 连接和断开服务接口

方 法 声 明	说　　明
connectAbility(request：Want, options：ConnectOptions)：number	连接服务,以回调方式,回调由 options 参数给出,返回连接的 ServiceAbilityID
disconnectAbility(connection：number, callback：AsyncCallback＜void＞)：void	断开与指定服务的连接,以回调方式
disconnectAbility(connection：number)：Promise＜void＞	断开与指定服务的连接,以 Promise 方式

2. 实例

本节通过实例说明连接方式访问服务,该实例中有两个 Ability,一个是 MainAbility,另一个是 ServiceAbility,前者用于实现界面,后者用于实现服务。

该实例的运行效果如图 8-6 所示。在界面中输入 107,如图 8-6(a)所示,单击"连接服务"后和服务建立连接,然后可以通过单击"使用服务排序"对输入的内容进行排序,如图 8-6(b)所示。可以通过单击"使用服务判断素数"对输入的数值进行判断,并显示判断结果,如图 8-6(c)所示。

该实例的项目结构如图 8-7 所示,其中 MainAbility 是一个 PageAbility,在 MainAbility 中包含了实现界面的 index.ets 文件和实现模型的 ServiceModel.ts 文件。ServiceAbility 是服务,其内实现了字符串排序和判断素数功能。

第8章 服务和数据能力 169

(a) 初始输入

(b) 排序后

(c) 判断素数后

图 8-6 连接方式访问服务实例

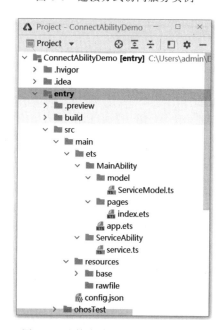

图 8-7 连接方式访问服务项目结构

该实例的界面实现对应的是 MainAbility 中的 index.ets 文件,具体的实现代码如下:

```
//ch08/ConnectAbilityDemo 项目中,MainAbility/pages/index.ets 文件
import prompt from '@ohos.prompt'
```

```
import rpc from "@ohos.rpc"
import { ServiceModel } from '../model/ServiceModel'

@Entry
@Component
struct Index {
  private serviceModel = new ServiceModel()
  @State beforeString: string = '107'
  @State afterString: string = '暂无服务结果'

  //使用服务
  async useService(code:number) {
    console.log('useService 开始')
    let remote = this.serviceModel.getRemoteObject()
    if (remote == null) {
      prompt.showToast({
        message: '先连接服务'
      })
      return
    }
    if (this.beforeString.length == 0) {
      prompt.showToast({
        message: '请输入数据'
      })
      return
    }
    let data: rpc.MessageParcel = rpc.MessageParcel.create()
    let reply: rpc.MessageParcel = rpc.MessageParcel.create()
    let option: rpc.MessageOption = new rpc.MessageOption()
    data.writeString(this.beforeString)
    //请求服务
    await remote.sendRequest(code, data, reply, option)
    //使用服务结果
    let msg = reply.readString()
    this.afterString = msg
  }

  build() {
    Row() {
      Column() {
        Text("请输入内容")
          .fontSize(30).textAlign(TextAlign.Center)
          .fontWeight(FontWeight.Bold)
        TextInput({text:this.beforeString})
          .width("90%").backgroundColor('#CCCCCC')
          .onChange((v) =>{
            this.beforeString = v
          })
```

```
            Button("连接服务")
              .margin({ top:20 }).fontSize(28)
              .onClick(() => {
                    this.serviceModel.connectService()}
              )
            Button("断开服务")
              .margin(10).fontSize(28)
              .onClick(() => {
                this.serviceModel.disconnectService()}
              )
            Button("使用服务排序")
              .margin({ top:20 }).fontSize(28)
              .onClick(() => {
                this.useService(1)
              }
              )
            Button("使用服务判断素数")
              .margin(10).fontSize(28)
              .onClick(() => {
                this.useService(2)
              }
              )
            Text(this.afterString)
              .fontSize(28).textAlign(TextAlign.Center)
              .width("70%").backgroundColor('#EEEEEE')
          }
          .width('100%')
        }
      .height('100%')
    }
  }
```

该实例的模型实现对应的是 MainAbility 中的 ServiceModel.ts 文件,具体的实现代码如下:

```
//ch08/ConnectAbilityDemo 项目中,MainAbility/model/ServiceModel.ts 文件
import prompt from '@ohos.prompt'
import featureAbility from '@ohos.ability.featureAbility'
import rpc from "@ohos.rpc"
const TAG: string = '[MyTag]'

let rpcRemoteObj: rpc.IRemoteObject = null        //远程对象引用
let connection: number = -1                        //连接 ID

export class ServiceModel {
  onConnectCallback(element, remote) {             //连接服务回调
    rpcRemoteObj = remote                          //记录远程对象
    if ( rpcRemoteObj == null) {
```

```
      console.log(`${TAG} onConnectCallback element: ${element}`)
      prompt.showToast({
        message: '未获得远程对象!'
      })
      return
    }
    console.log(`${TAG} onConnectCallback`)
    prompt.showToast({
      message: '连接服务成功!',
    })
  }

  onDisconnectCallback(element) {                       //断开服务回调
    console.log(`${TAG} onDisconnectCallback element: ${element}`)
    prompt.showToast({
      message: `断开服务`
    })
  }

  onFailedCallback(code) {                              //失败回调
    console.log(`${TAG} onFailedCallback code: ${code}`)
    prompt.showToast({
      message: `失败!`
    })
  }

  connectService() {                                    //连接服务
    let want = {
      deviceId: '',
      bundleName: 'com.example.connectabilitydemo',
      abilityName: 'com.example.connectabilitydemo.ServiceAbility',
    }
    let option = {
      onConnect: this.onConnectCallback,
      onDisconnect: this.onDisconnectCallback,
      onFailed: this.onFailedCallback,
    }
    //调用 API 连接服务
    connection = featureAbility.connectAbility( want, option )
  }

  disconnectService() {                                 //断开连接服务
    if ( connection == -1 ) {
      prompt.showToast({
        message: '服务未连接'
      })
      return
    }
    //调用 API 断开连接服务
```

```
        featureAbility.disconnectAbility( connection )
        connection = -1
        rpcRemoteObj = null
        prompt.showToast({
          message: '已断开服务连接'
        })
    }

    getRemoteObject() {                                      //获取远程对象引用
      if(rpcRemoteObj == null)
      {
        console.log(`${TAG} getRemoteObject rpcRemoteObj == null`)
      }
      return rpcRemoteObj
    }
}
```

该实例的服务实现对应的是 ServiceAbility 中的 service.ts 文件,具体的实现代码如下:

```
//ch08/ConnectAbilityDemo 项目中,ServiceAbility/service.ts 文件
import rpc from "@ohos.rpc"
const TAG: string = '[MyTag]'

export default {
  onStart() {
    console.info(`${TAG} onStart`)
  },
  onStop() {
    console.info(`${TAG} onStop`)
  },
  onConnect(want) {
    console.log(`${TAG} onConnect, want:${JSON.stringify(want)}`)
    //返回远程对象
    return new MyRPCRemoteObject("myserviceobj")
  },
  onDisconnect(want) {
    console.log(`${TAG} onDisconnect, want:${JSON.stringify(want)}`)
  },
  onCommand(want, startId) {
  }
}

class MyRPCRemoteObject extends rpc.RemoteObject {
  constructor(des: any) {
    super(des)
  }
  //对字符串中的字符进行排序
```

```
    sortString(s: string): string {
      console.log(`${TAG} sortString called`)
      return Array.from(s).sort().join('')
    }
    //判断素数
    judgePrime(n:number): string {
      console.log(`${TAG} n = ${n}`)
      if( isNaN(n) )
        return n + " 不是数"
      for (let i = 2;i < n; i++) {
        if (n % i == 0) {
          return n + " 不是素数"
        }
      }
      return n + " 是素数"
    }
    //响应客户端请求
    onRemoteRequest(code: number, data: any, reply: any, option: any) {
      console.log(`${TAG} onRemoteRequest called code = ${code}}`)
      let s = data.readString()
      if (code === 1) {
        let result = this.sortString(s)
        reply.writeString(result)
      }
      if (code === 2) {
        let result = this.judgePrime(s)
        reply.writeString(result)
      }
      return true;
    }
  }
```

8.2 数据能力

8.2.1 数据能力概述

数据能力即 Data Ability,简称 Data,它是 HarmonyOS 提供的数据抽象能力,也是一种 Ability。使用 Data 模板的 Ability 有助于应用管理其自身和其他应用存储数据的访问,并为其他应用提供数据共享。

HarmonyOS 应用中的 Data 可以理解成对数据存储的抽象,通过 Data 对内可以屏蔽数据的存储方式和细节,对外可以提供统一的 URI 访问接口,实现数据共享。Data 既可用于同一设备同一应用中数据的访问,也适用于不同应用的数据共享,还支持跨设备应用的数据远程访问。对于使用者来讲,不必关心 Data 背后的实际数据存放形式是磁盘文件还是数据库,都可以通过统一的访问接口访问数据。对于 Data 本身来讲,其统一了后端数据的对外接口,屏蔽了数据存储细节,使数据更加安全。Data Ability 和使用者及数据实际存储的关系如图 8-8 所示。

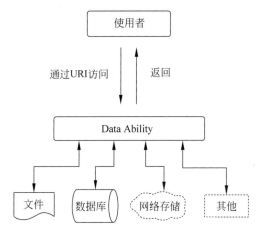

图 8-8　Data Ability 和使用者及数据存储的关系

Data Ability 是通过统一资源标识(Uniform Resource Identifier,URI)对使用者提供访问数据服务的,HarmonyOS 应用中 Data 提供的 URI 采用的是通用标准,其格式如下:

```
scheme://[deviceid]/[path][?query][#fragment]
```

(1) scheme:表示协议名称。HarmonyOS 规定其 Data Ability 所使用的协议名称为 dataability,因此这里 scheme 就是 dataability,是 HarmonyOS 专门为 Data 访问规定的协议名称。

(2) deviceid:表示设备 ID。该设备 ID 为所访问的 Data 所在的设备 ID,Data Ability 允许访问者跨设备访问。当访问的是本地 Data 时,访问者通过 URI 连接 Data 时可以省略设备 ID。当访问者访问的是其他设备上的 Data 时,目标设备的 ID 不能省略。

(3) path:表示资源的路径信息。一般用来代表特定资源的位置信息,路径用于区分不同的资源位置。在开发中,通常采用包名作为根路径。

(4) query:表示查询参数。其前方有问号,用于设置查询条件。一般 Data 会根据查询参数对后台数据进行查询,以满足访问者的查询需求。

(5) fragment:表示子资源标记。其前方有#号,用于表示访问的子资源。当访问的 Data 子资源较多时,可以通过子资源标记进行区分。

下面是使用者访问某一指定设备 ID 上的 Data 的 URI 例子:

```
dataability://device_id/cn.edu.zut.soft.data/contact?user#15989896666
```

其中,device_id 为 Data 所在的设备的 ID,每个设备有一个唯一的设备 ID,在开发过程中可以通过系统提供的接口获得所有设备的 ID。如果使用者访问本地设备上的 Data,则 URI

的一般形式如下：

```
dataability://cn.edu.zut.soft.data/contact?user#15989896666
```

需要说明的是，这里省略了设备 ID，但是设备 ID 后侧的反斜杠不能省略。

除了为外界访问提供统一的 URI 接口外，Data 作为一种 Ability，HarmonyOS 应用开发框架提供了对数据操作的若干接口方法签名，包括数据的增、删、改、查及文件打开等操作，这些接口的实现由开发者根据应用需求进行具体实现。

8.2.2 数据能力创建和访问

1. 创建数据能力

创建数据能力和创建其他 Ability 类似，可以通过向导创建。如图 8-9 所示，选择 New→Ability→Data Ability，然后在弹出的创建对话框中输入所要创建的服务名称，单击 Finish 按钮，即可创建服务，如图 8-10 所示。

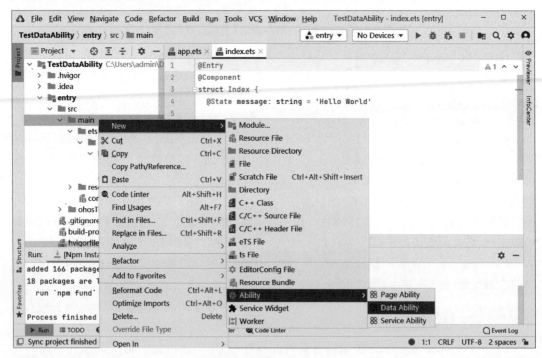

图 8-9　创建 Data Ability

通过向导创建的 Data Ability 是一个空的数据能力，要使其具有数据提供能力，需要实现数据访问方法，Data Ability 提供方可以自定义数据的增、删、改、查，以及文件打开等功能，并对外提供这些接口，以提供数据服务。Data Ability 中的生命周期方法见表 8-3。

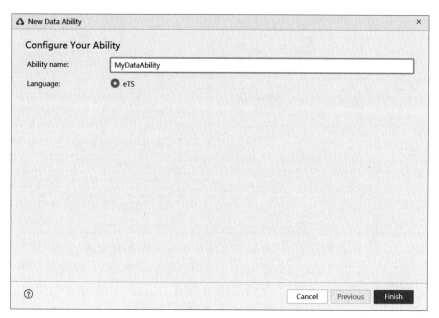

图 8-10　新建 Data Ability 对话框

表 8-3　Data Ability 中的生命周期方法

方　法　名	说　　明
onInitialized?（info：AbilityInfo）：void	在 DataAbility 初始化时调用，一般通过此回调方法执行初始化后台数据存储等操作
insert?（uri：string，valueBucket：rdb.ValuesBucket，callback：AsyncCallback＜number＞）：void	插入数据，向后台数据库中插入一条数据
delete?（uri：string，predicates：dataAbility.DataAbility-Predicates，callback：AsyncCallback＜number＞）：void	删除数据，根据条件删除后台数据库中的一条或多条数据
update?（uri：string，valueBucket：rdb.ValuesBucket，predicates：dataAbility.DataAbilityPredicates，callback：AsyncCallback＜number＞）：void	更新数据，根据条件更新后台数据库中的数据
query?（uri：string，columns：Array＜string＞，predicates：dataAbility.DataAbilityPredicates，callback：AsyncCallback＜ResultSet＞）：void	查询数据，根据条件查询后台数据库中的数据，以回调获得结果集
batchInsert?（uri：string，valueBuckets：Array＜rdb.ValuesBucket＞，callback：AsyncCallback＜number＞）：void	批量向数据库中插入数据，和 Insert 类似
executeBatch?（ops：Array＜DataAbilityOperation＞，callback：AsyncCallback＜Array＜DataAbilityResult＞＞）：void	批量操作数据库中的数据，具体操作由参数给出
normalizeUri?（uri：string，callback：AsyncCallback＜string＞）：void	规范化 uri，一个规范化的 uri 可以支持跨设备使用、持久化、备份和还原等，当上下文改变时仍然可以引用到相同的数据项

续表

方 法 名	说 明
denormalizeUri?（uri：string，callback：AsyncCallback＜string＞）：void	将一个由 normalizeUri 生产的规范化 uri 转换成非规范化的 uri
openFile?（uri：string，mode：string，callback：AsyncCallback＜number＞）：void	打开文件，当后台数据采用文件存储时，可以实现该函数
getType?（uri：string，callback：AsyncCallback＜string＞）：void	获取 uri 指定数据相匹配的 MIME 类型
getFileTypes?（uri：string，mimeTypeFilter：string，callback：AsyncCallback＜Array＜string＞＞）：void	获取文件的 MIME 类型
call?（method：string，arg：string，extras：PacMap，callback：AsyncCallback＜PacMap＞）：void	自由扩展函数，可以通过传递方法、参数等自定义功能实现

在数据能力内的生命周期方法中，很多方法是和后台数据打交道的，数据以数据库或文件的方式存储在后台，如果要使数据能力具有实际的数据服务能力，就需要实现这些方法，以便数据能力通过这些规范的接口对外提供数据服务。下面是实现插入功能的数据能力示例，代码如下：

```
import dataAbility from '@ohos.data.dataAbility'
import dataRdb from '@ohos.data.rdb'

const TABLE_NAME = 'user'
const DB_CONFIG = { name: 'test.db' }
const SQL_CREATE_TABLE = 'CREATE TABLE IF NOT EXISTS user(id INTEGER
                         PRIMARY KEY AUTOINCREMENT,
                         name TEXT NOT NULL,
                         tel TEXT NOT NULL)'
let rdbStore: dataRdb.RdbStore = undefined

export default {
  onInitialized(abilityInfo) {
    let context = featureAbility.getContext()
    dataRdb.getRdbStore(context, DB_CONFIG, 1, (err, store) => {
      store.executeSql(SQL_CREATE_TABLE, [])
      rdbStore = store
    });
  },
  insert(uri, valueBucket, callback) {              //插入数据
    rdbStore.insert(TABLE_NAME, valueBucket, callback)  //操作实际数据库
  },
  ...//这里省略了其他方法的实现
}
```

2. 访问数据能力

访问数据能力可以通过系统提供的工具接口类 DataAbilityHelper 进行，该类提供了和

数据能力对应的增、删、改、查等数据操作方法接口。创建一个帮助 DataAbilityHelper 对象,可以通过 featureAbility 提供的 acquireDataAbilityHelper()方法获得。下面是创建一个数据能力帮助类(DataAbilityHelper)实例的基本代码:

```
var uri = "dataability://com.example.MyDataAbility"
var DAHelper = featureAbility.acquireDataAbilityHelper(uri);
```

有了 DataAbilityHelper 实例,便可以通过接口方法操作后台的 Data Ability,其接口方法和 Data Ability 的生命周期方法是对应的,如调用接口方法向 Data Ability 中插入数据的基本代码如下:

```
DAHelper.insert( uri,valuesBucket,
                 (error, data) => {
                     //处理回调代码
                 }
);
```

在 DataAbilityHelper 调用相关的接口访问后台的 Data Ability 时,一般需要准备相关的参数数据,如 uri、valuesBucket 等。这些数据可以通过系统提供的接口构建,示例代码如下:

```
import ohos_data_ability from '@ohos.data.dataAbility'
var predicates = new ohos_data_ability.DataAbilityPredicates()
```

8.2.3 实例

本节通过实例说明数据能力的使用,该实例中有两个 Ability,一个是 MainAbility,另一个是 MyDataAbility,前者用于实现界面,后者为数据能力。

该实例的运行效果如图 8-11 所示。在界面中输入用户的信息,如图 8-11(a)所示,输入"张三"的基本信息,单击"添加数据"按钮,后台通过数据能力可以把用户信息添加到数据库中,同样可以添加"李四"用户信息。通过单击"查询数据"按钮可以查询数据并显示在界面中,如图 8-11(b)所示。

该实例的项目结构如图 8-12 所示,其中 MainAbility 是一个 PageAbility,在 MainAbility 中包含了实现界面的 index.ets 文件和实现模型的 dataModel.ts 文件。MyDataAbility 是数据能力,其内部实现了对数据的存储功能。

该实例的界面实现对应的是 MainAbility

(a)输入用户信息 　　(b)查询数据

图 8-11 数据能力实例

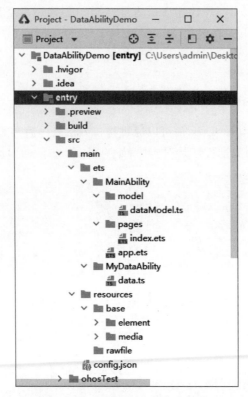

图 8-12　数据能力实例项目结构

中的 index.ets 文件，具体的实现代码如下：

```
//ch08/DataAbilityDemo 项目中,MainAbility/pages/index.ets 文件
import { DataModel } from '../model/dataModel';
@Entry
@Component
struct Index {
  @State message: string = '用户信息'
  @State name: string = '张三'
  @State sex: string = '男'
  @State age: string = '18'
  @State result: string = ''
  @State dataModel: DataModel = new DataModel('')

  build() {
    Row() {
      Column() {
        Text(this.message)
          .fontSize(35)
          .fontWeight(FontWeight.Bold)
        TextInput({ placeholder: '请输入姓名', text: this.name })
```

```
          .fontSize(25).margin({ top: 10 })
          .width('80%')
          .onChange((value) => {
            this.name = value
          })
        Row() {
          Radio({ value: '男', group: 'radioGroup' })
            .height(30).width(50)
            .checked(true)
            .onClick(() => {
              this.sex = '男'
            })
          Text('男').fontSize(25)
          Radio({ value: '女', group: 'radioGroup' })
            .height(30).width(50)
            .onClick(() => {
              this.sex = '女'
            })
          Text('女')
            .fontSize(25)
        }.width('80%').align(Alignment.Start)
        .margin({ top: 10 })
        TextInput({ placeholder: '请输入年龄', text: '' + this.age })
          .fontSize(25).margin({ top: 10 })
          .width('80%')
          .onChange((value) => {
            this.age = value
          })
        Button("添加数据").margin({ top: 10 })
          .width('60%')
          .onClick(() => {
            this.dataModel.insert(this.name, this.sex, this.age)
          })
        Button("查询数据").margin({ top: 10 })
          .width('60%')
          .onClick(() => {
            this.dataModel.queryAll((r) => {
              this.result = r
            })
          })
        Text(this.result)
          .margin({ top: 10 })
          .backgroundColor(0xEEEEEE)
          .fontSize(25)
          .width('90%')
          .layoutWeight(1)
      }.width('100%')
    }
    .height('100%').alignItems(VerticalAlign.Top)
  }
}
```

该实例中，访问数据能力对应的是在 MainAbility 中实现的 dataModel.ts 文件，具体的代码如下：

```typescript
//ch08/DataAbilityDemo 项目中，MainAbility/model/dataModel.ts 文件
import hilog from '@ohos.hilog';
import dataAbility from '@ohos.data.dataAbility';
import featureAbility from '@ohos.ability.featureAbility';

const TAG = 'mytag'
const COLUMNS = ['id', 'name', 'sex', 'age']
const uri = "dataability://com.example.dataabilitydemo.MyDataAbility"
const DAHelper = featureAbility.acquireDataAbilityHelper(uri);

export class User {
  id: number
  name: string
  sex: string
  age: string
  constructor(id: number, name: string, sex: string, age: string) {
    this.id = id
    this.name = name
    this.sex = sex
    this.age = age
  }
  toString() {
    return this.id + " " + this.name + " "
      + this.sex + " " + this.age + "\n"
  }
}

export class DataModel {
  s: string
  constructor(s: string) {
    this.s = s
  }
  insert(name: string, sex: string, age: string) {
    hilog.info(0x0000, TAG, 'DataModel insert');
    let valuesBucket = {
      'name': name, 'sex': sex, 'age': age
    }
    DAHelper.insert(uri, valuesBucket, (err, data) => {
    })
  }
  queryAll(callback: (v) => void) {
    let predicates = new dataAbility.DataAbilityPredicates()
    DAHelper.query(uri, COLUMNS, predicates, (err, resultSet) => {
      hilog.info(0x0000, TAG, 'DataModel query');
      if (resultSet == null) {
```

```
          hilog.info(0x0000, TAG, 'DataModel resultSet == null');
        } else {
          this.s = ''
          resultSet.goToFirstRow()
          for (let i = 0;i < resultSet.rowCount; i++) {
            let user = new User(
                resultSet.getLong(resultSet.getColumnIndex('id'))
                , resultSet.getString(resultSet.getColumnIndex('name'))
                , resultSet.getString(resultSet.getColumnIndex('sex'))
                , resultSet.getString(resultSet.getColumnIndex('age')))
            this.s = this.s + user.toString()
            resultSet.goToNextRow()
          }
          callback(this.s)
          hilog.info(0x0000, TAG, 'DataModel s = %{public}s', this.s);
        }
      })
    }
  }
```

该实例中,数据能力 MyDataAbility 的实现文件 data.ts 的具体代码如下:

```
//ch08/DataAbilityDemo 项目中,MyDataAbility/data.ts 文件
import hilog from '@ohos.hilog';
import featureAbility from '@ohos.ability.featureAbility';
import dataAbility from '@ohos.data.dataAbility'
import rdb from '@ohos.data.rdb'

const TABLE_NAME = 'user'
const DB_CONFIG = { name: 'my.db' }
const SQL_CREATE_TABLE = 'CREATE TABLE IF NOT EXISTS ' +
  'user(id INTEGER PRIMARY KEY AUTOINCREMENT, ' +
  'name TEXT NOT NULL,' +
  'sex TEXT,age TEXT)'
let rdbStore: rdb.RdbStore = undefined
const TAG = 'mytag'

export default {
  onInitialized(abilityInfo) {
    hilog.info(0x0000, TAG, 'DataAbility onInitialized');
    let context = featureAbility.getContext()
    //初始化数据库
    rdb.getRdbStore(context, DB_CONFIG, 1, (err, store) => {
      store.executeSql(SQL_CREATE_TABLE, [])         //创建表
      rdbStore = store                               //获得关系数据库存储对象
    });
  },
  insert(uri, valueBucket, callback) {               //插入数据
```

```
    let predicates = new rdb.RdbPredicates(TABLE_NAME)
    rdbStore.insert(TABLE_NAME, valueBucket, callback)
  },
  query(uri, columns, predicates, callback) {          //查询数据
    hilog.info(0x0000, TAG, 'DataAbility query');
    let rdbPredicates = dataAbility.createRdbPredicates
                      (TABLE_NAME, predicates)
    rdbStore.query(rdbPredicates, columns, callback)
  },
  update(uri, valueBucket, predicates, callback) {     //更新数据
    hilog.info(0x0000, TAG, 'DataAbility update');
    let rdbPredicates = dataAbility.createRdbPredicates
                      (TABLE_NAME, predicates)
    rdbStore.update(valueBucket, rdbPredicates, callback)
  },
  delete(uri, predicates, callback) {                  //删除数据
    hilog.info(0x0000, TAG, 'DataAbility delete');
    let rdbPredicates = dataAbility.createRdbPredicates
                      (TABLE_NAME, predicates)
    rdbStore.delete(rdbPredicates, callback)
  }
};
```

小结

本章阐述了 HarmonyOS 系统中的服务和数据能力，它们都是后台能力。服务为应用提供了后台运行能力，服务一般没有界面，不直接与用户交互。服务常用于长时间在 HarmonyOS 后台运行任务。数据能力可以理解成对数据存储的抽象，对外可以提供统一的 URI 访问接口，实现数据访问，数据能力可以屏蔽数据物理存储的细节。既可以通过 DataAbility 间接进行，也可以不通过 DataAbility 直接进行，关于数据存储将在后续章节中介绍。

第 9 章 数 据 存 储

【学习目标】
- 了解 HarmonyOS 数据存储方式
- 理解首选项数据存储方式,掌握其存储开发方法
- 理解关系数据存储方式,掌握关系数据的存储开发方法
- 理解分布式数据服务,掌握分布式数据的存储开发方法

9.1 数据存储概述

数据存储指的是应用将数据存储在外存上,实现数据持久化保存。在 HarmonyOS 应用中,数据存储方式支持本地数据存储和分布式存储。本地存储是把应用的数据存储在本地,即应用所需要的数据存储在应用本身所在的设备上。分布式存储是把应用的数据分布存储在多个设备上,应用可以在多个设备之间进行数据的共享和同步等。

在 HarmonyOS 应用开发中,本地数据存储提供了首选项数据存储、关系数据库存储。针对分布式存储,HarmonyOS 提供了分布式数据服务(Distributed Data Service,DDS)。

本地数据存储为应用提供了单设备上数据存储和访问能力。作为操作系统,HarmonyOS 支持文件存储,并在此基础上提供了基于文件的首选项数据存储接口,首选项数据以键-值对的方式进行存储,适合存储少量数据。HarmonyOS 底层采用 SQLite 数据库管理系统作为持久化存储引擎,为应用提供关系数据存储,关系数据存储适合大量的结构化数据。

分布式数据存储是 HarmonyOS 的特色之一。DDS 为应用程序提供了不同设备间数据库数据分布存储能力。HarmonyOS 应用可以通过调用分布式数据存储接口,将数据保存到分布式数据库中,DDS 为分布式应用提供多设备的数据共享和同步等服务,分布式数据存储是基于键-值对形式的。

9.2 首选项数据存储

9.2.1 首选项数据存储介绍

首选项数据存储也称为偏好数据存储或轻量级数据存储,适合于少量的数据存储,适用

场景如保存登录账户、密码、配置信息等。一般不适合存储大量数据和频繁改变数据的场景。首选项数据存储具有访问速度快、存取效率高的特点。

首选项数据存储数据最终将数据存储在操作系统的文件中，系统提供对底层文件读写的封装，并把底层文件映射成 Preferences 实例对象。在此基础上，HarmonyOS 应用开发 API 提供了首选项数据存储的操作接口，从而实现首选项数据存储操作。

首选项数据存储的访问机制如图 9-1 所示，每个底层文件对应一个 Preferences 实例，应用在获取指定文件对应的 Preferences 实例后，可以借助 Preferences 提供的接口方法进行读写数据，Preferences 和底层文件交互，如通过 flush 可以对数据进行持久化处理，即将数据写到本地设备存储器的文件中。

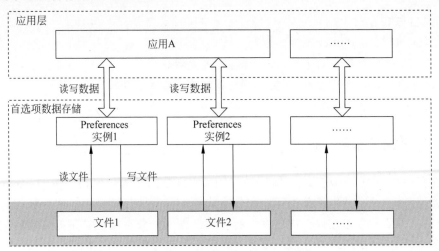

图 9-1　首选项数据访问机制

首选项数据存储采用键-值对(Key-Value)结构进行数据存取操作，Key 是不重复的关键字，首选项数据存储在进行数据操作时是基于键进行的。对于存取的键-值对，系统要求 Key 为字符串(String)类型，并且长度为不超过 80 个字符的非空字符串。Value 可以为整型、字符串型、布尔型、浮点型、长整型、字符串型 Set 集合，当值为字符串(String)类型或字符串型 Set 集合时，其值长度不能超过 8192 个字符。

需要注意的是，应用访问的 Preferences 实例包含文件的所有数据，这些数据会一直加载在设备的内存中，直到应用主动从内存中将其移除。因此，首选项数据存储一般不适合大批量数据存取，一般建议数据量不要进入万条级别，否则会产生较大的内存开销，导致性能下降。

9.2.2　首选项数据存储接口

在应用开发中，进行首选项数据存储首先需要创建 Preferences 实例。在 API 9 中，可以引入 ohos.data.preferences 包，该包中提供了获得、删除 Preferences 实例的函数接口，每个功能接口都提供了两种方式，具体的函数接口声明见表 9-1。

表 9-1 Preferences 实例管理函数接口

函 数 声 明	说　　明
function getPreferences(context: Context, name: string): Promise < Preferences >	获得 name 对应的 Preferences 实例,如果不存在存储文件,则会创建,采用 Promise 方式
function getPreferences(context: Context, name: string, callback: AsyncCallback < Preferences >): void	获得 name 对应的 Preferences 实例,如果不存在存储文件,则会创建,采用回调方式
function removePreferencesFromCache(context: Context, name: string): Promise < void >	删除缓存中的 Preferences 实例,采用 Promise 方式
function removePreferencesFromCache(context: Context, name: string, callback: AsyncCallback < void >): void	删除缓存中的 Preferences 实例,采用回调方式
function deletePreferences(context: Context, name: string): Promise < void >	删除偏好存储,包括删除缓存和存储文件,采用 Promise 方式
function deletePreferences(context: Context, name: string, callback: AsyncCallback < void >): void	删除偏好存储,包括删除缓存和存储文件,采用回调方式

在获得 Preferences 实例后,便可以通过 Preferences 类提供的接口方法进行数据管理操作。Preferences 类为首选项数据存储提供的主要接口方法见表 9-2。

表 9-2 Preferences 提供的方法说明

方 法 签 名	说　　明
put(key: string, value: ValueType): Promise < void >	向 Preferences 实例中添加键-值对,ValueType 可以是 number、string、boolean、Array < number >、Array < string >、Array < boolean >类型,采用 Promise 方式
put(key: string, value: ValueType, callback: AsyncCallback < void >): void	向 Preferences 实例中添加键-值对,ValueType 同上(下面所有方法涉及的 ValueType 是一样的),回调方式
get(key: string, defaultValue: ValueType): Promise < ValueType >	获取键 key 对应的值,当不存在时采用默认值 defaultValue,采用 Promise 方式
get(key: string, defValue: ValueType, callback: AsyncCallback < ValueType >): void	获取键 key 对应的值,采用回调方式
getAll(): Promise < object >	获取所有的键-值对,采用 Promise 方式
getAll(callback: AsyncCallback < Object >): void	获取所有的键-值对,采用回调方式
delete(key: string): Promise < void >	删除指定的键-值对,采用 Promise 方式
delete(key: string, callback: AsyncCallback < void >): void	删除指定的键-值对,回调方式
clear(): Promise < void >	删除所有的键-值对,采用 Promise 方式
clear(callback: AsyncCallback < void >): void	删除所有的键-值对,采用回调方式
flush(): Promise < void >	将所有的键-值对保存到文件,采用 Promise 方式

续表

方法签名	说明
flush(callback：AsyncCallback＜void＞)：void	将所有的键-值对保存到文件,采用回调方式
on(type：'change', callback：Callback＜{ key：string }＞)：void	注册监视数据变化观察者,当key值变化时回调
off(type：'change', callback：Callback＜{ key：string }＞)：void	注销监视数据变化观察者

9.2.3　样式信息设置实例

本节通过一个实例来说明首选项数据存储的使用,该实例可以让用户输入的配置项包括字体大小、字体颜色样式数据,样式数据会影响所有显示的文本的样式。通过单击"保存"按钮可以保存这些样式数据,在下次启动时显示的文本会采用所保存的样式。实例运行的效果如图9-2所示。

该实例的项目结构如图9-3所示,其中EntryAbility是主Ability,PrefUtil为工具类,负责数据的操作,Index实现了界面。

(a) 初始

(b) 改变样式后

图9-2　首选项数据实例运行效果

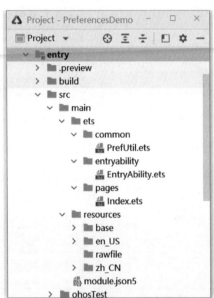

图9-3　首选项数据实例项目结构

该实例中,数据操作工具类PrefUtil的实现文件PrefUtil.ts的具体代码如下：

```
//ch09/PreferencesDemo 项目中,common/PrefUtil.ets 文件
import { defaultColor } from '../pages/Index';
import { defaultSize } from '../pages/Index';
import Pref from '@ohos.data.preferences';
```

```
const DB_NAME = 'myBb';                                    //存储名
const KEY_SIZE = 'keySize';                                //键,保存字体大小
const KEY_COLOR = 'keyColor';                              //键,保存字体颜色

class PrefUtil {
  defineGetFontPreferences(context) {
    //定义全局对象
    globalThis.getFontPreferences = (() => {
      let pref = Pref.getPreferences(context, DB_NAME);
      return pref;
    });
  }

  //保存样式,包括大小和颜色
  saveFontStyle(fontSize: number, fontColor: string) {
    globalThis.getFontPreferences().then((preferences) => {
      preferences.put(KEY_SIZE, fontSize);
      preferences.put(KEY_COLOR, fontColor);
      preferences.flush();
    }).catch((err) => {
      console.error('保存失败, err: ' + err);
    });
  }

  //获取字体大小
  async getFontSize() {
    let fontSize: number = defaultSize;
    const preferences = await globalThis.getFontPreferences();
    fontSize = await preferences.get(KEY_SIZE, fontSize);
    return fontSize;
  }

  //获取字体颜色
  async getFontColor() {
    let fontColor: string = defaultColor;
    const preferences = await globalThis.getFontPreferences();
    //从数据库中获取颜色,如果无,则使用默认值
    fontColor = await preferences.get(KEY_COLOR, fontColor);
    return fontColor;
  }
}

export default new PrefUtil();                             //导出对象
```

该实例中,界面实现文件 Index.ets 的具体代码如下:

```
//ch09/PreferencesDemo 项目中,pages/Index.ets 文件
import PrefUtil from '../common/PrefUtil';
```

```
//默认大小和颜色
export const defaultSize: number = 50
export const defaultColor: string = '0xFF0000'

@Entry
@Component
struct Index {
  @State message: string = '首选项存储'
  @State saveSize: number = defaultSize
  @State saveColor: string = defaultColor
  @State isSave: boolean = false

  onPageShow() {
    //显示时加载已保存的值
    PrefUtil.getFontSize().then((value) => {
      this.saveSize = value
    })
    PrefUtil.getFontColor().then((value) => {
      this.saveColor = value
    })
  }
  build() {
    Row() {
      Column() {
        Text(this.message)
          .fontSize(40)
          .fontWeight(FontWeight.Bold)
          .margin(20)
        Text('文本大小')
          .fontSize(26)
        TextInput({ text: '' + this.saveSize }).width('80%')
          .onChange((v) => {
            this.saveSize = Number(v)
            this.isSave = false
          })
        Text('文本颜色')
          .fontSize(26)
        TextInput({ text: this.saveColor }).width('80%')
          .onChange((v) => {
            this.saveColor = v
            this.isSave = false
          })
        Text(this.isSave ? '已保存数据' : '暂未保存').fontSize(20)
        Button("保存")
          .onClick(() => {
            //保存大小和颜色样式
            PrefUtil.saveFontStyle(this.saveSize, this.saveColor)
            this.isSave = true
```

```
            }).width('60%').margin({ top: 10 })
            Button("恢复默认值")
              .onClick(() => {
                this.saveSize = defaultSize
                this.saveColor = defaultColor
                this.isSave = false
              }).width('60%').margin({ top: 10 })
            Text('显示的文本样式\n实时刷新')
              .fontSize(this.saveSize)
              .fontColor(Number(this.saveColor))
              .margin({ top: 20 })
              .textAlign(TextAlign.Center)
          }
          .width('100%')
      }.alignItems(VerticalAlign.Top)
      .height('100%')
    }
  }
```

该实例中，主 Ability 的实现文件 EntryAbility.ets 中和数据存储相关的代码如下：

```
//ch09/PreferencesDemo 项目中,entryability/EntryAbility.ets 文件部分代码
import PrefUtil from '../common/PrefUtil'
...
export default class EntryAbility extends UIAbility {
  onCreate(want, launchParam) {
    //创建 Preferences 实例
    PrefUtil.defineGetFontPreferences(this.context);
  }
  ...
}
```

9.3 关系数据存储

9min

9.3.1 关系数据存储介绍

关系数据库(Relational Database,RDB)是基于关系模型组织管理数据的数据库。RDB 中一般包含若干个二维的数据表,每个表以行和列的形式存储数据。HarmonyOS 关系数据存储底层使用 SQLite 作为持久化存储引擎,支持 SQLite 的所有数据库特性,包括事务、索引、视图、触发器、外键、参数化查询和预编译 SQL 语句等。关系数据存储框架实现了对底层 SQLite 数据的进一步封装,对上层提供通用、完善且高效的操作接口,包括一系列的增、删、改、查等。在关系数据存储框架机制中,应用只需和关系数据存储框架层打交道,框架层通过 JNI 层最终访问底层 SQLite 数据库管理系统实现数据的存储访问。HarmonyOS 关系数据的存储分层机制如图 9-4 所示。

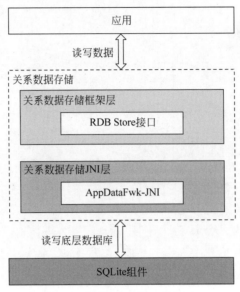

图 9-4　关系数据存储分层机制

9.3.2　关系数据存储接口

HarmonyOS 关系数据存储框架提供了一系列可以操作关系数据库的应用程序接口。在基于 ArkTS 的开发中,这些接口定义在 ohos.data.rdb 包中,因此使用时需要导入该包,代码如下:

```
import data_rdb from '@ohos.data.rdb'
```

这些接口用于数据库创建、删除操作,创建数据库会返回关系存储(RdbStore)对象,以便后续操作数据库中的数据。这些接口为异步接口,均有 Callback 和 Promise 两种返回形式,具体接口说明见表 9-3。

表 9-3　关系数据库操作接口及说明

函 数 声 明	说　　明
function getRdbStore(context: Context, config: StoreConfig, version: number, callback: AsyncCallback<RdbStore>): void	获得数据库存储对象,当数据库不存在时创建数据库,数据库配置由 config 给出,采用回调方式返回
function getRdbStore(context: Context, config: StoreConfig, version: number): Promise<RdbStore>	功能同上,采用 Promise 方式返回
function deleteRdbStore(context: Context, name: string, callback: AsyncCallback<void>): void	删除数据库,采用回调方式返回
function deleteRdbStore(context: Context, name: string): Promise<void>	删除数据库,采用 Promise 方式返回

RdbStore 类提供了对数据库中数据操作的增、删、改、查接口,同时还提供了直接执行 SQL 语句的接口等,具体的操作接口见表 9-4。

表 9-4 RdbStore 类的主要方法及说明

方 法 签 名	说 明
insert(table: string, values: ValuesBucket, callback: AsyncCallback<number>): void	向数据库表插入数据。参数 table 代表待插入数据的表名;values 为插入的 ValuesBucket 类型数据,内部采用键-值对形式。以回调方式返回
insert(table: string, values: ValuesBucket): Promise<number>	功能同上,以 Promise 方式返回
delete(predicates: RdbPredicates, callback: AsyncCallback<number>): void	根据条件删除数据,条件由 predicates 给出,RdbPredicates 类封装了 SQL 的条件,以回调方式返回
delete(predicates: RdbPredicates): Promise<number>	功能同上,以 Promise 方式返回
update(values: ValuesBucket, predicates: RdbPredicates, callback: AsyncCallback<number>): void	更新数据,更新的数据由 values 给出,条件由 predicates 给出,以回调方式返回
update(values: ValuesBucket, predicates: RdbPredicates): Promise<number>	功能同上,以 Promise 方式返回
query(predicates: RdbPredicates, columns: Array<string>, callback: AsyncCallback<ResultSet>): void	查询数据,条件由 predicates 给出,查询的表列名由 columns 给出,以回调方式返回
query(predicates: RdbPredicates, columns?: Array<string>): Promise<ResultSet>	功能同上,以 Promise 方式返回
executeSql(sql: string, bindArgs: Array<ValueType>, callback: AsyncCallback<void>): void	执行 SQL 语句,SQL 语句由参数 sql 给出,可以携带绑定参数,以回调方式返回
executeSql(sql: string, bindArgs?: Array<ValueType>): Promise<void>	功能同上,以 Promise 方式返回

除了表 9-4 中列出的接口方法外,RdbStore 还提供了事务处理、数据回滚、分布式数据表设置、分布式数据同步、为分布式数据变化设置观察者等操作。

9.3.3 用户信息管理实例

通过前面介绍的接口,可以实现对关系数据库及其中数据进行各种操作。下面采用关系数据库操作,实现用户基本信息管理实例,该实例的运行效果如图 9-5 所示。

在应用主界面中通过输入姓名,单击"按姓名查询"按钮可以查询数据库中的用户信息,通过单击"查询全部"按钮可以查询全部的用户信息并在下方的显示区列出,"删除全部"功能可以删除全部用户信息,单击"添加用户"按钮会跳转到用户添加界面(图 9-5(b)),通过输入用户信息可以向数据库中添加用户数据。

该实例通过对关系数据库中数据的增、删、查等基本操作实现了人员信息的管理,该实例的项目结构如图 9-6 所示。

(a) 主界面　　　　(b) 用户添加界面

图 9-5　用户信息管理实例运行效果　　　图 9-6　人员信息管理实例项目结构

其中，在 pages 目录下的 index.ets 实现了用户信息界面及功能，adduser.ets 实现了添加用户功能；在 db 目录下包括 Rdb.ts、User.ts、UserAPI.ts，Rdb.ts 主要实现了数据库的操作，User.ts 实现了用户实体类操作，UserAPI.ts 实现了数据库中对数据的各种操作。

pages 目录下的 index.ets 文件的实现代码如下：

```
//ch09/RDBDemo 项目中,pages/index.ets 文件
import prompt from '@system.prompt';
import router from '@ohos.router';
import { User } from '../db/User';
import UserAPI from '../db/UserAPI'

@Entry
@Component
struct Index {
  @State username: string = '张三'
  @State userList: User[] = []
  @State result: string = ''
  private userTableApi = UserAPI

  build() {
    Flex({ direction: FlexDirection.Column, justifyContent:
      FlexAlign.Start, alignItems: ItemAlign.Center }) {
      Text('用户信息')
```

```
    .margin(10).width('90%').fontSize(35).align(Alignment.Center)
  TextInput({ placeholder: '请输入用户名', text: this.username })
    .margin(10).width('90%').fontSize(28)
    .onChange((v) => {
      this.username = v
    })
  Row() {
    Button('按姓名查询', { type: ButtonType.Capsule,
                        stateEffect: true })
      .width('28%')
      .padding(3)
      .margin(5)
      .fontSize(22)
      .backgroundColor('#1890FF')
      .onClick(() => {
        //用户数据校验
        if (!this.checkUserData()) {
          return;
        }
        //查询用户
        this.queryUser();
      });
    Button('查询全部', { type: ButtonType.Capsule,
                       stateEffect: true })
      .width('28%')
      .padding(3)
      .margin(5)
      .fontSize(22)
      .backgroundColor('#1890FF')
      .onClick(() => {
        this.queryAllUser();
      });
    Button('删除全部', { type: ButtonType.Capsule,
                       stateEffect: true })
      .width('28%')
      .padding(3)
      .margin(5)
      .fontSize(22)
      .backgroundColor('#1890FF')
      .onClick(() => {
        this.deleteAllUser();
      });
  }

  //用于显示结果文本
  Text(this.result)
    .fontSize(25)
    .margin(10)
    .align(Alignment.TopStart)
```

```
          .layoutWeight(1)
          .width('90%')
          .backgroundColor(0xEEEEEE)

        //跳转到添加界面
        Text("添加用户")
          .fontColor('#0000FF')
          .fontSize(25)
          .margin(10)
          .onClick(() => {
            router.push({
              url: 'pages/adduser'
            });
          });
      }
      .width('100%')
      .height('100%')
    }

    //户名数据校验,这里仅仅校验了用户名
    checkUserData() {
      if (this.username == '') {
        prompt.showToast({
          message: '请输入用户名!',
          duration: 3000,
          bottom: '40%'
        });
        return false;
      }
      return true;
    }

    //查询用户,采用同步 await 执行方式
    queryUser() {
      this.userTableApi.queryUserByName(this.username).then((ret) => {
        this.userList = ret;
        if (this.userList.length === 0) {
          prompt.showToast({
            message: '用户不存在!',
            duration: 3000,
            bottom: '40%'
          });
        } else {
          this.display();
        }
      })
    }

    //查询所有用户,回调方式
```

```
queryAllUser() {
  this.userTableApi.queryUserAll().then((ret) => {
    this.userList = ret;
    if (this.userList.length === 0) {
      prompt.showToast({
        message: '暂无用户!',
        duration: 3000,
        bottom: '40%'
      });
    } else {
      this.display();
    }
  })
}

//查询所有用户,回调方式
deleteAllUser() {
  this.userTableApi.deleteAll().then((ret) => {
    if (ret > 0) {
      this.result = ''
    }
  })
}

//将用户列表转换成字符串显示
display() {
  let s = ''
  for (let i = 0; i < this.userList.length; i++) {
    s += this.userList[i].toString()
  }
  this.result = s
}
}
```

pages 目录下的 adduser.ets 文件的实现代码如下：

```
//ch09/RDBDemo 项目中,pages/adduser.ets 文件
import prompt from '@system.prompt';
import router from '@ohos.router';
import { User } from '../db/User';
import UserAPI from '../db/UserAPI';

@Entry
@Component
struct Register {
  @State userName: string = '张三'
  @State userSex: string = '男'
  @State userAge: number = 18
```

```
@State userTel: string = '15688886666'
@State userList: User[] = []
private userTableApi = UserAPI

build() {
  Flex({ direction: FlexDirection.Column,
         justifyContent: FlexAlign.Center,
         alignItems: ItemAlign.Center }) {
    //LOGO
    Image($r('app.media.user'))
      .objectFit(ImageFit.Contain)
      .height('12%')

    //用户名输入框
    TextInput({ placeholder: '请输入用户名', text: this.userName })
      .margin(10).width('80%').fontSize(30)
      .onChange((v) => {
        this.userName = v
      })

    //性别选择
    Row() {
      Radio({ value: '男', group: 'sexGroup' })
        .height(30)
        .width(50)
        .onClick(() => {
          this.userSex = '男'
        })
      Text('男')
        .fontSize(25)
      Radio({ value: '女', group: 'sexGroup' })
        .height(30)
        .width(50)
        .onClick(() => {
          this.userSex = '女'
        })
      Text('女')
        .fontSize(25)
    }.width('80%').align(Alignment.Start)
    .margin({ top: 10 })

    //年龄输入框
    TextInput({ placeholder: '请输入年龄', text: '' + this.userAge })
      .margin(10)
      .width('80%')
      .fontSize(30)
      .type(InputType.Number)
      .onChange((v) => {
        this.userAge = Number(v)
```

```
      })

      //电话输入框
      TextInput({ placeholder: '请输入电话', text: this.userTel })
        .margin(10).width('80%').fontSize(30)
        .onChange((v) => {
          this.userTel = v
        })

      //添加按钮
      Button('添加', { type: ButtonType.Capsule, stateEffect: true })
        .width('50%')
        .height('6%')
        .margin(30)
        .fontSize(30)
        .backgroundColor('#1890FF')
        .onClick(() => {
          if (!this.checkInputData()) {
            return;
          }
          this.addUser();
        });
    }
    .width('100%')
    .height('100%')
  }

  //数据校验
  checkInputData() {
    //这里仅仅判断用户名是否为空
    if (this.userName == '') {
      prompt.showToast({
        message: '用户名不能为空',
        duration: 3000,
        bottom: '30%'
      });
      return false;
    }
    return true;
  }

  //添加用户
  addUser() {
    //将用户信息存入数据库中
    let user = new User(null, this.userName, this.userSex,
                       this.userAge, this.userTel);
    this.userTableApi.insertUser(user);
    //添加之后,跳转到首页
    router.back({
```

```
      url: 'pages/index'
    });
  }
}
```

db 目录下的 Rdb.ts 文件的实现代码如下:

```
//ch09/RDBDemo 项目中,db/Rdb.ts 文件
import dataRdb from '@ohos.data.rdb'

export class Rdb {
  rdbStore: dataRdb.RdbStore = null
  private promiseExecSql: any = null
  private sqlCreateTable: string = ''
  private STORE_CONFIG = { name: 'my.db' }

  constructor(sqlCreateTable: string) {
    this.sqlCreateTable = sqlCreateTable
  }

  //获取 rdbStore
  async getRdbStore() {
    if (this.rdbStore != null) {
      return this.rdbStore.executeSql(this.sqlCreateTable);
    }
    let getPromiseRdb = dataRdb.getRdbStore(globalThis.context,
                            this.STORE_CONFIG, 1);
    await getPromiseRdb.then(async (rdbStore) => {
      this.rdbStore = rdbStore;
      //创建表
      this.promiseExecSql = rdbStore.executeSql(this.sqlCreateTable);
    }).catch((err) => {
      console.log("getRdbStore err." + JSON.stringify(err));
    });
  }
}
```

db 目录下的 User.ts 文件的实现代码如下:

```
//ch09/RDBDemo 项目中,db/User.ts 文件
export class User {
  id: number;
  name: string;
  sex: string;
  age: number;
  tel: string;
  constructor(id, name, sex, age, tel) {
    this.id = id;
```

```
    this.name = name;
    this.sex = sex;
    this.age = age;
    this.tel = tel;
  }
  toString() {
    return this.id + '' + this.name + '' + this.sex + ''
        + this.age + '' + this.tel + '\n';
  }
}
```

db 目录下的 UserAPI.ts 文件的实现代码如下：

```
//ch09/RDBDemo 项目中,db/UserAPI.ts 文件
import prompt from '@ohos.prompt';
import dataRdb from '@ohos.data.rdb'
import { User } from '../db/User'
import { Rdb } from '../db/Rdb'

class UserAPI {
  private tableName: string = ''
  private columns: Array<string> = []
  private rdb: Rdb = null
  private sql_create_table = ''

  constructor() {
    this.tableName = 'user'
    this.columns = ['id', 'name', 'sex', 'age', 'tel']
    this.sql_create_table = 'CREATE TABLE IF NOT EXISTS '
      + this.tableName + '('
      + 'id INTEGER PRIMARY KEY AUTOINCREMENT, '
      + 'name TEXT NOT NULL, '
      + 'sex TEXT, '
      + 'age INTEGER, '
      + 'tel TEXT)';
    this.rdb = new Rdb(this.sql_create_table)
    this.rdb.getRdbStore()
  }

  //插入数据
  insertUser(user) {
    const valueBucket = JSON.parse(JSON.stringify(user));
    this.rdb.rdbStore.insert(this.tableName, valueBucket,
        function (err, ret) {
          console.log('insert done: ' + ret);
          prompt.showToast({ message: '添加用户成功!' });
        });
  }
```

```
//根据用户名查询为用户信息
async queryUserByName(name) {
  let resultList;
  let predicates = new dataRdb.RdbPredicates(this.tableName);
  predicates.equalTo('name', name);
  let ret = await this.queryFromDB(predicates);
  resultList = this.getListFromResultSet(ret);
  return resultList;
}

//查询全部用户信息
async queryUserAll() {
  let resultList;
  let predicates = new dataRdb.RdbPredicates(this.tableName);
  let ret = await this.queryFromDB(predicates);
  resultList = this.getListFromResultSet(ret);
  return resultList;
}

//根据条件查询数据库
async queryFromDB(predicates) {
  let resultList;
  let promiseQuery = this.rdb.rdbStore.query(predicates,
                    this.columns);
  await promiseQuery.then((resultSet) => {
    resultList = resultSet;
  }).catch((err) => {
    console.log("query err" + JSON.stringify(err));
  });
  return resultList;
}

//将查询到的结果封装为用户列表
getListFromResultSet(resultSet) {
  let userList = [];
  for (let i = 0; i < resultSet.rowCount; i++) {
    resultSet.goToNextRow();
    let user = new
      User(resultSet.getDouble(resultSet.getColumnIndex('id')),
        resultSet.getString(resultSet.getColumnIndex('name')),
        resultSet.getString(resultSet.getColumnIndex('sex')),
        resultSet.getString(resultSet.getColumnIndex('age')),
        resultSet.getString(resultSet.getColumnIndex('tel')));
    userList.push(user);
  }
  return userList;
}
```

```
    //删除全部数据
    async deleteAll() {
      let result
      let predicates = new dataRdb.RdbPredicates(this.tableName);
      await this.rdb.rdbStore.delete(predicates).then((rows) => {
        result = rows;
        prompt.showToast({ message: '删除数据,rows:' + rows });
      });
      return result
    }

    //更新数据,暂时未使用
    updateUser(user) {
      const valueBucket = JSON.parse(JSON.stringify(user));
      let predicates = new dataRdb.RdbPredicates(this.tableName);
      predicates.equalTo('id', user.id);
      this.rdb.rdbStore.update(valueBucket, predicates,
          function (err, ret) {
            prompt.showToast({ message: '更新数据,ret:' + ret });
          });
    }

    //删除数据,暂时未使用
    deleteUserById(userId) {
      let predicates = new dataRdb.RdbPredicates(this.tableName);
      predicates.equalTo('id', userId);
      this.rdb.rdbStore.delete(predicates, function (err, rows) {
        prompt.showToast({ message: '删除数据,rows::' + rows });
      });
    }
}

export default new UserAPI()
```

9.4 分布式数据服务

9.4.1 分布式数据服务介绍

HarmonyOS 的分布式数据服务为应用程序提供了不同设备间数据的分布存储能力。应用可以通过调用分布式数据存储接口,将数据保存到分布式数据库中,分布数据服务底层实现了数据的分布存储和同步,上层实现了对分布式应用的统一支持。在分布式数据存储中,可信认证的设备间支持数据的相互同步,为用户在多种终端设备上提供了一致的数据访问体验。不同的账号和应用之间可以实现数据隔离,保障数据安全。

1. 数据模型

HarmonyOS 分布式存储数据是基于 KV(Key Value)数据模型的,即键-值对数据模型。存储数据的基本格式是键-值对,尽管没有关系数据处理大量数据能力,但是拥有更好的读写性能。分布式数据服务对外提供丰富的基于KV数据模型的访问接口。

2. 分布式数据存储特点

HarmonyOS分布式数据存储提供了数据同步能力。系统底层通信组件具有设备发现、认证等能力,分布式数据服务可以在设备间建立数据传输通道,进行数据同步。同时,系统支持手动和自动两种同步方式。手动同步由应用调用接口触发,自动同步由分布式数据库自动触发。

HarmonyOS分布式数据存储提供了分布式数据库事务能力。系统事务核心概念和一般数据库事务是一致的,即保证数据操作执行的完整性,一个事务中的操作要么全部执行成功,要么都不执行。在分布式场景下,分布式数据存储可以保障多个设备上执行的事务的原子性。

HarmonyOS分布式数据存储还提供了数据冲突解决能力、分布式数据库备份和恢复能力。分布式数据服务确保多个设备数据的最终一致性。

3. 分布式数据存储体系

HarmonyOS分布式数据存储体系主要包含5部分:服务接口、服务组件、存储组件、同步组件和通信适配层。

(1)服务接口:为应用开发提供的访问接口,基于KV数据模型提供了一系列的数据存储接口,如创建库、读写数据、订阅等。

(2)服务组件:服务组件负责服务内元数据的存储、权限管理、加密管理、备份和恢复管理及多用户管理等,同时负责对底层分布式数据库的存储组件、同步组件和通信适配层进行初始化等。

(3)存储组件:主要用于数据存储,负责数据访问、事务、加密及数据合并和解决冲突等。

(4)同步组件:主要功能是保障分布设备间的分布式数据的一致性,它是存储组件与通信适配层的桥梁。

(5)通信适配层:主要功能是适配底层通信,调用底层通信接口完成通信。通信适配层负责维护设备连接、设备上下线信息等,上层可调用通信适配层的接口完成数据跨设备通信。

对于两个设备的情况下,分布式数据存储及交互的体系结构如图9-7所示。

在HarmonyOS中,分布式数据库底层把数据分布存放在多个设备上,实现数据在不同设备间的共享和同步,系统对上层提供了透明的分布式数据存储接口,使开发者可以通过这些接口方便地进行数据管理。例如,当设备A上的某个应用在分布式数据库中增、删、改数据后,设备B上该应用可以非常方便地获得数据变化,分布式数据管理为跨设备应用提供了统一的数据存储和管理能力。

4. 分布式数据库类型

在HarmonyOS中,分布式数据存储数据库分为单版本分布式数据库和设备协同分布

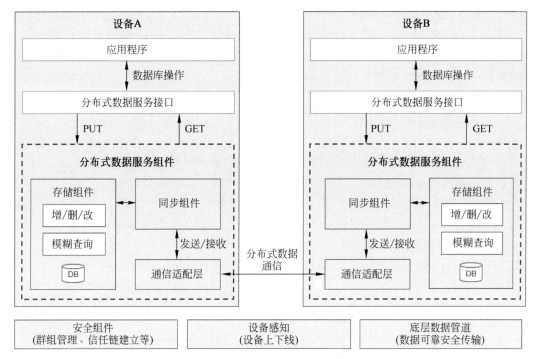

图 9-7 分布式数据存储及交互体系

式数据库。

单版本分布式数据库是指数据在本地是以单个 KV 条目为单位进行保存,对每个 Key 最多只保存一个条目项,当数据在本地被用户修改时,不管它是否已经被同步出去,均直接在这个条目上进行修改。同步也以此为基础,按照它在本地被写入或更改的顺序将当前最新一次修改逐条同步至远端设备。

设备协同分布式数据库建立在单版本分布式数据库之上,对应用程序存入的 KV 数据中的 Key 前面拼接了本设备的 DeviceID 标识符,这样能保证每个设备产生的数据严格隔离,底层按照设备的维度管理这些数据。设备协同分布式数据库支持以设备的维度查询分布式数据,但是不支持修改远端设备同步过来的数据。

5. 分布式数据库同步

当底层通信组件完成设备发现和认证后会通知上层应用程序(包括分布式数据服务)设备上线。收到设备上线的消息后,分布式数据服务可以在两个设备之间建立加密的数据传输通道,利用该通道在两个设备之间进行数据同步。

分布式数据服务提供了两种同步方式:手动同步和自动同步。

(1) 手动同步:由应用程序调用 sync 接口来触发,需要指定同步的设备列表和同步模式。同步模式分为 PULL_ONLY(将远端数据拉取到本端)、PUSH_ONLY(将本端数据推送到远端)和 PUSH_PULL(将本端数据推送到远端同时也将远端数据拉取到本端)。内部接口支持按条件过滤同步,将符合条件的数据同步到远端。

(2)自动同步：包括全量同步和按条件订阅同步。全量同步由分布式数据库自动将本端数据推送到远端，同时也将远端数据拉取到本端来完成数据同步，同步时机包括设备上线、应用程序更新数据等，应用不需要主动调用 sync 接口。内部接口支持按条件订阅同步，将远端符合订阅条件的数据自动同步到本端。

6. 约束与限制

分布式数据服务的数据模型仅支持 KV 数据模型，不支持外键、触发器等关系数据库中的功能。

分布式数据服务当前不支持应用程序自定义冲突解决策略。

分布式数据库事件回调方法中不允许进行阻塞操作，如修改 UI 组件。

每个应用程序最多支持同时打开 16 个分布式数据库。单版本数据库，针对每条记录，Key 的长度要求小于或等于 1KB，Value 的长度小于 4MB。设备协同数据库，针对每条记录，Key 的长度要求小于或等于 896B，Value 的长度小于 4MB。分布式数据服务针对每个应用程序当前的流控机制有一定的限制，要求 KVStore 的接口 1s 最多访问 1000 次，1min 最多访问 10 000 次，要求 KVManager 的接口 1s 最多访问 50 次，1min 最多访问 500 次。

分布式数据库与本地数据库的使用场景不同，因此开发者应识别需要在设备间进行同步的数据，并将这些数据保存到分布式数据库中。

9.4.2 分布式数据服务接口

在基于 ArkTS 的开发中，HarmonyOS 提供的分布式数据存储服务主要定义在 ohos.data.distributedData 包中，因此使用时需要导入该包，代码如下：

```
import distributedData from '@ohos.data.distributedData';
```

在进行分布式数据存储操作时，一般涉及下面几个相关的接口或类型，下面简要介绍它们的含义及主要功能。

（1）KVManager：用于管理数据库，如获取、关闭、删除 KVStore 等。

（2）KVManagerConfig：提供了 KVManager 实例的配置信息，包括调用方的包名和用户信息。

（3）KVStore：用于管理一个数据库中的数据，提供了数据增加、删除和订阅变更、订阅同步等方法，用于操作数据内容。

（4）SingleKVStore：单版本分布式数据库，继承自 KVStore，不对数据所属设备进行区分，提供了数据查询、同步等方法。

（5）DeviceKVStore：设备协同数据库，继承自 KVStore，以设备维度对数据进行区分，提供了数据查询、同步等方法。

（6）KVStoreResultSet：提供了获取 KVStore 数据库结果集的相关方法，包括查询和移动数据读取位置等。当数据库中的 Key 具有相同的前缀时，可以进行批量数据的读写。

为了进行分布式数据管理，首先需要创建 KVManager 实例。创建 KVManager 实例的一般代码如下：

```
import distributedData from '@ohos.data.distributedData';
……
var config = {
  context:getContext(this),
  bundleName: 'ohos.samples.myapplication',
  userInfo: {  ...  }
}
kvManager = distributedData.createKVManager(config)      //创建 KVManager
```

创建 KVManager 有两个 createKVManager 函数接口，一个是以 Promise 方式返回的，另外一个是以回调方式返回的。

KVManager 的主要功能是对分布式数据库进行管理，包括数据库的创建、打开、关闭、删除等，该类提供的主要管理数据库的接口见表 9-5。

表 9-5 KVManager 的主要方法及说明

方 法 签 名	说　　　明
getKVStore＜T extends KVStore＞(storeId：string, options：Options)：Promise＜T＞;	获取 KVStore，根据 options 配置创建或打开标识为 storeId 的分布式数据库，以 Promise 方式返回
getKVStore＜T extends KVStore＞(storeId：string, options：Options, callback：AsyncCallback＜T＞)：void;	功能同上，以回调方式返回
closeKVStore(appId：string, storeId：string, kvStore：KVStore)：Promise＜void＞	关闭 KVStore，以 Promise 方式返回
closeKVStore(appId：string, storeId：string, kvStore：KVStore, callback：AsyncCallback＜void＞)：void;	功能同上，以回调方式返回
deleteKVStore(appId：string, storeId：string)：Promise＜void＞	删除指定的分布式数据库，以 Promise 方式返回
deleteKVStore(appId：string, storeId：string, callback：AsyncCallback＜void＞)：void	功能同上，以回调方式返回

KVStore 类是分布式数据存储类，主要功能是对数据库中的数据内容进行管理，包括数据的添加、删除、修改、查询、订阅、同步等。在实际开发中，一般使用它的两个子类 SingleKVStore 或 DeviceKVStore 类，SingleKVStore 为单一版本数据库，该类型分布式数据库按照时间顺序更新版本。DeviceKVStore 为设备分布式数据库，该类型的数据库，应用仅仅修改本地设备创建的数据，对从远程设备同步到本地的数据没有修改权限。在已有 KVManager 实例 kvManager 的情况下，创建 KVStore 实例 kvStore 的基本代码如下：

```
//定义配置
let options = {  createIfMissing: true, //不存在则创建
  encrypt: false,
  backup: false,
  autoSync: false,
```

```
    kvStoreType: distributedData.KVStoreType.SINGLE_VERSION,
    securityLevel: 1,
}
//获取kvStore用于操作数据库,如果数据库不存在,根据options确定是否创建
kvStore = kvManager.getKVStore('StoreId', options)
```

获取了 KVStore 对象后,便可以通过其提供的操作接口方法进行数据相关的多种操作,其提供的主要数据操作接口方法见表 9-6。

表 9-6　KVStore 中的主要方法及说明

方 法 签 名	说　明
put(key: string, value: Uint8Array | string | number | boolean): Promise < void >	向分布式数据库中插入或修改 key 对应的值 value,采用 Promise 方式返回
put(key: string, value: Uint8Array | string | number | boolean, callback: AsyncCallback < void >): void;	功能同上,采用回调方式返回
delete(key: string): Promise < void >	删除 key 对应的键-值对,采用 Promise 方式返回
delete(key: string, callback: AsyncCallback < void >): void	功能同上,采用回调方式返回

另外,KVStore 中还提供了批量数据的添加和删除、事务提交、注册或注销数据变化观察者等接口方法,但是在 KVStore 中没有提供数据读取的方法,因此进行数据的读取一般要使用其子类实例进行,如 SingleKVStore 或 DeviceKVStore。

在 SingleKVStore 中,提供了一系列的读取数据的方法,同时还有数据同步方法,这些方法的说明见表 9-7。

表 9-7　SingleKVStore 中的主要方法及说明

方 法 签 名	说　明
get(key: string): Promise < Uint8Array | string | boolean | number >	读取数据库中 key 对应的值,采用 Promise 方式返回
get(key: string, callback: AsyncCallback < Uint8Array | string | boolean | number >): void	功能同上,采用回调方式返回
getEntries(keyPrefix: string): Promise < Entry[] >	读取数据库中以 keyPrefix 为前缀的所有键对应的数据,采用 Promise 方式返回
getEntries(keyPrefix: string, callback: AsyncCallback < Entry[] >): void	功能同上,采用回调方式返回
getEntries(query: Query): Promise < Entry[] >	查询数据库中符合 query 条件的数据,采用 Promise 方式返回
getEntries(query: Query, callback: AsyncCallback < Entry[] >): void	功能同上,采用回调方式返回
sync(deviceIds: string[], mode: SyncMode, delayMs?: number): void	同步数据

另外,SingleKVStore 中还提供了与结果集相关的方法等,这里不再详述。

在 DeviceKVStore 中，提供了和 SingleKVStore 类似的方法，以及专门针对指定设备上的数据处理方法等，开发者可以查阅相关技术文档，这里不再赘述。

9.4.3 分布式日记实例

本节介绍分布式日记实例，该实例以分布式存储服务提供的接口实现对日记信息的读写访问。下面主要从实例运行效果、项目结构和主要文件代码实现等方面进行阐述。

1. 实例运行效果

实例运行效果如图 9-8 所示。该实例的主界面如图 9-8(a)所示，包括显示的日记篇数、刷新、日记列表、同步日记、添加日记等，其中单击"添加日记"按钮可以进入添加日记界面，如图 9-8(b)所示，在日记列表项中可以删除日记，单击列表项可以进入编辑日记界面，如图 9-8(c)所示。

(a) 主界面　　　　　　　(b) 添加日记　　　　　　　(c) 编辑日记

图 9-8　分布式日记实例运行效果

2. 项目结构

该实例的项目结构如图 9-9 所示。界面部分的实现主要在 pages 目录下，其中，index.ets 实现的是主界面，add.ets 实现的是添加日记界面，edit.ets 实现的是编辑日记界面，DiaryItem.ets 实现的是日记列表条目组件。数据库访问方面在 db/diary 目录下，其中，Diary.ts 实现了日记实体，DiaryAPI.ts 主要实现了日记数据访问接口，DiaryKV.ts 实现了 KVManager 和 KVStore 的创建管理。

3. 主要文件代码实现

主界面文件 index.ets 的代码如下：

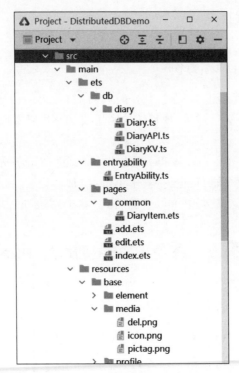

图 9-9 分布式日记实例项目结构

```
//ch09/DistributedDBDemo 项目中,pages/index.ets 文件
import prompt from '@ohos.prompt';
import router from '@ohos.router';
import DiaryItem from './common/DiaryItem';
import { DiaryAPI } from '../db/diary/DiaryAPI';
import { diaryAPI as API } from '../db/diary/DiaryAPI'
import { Diary } from '../db/diary/Diary'

@Entry
@Component
struct Index {
  @State message: string = '我的日记'
  @State count: number = 0
  @State listData: Diary[] = []
  @State diaryAPI: DiaryAPI = API;
  //显示页面,生命周期方法
  onPageShow() {
    this.freshAll()
    let msg = router.getParams()["msg"]
    if (msg != "") {
      prompt.showToast({
        message: msg,
```

```
      duration: 3000,
      bottom: '30%'
    });
  }
}
//刷新全部
freshAll() {
  this.diaryAPI.queryAll((result: []) => {
    this.count = result.length
    this.listData = <Diary[]> result
  })
}
build() {
  Column() {
    Text(this.message)
      .fontSize(32)
      .padding(8)
      .width('100%')
      .textAlign(TextAlign.Center)
      .backgroundColor(0xEEEEFF)
      .fontWeight(FontWeight.Bold)
    Row() {
      Text("篇数: ")
        .fontSize(25).margin({ left: 15 })
      Text("" + this.count)
        .fontSize(25)
      Blank()
      Button('刷新')
        .margin({ right: 15 })
        .fontSize(20)
        .padding(10)
        .onClick(() => {
          this.freshAll()
        })
        .width('30%')
    }
    .width('100%')
    .padding(5)
    List({ space: 5 }) {
      ForEach(this.listData, (item) => {
        ListItem() {
          DiaryItem({ diary: item, diaryAPI: $diaryAPI,
                      listData: $listData, count: $count })
        }
      })
    }
    .backgroundColor(0xEEEEEE)
    .width('95%')
    .margin(5)
```

```
          .padding(5)
          .layoutWeight(1)
          .scrollBar(BarState.Auto)
          .alignListItem(ListItemAlign.Start)
          Row() {
            Button('同步日记')
              .fontSize(20)
              .padding(10)
              .margin(5)
              .onClick(() => {
                this.sync()
              })
              .width('40%')

            Button('添加日记')
              .fontSize(20)
              .padding(10)
              .margin(5)
              .onClick(() => {
                let option = {
                  url: "pages/add"
                }
                router.push(option)
              })
              .width('40%')
          }
        }
      }
      //数据同步
      sync() {
        this.diaryAPI.sync()
      }
    }
```

在主界面中，日记列表项是通过 DiaryItem 组件实现的，对应的 DiaryItem.ets 的代码如下：

```
//ch09/DistributedDBDemo 项目中，pages/common/DiaryItem.ets 文件
import router from '@ohos.router'
import prompt from '@ohos.prompt';
import { Diary } from '../../db/diary/Diary';
import { DiaryAPI } from '../../db/diary/DiaryAPI';

@Component
export default struct DiaryItem {
  @State diary: Diary | undefined = undefined
  @Link  diaryAPI :DiaryAPI
  @Link listData:Diary[]
```

```
    @Link count: number
    build() {
      Row() {
        Image( $ r('app.media.pictag'))
          .size({ width: 25, height: 25 })
          .objectFit(ImageFit.Contain)
        Column() {
          Text(this.diary.title)
            .fontColor(Color.Black)
            .fontSize(25)
            .maxLines(1)
            .textOverflow({ overflow: TextOverflow.Ellipsis })
          Text(this.diary.content)
            .fontColor(Color.Gray)
            .margin({ top: 10 })
            .fontSize(20)
            .maxLines(1)
            .textOverflow({ overflow: TextOverflow.Ellipsis })
        }
        .alignItems(HorizontalAlign.Start)
        .margin({ left: 20 })
        .width("80%")
        Blank()
        Image( $ r('app.media.del'))
          .size({ width: 30, height: 30 })
          .objectFit(ImageFit.Contain)
          .onClick(() =>{
            this.delete()
          })
      }
      .padding(10)
      .width('100%')
      .borderRadius(16)
      .backgroundColor(Color.White)
      .onClick(() => {
        router.push({
          url: 'pages/edit',
          params: {
            diary: this.diary,
          }
        })
      })
    }
    //删除日记
    delete() {
      this.diaryAPI.deleteByKID( this.diary.date , (result) => {
        prompt.showToast({
          message: result,
```

```
        duration: 3000,
        bottom: '30%'
      });
      if(result == "删除成功!"){
        let index = this.listData.indexOf(this.diary)
        if(index >= 0)
          this.listData.splice(index, 1)
        this.count = this.listData.length
      }
    })
  }
}
```

编辑日记界面和添加日记界面在实现上比较类似,不同的是编辑界面事先填充了当前日记的内容,日记内容由路由参数携带。编辑日记界面 edit.ets 的代码如下:

```
//ch09/DistributedDBDemo 项目中,pages/edit.ets 文件
import prompt from '@ohos.prompt';
import router from '@ohos.router';
import { Diary } from '../db/diary/Diary';
import { diaryAPI as API } from '../db/diary/DiaryAPI';

@Entry
@Component
struct Edit {
  @State message: string = '编辑日记'
  @State date: string = ''
  @State weather: string = ''
  @State title: string = ''
  @State content: string = ''
  private wArr = [{ value: '晴' }, { value: '阴' },
                  { value: '雨' }, { value: '雪' }]
  private diaryAPI = API;
  private diary: Diary = router.getParams()['diary']
  //生命周期方法
  onPageShow() {
    this.date = this.diary.date
    this.title = this.diary.title
    this.weather = this.diary.weather
    this.content = this.diary.content
  }
  //根据日期选择界面中的天气下拉列表
  getWeatherSelected(): number {
    if (this.weather == this.wArr[0].value) {
      return 0
    } else if (this.weather == this.wArr[1].value) {
      return 1
    } else if (this.weather == this.wArr[2].value) {
```

```
      return 2
    } else if (this.weather == this.wArr[3].value) {
      return 3
    }
    return 0
  }
  build() {
    Column() {
      Text(this.message)
        .fontSize(32)
        .padding(8)
        .width('100%')
        .textAlign(TextAlign.Center)
        .backgroundColor(0xEEEEFF)
        .fontWeight(FontWeight.Bold)
      Row() {
        Text("今天: ")
          .fontSize(20)
        Text(this.date)
          .fontSize(20)
          .fontWeight(FontWeight.Bold)
        Text("天气: ")
          .fontSize(20).margin({ left: 25 })
        Select(this.wArr)
          .selected(
          this.getWeatherSelected()
          )
          .margin({ right: 20 })
          .font({ size: 20 })
          .selectedOptionFont({ size: 25 })
          .onSelect((index, value) => {
            this.weather = value
          })
      }.width('95%')
      Text("标题: ")
        .fontSize(20).width('95%')
        .textAlign(TextAlign.Start)
      TextInput({ text: this.title })
        .width('95%')
        .onChange((v) => {
          this.title = v
        })
      Text("内容: ")
        .fontSize(20).width('95%')
        .textAlign(TextAlign.Start)
      TextArea({ text: this.content })
        .width('95%')
        .layoutWeight(1)
        .onChange((v) => {
```

```
          this.content = v
        })
      Button("保存")
        .fontSize(20)
        .padding(10)
        .margin(5)
        .width('40%')
        .onClick(() => {
          this.update()
        })
    }
    .width('100%')
  }
  //更新日记
  update() {
    if (!this.checkedInput()) {
      return
    }
    let d = new Diary(this.date, this.title,
                     this.weather, this.content)
    this.diaryAPI.update(d, (result) => {
      let option = {
        url: "pages/index",
        params: {
          msg: result,
        }
      }
      //返回首页
      router.back(option)
    })
  }
  //验证输入的内容
  checkedInput(): boolean {
    if (this.title.trim() != '' && this.content.trim() != '') {
      return true
    } else {
      prompt.showToast({
        message: "标题和内容都不能为空",
        duration: 3000,
        bottom: '30%'
      });
      return false
    }
  }
}
```

日记实体类的实现文件 Diary.ts 的代码如下：

```
//ch09/DistributedDBDemo 项目中，db/diary/Diary.ts 文件
export class Diary{ //日记实体类
  date:string    //日期时间串，如"2022 - 11 - 21 12:08:06"
  title:string
  weather:string
  content:string
  constructor( date: string, title: string,
               weather: string, content:string) {
    this.date = date
    this.title = title
    this.weather = weather
    this.content = content
  }
  getDate(){
    return this.date
  }
  getTitle(){
    return this.title
  }
  getWeather(){
    return this.weather
  }
  getContent(){
    return this.content
  }
  //转换成 JSON 串，作为键 - 值对中的值保存
  toJSONString():string{
    return JSON.stringify(this)
  }
}
```

底层数据库管理由 DiaryKV 类实现，对应的文件 DiaryKV.ts 的代码如下：

```
//ch09/DistributedDBDemo 项目中，db/diary/DiaryKV.ts 文件
import distributedData from '@ohos.data.distributedData';
export class DiaryKV {
  public kvStore: distributedData.SingleKVStore = undefined;
  public kvManager: distributedData.KVManager = undefined;
  async initKvStore() {
    if ((typeof (this.kvStore) != 'undefined')) {
      return;
    }
    var config = {
      context: getContext(this),
      bundleName: 'ohos.samples.myapplication',
      userInfo: {
        userId: '0',
```

```
        userType: 0
      }
    }
    console.info('[DiaryKV] createKVManager begin')
    this.kvManager = await distributedData.createKVManager(config)
    console.info('[DiaryKV] createKVManager end')
    let options = {
      createIfMissing: true,                    //如果不存在,则创建
      encrypt: false,
      backup: false,
      autoSync: false,                          //不自动同步
      //单一版本
      kvStoreType: distributedData.KVStoreType.SINGLE_VERSION,
      securityLevel: 1,
    }
    console.info('[DiaryKV] kvManager.getKVStore begin')
    this.kvStore = await <any> this.kvManager.getKVStore
                                   ('Store_Id_Diary', options)
    console.info('[DiaryKV] kvManager.getKVStore end')
  }
}
```

通过访问底层数据库数据,并为上层提供接口功能,DiaryAPI 类的实现文件 DiaryAPI.ts 的代码如下:

```
//ch09/DistributedDBDemo 项目中,db/diary/DiaryAPI.ts 文件
import distributedData from '@ohos.data.distributedData';
//import deviceManager from '@ohos.distributedHardware.deviceManager'
import { DiaryKV } from './DiaryKV';
import { Diary } from './Diary'

export class DiaryAPI {
  diaryKV = new DiaryKV()
  keyPrefix = 'k'                               //Key 隐藏前缀,为了能够批量查询

  //初始化
  init() {
    this.diaryKV.initKvStore()
  }

  //添加日记
  add(diary: Diary, callback: Function) {
    //以日期时间加上前缀作为键,每个时间点只能记录一篇日记
    const KEY = this.keyPrefix + diary.getDate();
    const VALUE = diary.toJSONString();
    try {
      //向数据库中加入数据,回调方式
      this.diaryKV.kvStore.put(KEY, VALUE, function (err, data) {
```

```
        if (err != undefined) {
          console.log('put err:    ${error}');
          callback("添加日记失败!")
          return;
        }
        console.log('put success');
        callback("添加日记成功!")
      });
    } catch (e) {
      console.log('Error:    ${e}');
      callback("添加日记失败!")
    }
  }

  //查询全部日记
  queryAll(callback: Function) {
    //获得全部日记,以隐藏的前缀为前缀,可以查询到所有的日记
    //这里采用的是 Promise 方式
    this.diaryKV.kvStore.getEntries(this.keyPrefix).then((data) => {
      let arr = []
      for (let i = 0;i < data.length; i++) {
        arr.push(JSON.parse('' + data[i].value.value))
      }
      callback(arr)                                      //返回数据后,再回调传递给界面
    })
  }

  //根据 kid 查询日记
  queryByKID(kid, callback: Function) {
    try {
      const KEY = this.keyPrefix + kid;
      this.diaryKV.kvStore.get(KEY, function (err, data) {
        if (err) {
          console.log('getKVStore err: ${err}');
          callback("无数据")                              //回调给界面结果
          return;
        }
        callback(data)                                   //回调给界面结果数据
        console.log('get success data:    ${data}');
      });
    } catch (e) {
      callback("")
      console.log('Error:    ${e}');
    }
  }

  //根据 kid 删除日记
  deleteByKID(kid, callback: Function) {
    try {
```

```
          const KEY = this.keyPrefix + kid;
          this.diaryKV.kvStore.delete(KEY, function (err, data) {
            if (err != undefined) {
              console.log('delete err: ${err}');
              callback("删除失败!")              //回调给界面结果
              return;
            }
            callback("删除成功!")                //回调给界面结果数据
            console.log('delete success data: ${data}');
          });
        } catch (e) {
          callback("删除失败!")
          console.log('Error: ${e}');
        }
      }

      //更新日记
      update(diary: Diary, callback: Function) {
        const KEY = this.keyPrefix + diary.getDate();
        const VALUE = diary.toJSONString();
        try {
          this.diaryKV.kvStore.put(KEY, VALUE, function (err, data) {
            if (err != undefined) {
              console.log('put err: ${error}');
              callback("修改数据失败!")          //回调给界面结果
              return;
            }
            console.log('put success');
            callback("修改日记成功!")            //回调给界面结果
          });
        } catch (e) {
          console.log('Error: ${e}');
          callback("修改日记失败!")              //回调给界面结果
        }
      }

      //同步
      sync() {
        //此处为需要被同步的设备 ID 数组
        //参考 deviceManager.getTrustedDeviceListSync()
        let deviceIDs: [] = []                   //因为没有多个设备,所以无法同步
        this.diaryKV.kvStore.sync(deviceIDs,
                          distributedData.SyncMode.PUSH_PULL)
      }
    }

export let diaryAPI = new DiaryAPI()
diaryAPI.init()
```

本实例实现了日记的添加、编辑、删除等功能,日记以分布式数据存储的方式进行了存储,在存储的键-值对中,键对应的是日记记录的时间(精确到秒),为了实现日记的批量查询,在键处理上加入了隐藏的前缀,键-值对中的值对应的是日记实体转换生成的 JSON 字符串,在显示时进行了解析。分布式数据在多个设备之间同步需要获得同步的设备 ID,本例暂未实现设备的 ID 获取功能,读者可以参考设备管理接口,在拥有多个设备的环境下完善同步操作。

小结

本章介绍了 HarmonyOS 应用开发中数据存储的相关内容,主要包括首选项数据存储、关系数据存储和分布式数据服务。首选项数据存储适合少量的配置数据场景,关系数据存储适合表数据的场景,分布式数据库的最大特点是数据可以存储在多个设备上,在 HarmonyOS 系统解决了数据冲突等复杂问题的基础上,为应用开发提供分布式数据服务。HarmonyOS 提供分布式数据服务是基于 KV 模型的,数据以键-值对的形式存取。本章通过多个实例展示了数据存储 API 的使用方法。数据存储在一般的应用中不可或缺,是开发应用的必备开发知识和技术。

第 10 章 公共事件和通知

【学习目标】
- 认识公共事件,理解公共事件服务原理
- 掌握公共事件发布、订阅等处理接口,并会在应用中使用公共事件
- 理解通知,并会使用相关的开发接口
- 理解后台代理提醒,掌握其开发方法

10.1 公共事件

事件(Event)是指对由系统、组件、应用程序等对象发起操作的封装。事件的发布者通常情况下会维持自己的状态不变,如果收到了某些交互操作所产生的信号而改变了它的状态,就会将消息发布给事件接收者。事件接收者可以是订阅用户或者相关的应用程序。

公共事件(Common Event)是指通过广播的形式发出的事件,即一个事件发布者会将消息发送给多个事件接收者。

10.1.1 公共事件服务

HarmonyOS 中使用公共事件服务(Common Event Service,CES)为应用程序提供发布、订阅及退订公共事件的能力,如图 10-1 所示,系统和应用程序都可以发布公共事件,接收者可以是应用程序自身或者其他应用程序。根据事件发布者的不同,公共事件分为系统公共事件和自定义公共事件。

系统公共事件是指系统将收集到的事件信息,根据系统策略发送给订阅该事件的用户的应用程序。系统公共事件的发布者是系统。常见的系统公共事件包括终端用户能感知到的亮灭屏事件,还有由系统关键服务发布的公共事件,如 USB 插拔、网络连接、HAP 安装与卸载等事件。

自定义公共事件是指由应用程序定义的期望特定订阅者可以接收的公共事件。这些公共事件往往和应用程序的业务逻辑相关,通过调用系统接口自定义一些公共事件,从而实现跨应用程序的事件通信能力。

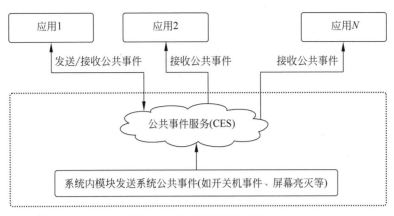

图 10-1 公共事件服务 CES

公共事件发布者可以是系统、应用程序自身或者其他应用程序。每个应用程序都可以是事件接收者。首先应用程序会根据需要订阅某个公共事件,当该公共事件发布时,系统会把该事件发送给已经订阅成功的应用程序。

10.1.2 公共事件处理接口

公共事件的处理接口是由 ohos.commonEvent 模块提供的,使用前需要导入相应的模块,导入代码如下:

```
import commonEvent from '@ohos.commonEvent';
```

该模块提供的接口包括发布公共事件、创建订阅者、订阅公共事件和取消订阅公共事件等,具体见表 10-1。

表 10-1 公共事件的处理接口

接 口 名	接 口 说 明
commonEvent.publish(event: string, callback: AsyncCallback)	发布公共事件
commonEvent.publish(event: string, options: CommonEventPublishData, callback: AsyncCallback)	指定发布信息并发布公共事件
commonEvent.createSubscriber(subscribeInfo: CommonEventSubscribeInfo)	创建订阅者对象(promise)
commonEvent.createSubscriber(subscribeInfo: CommonEventSubscribeInfo, callback: AsyncCallback)	创建订阅者对象(callback)
commonEvent.subscribe(subscriber: CommonEventSubscriber, callback: AsyncCallback)	订阅公共事件
commonEvent.unsubscribe(subscriber: CommonEventSubscriber, callback?: AsyncCallback)	取消订阅公共事件

1. 发布公共事件接口

发布公共事件接口 publish 是以 callback 回调函数形式发布公共事件,可以指定发布信息,也可以不指定。参数中的 event 表示要发送的公共事件,类型是 string。callback 表示被指定的回调方法,类型是 AsyncCallback＜void＞,即要创建一个新的异步线程执行回调函数,并且无返回类型。

发布公共事件接口 publish 有一个可选的 options 参数,如果需要指定发布信息,则可以携带 options 参数。options 主要用来指定发布信息的属性,具体内容类型为公共事件发布数据类型(CommonEventPublishData 类),该类中所有参数都是可选的,详细说明见表 10-2。

表 10-2 CommonEventPublishData 类的属性

名　称	读写属性	类　型	说　明
bundleName	只读	string	包名称
code	只读	number	公共事件的结果代码
data	只读	string	公共事件的自定义结果数据
subscriberPermissions	只读	Array＜string＞	订阅者的权限
isOrdered	只读	boolean	是否是有序事件
isSticky	只读	boolean	是否是黏性事件
parameters	只读	{[key:string]:any}	公共事件的附加信息

2. 创建订阅者接口

创建订阅者可以通过 createSubscriber 函数实现,其主要参数 subscribeInfo 表示订阅信息,对应类型为公共事件订阅信息类型,即 CommonEventSubscribeInfo 类,其主要属性具体见表 10-3,其中 publisherDeviceId 的设备 ID 值必须是同一 ohos 网络上的现有设备 ID。userId 参数是可选的,默认值为当前用户的 ID。如果指定了 userId,则该值必须是系统中现有的用户 ID。Priority 优先级的取值范围是－100～1000。

表 10-3 CommonEventSubscribeInfo 类的属性

名　称	读写属性	类　型	必填	描　述
events	只读	Array＜string＞	是	要发送的公共事件
publisherPermission	只读	string	否	发布者的权限
publisherDeviceId	只读	string	否	设备 ID
userId	只读	number	否	用户 ID
priority	只读	number	否	订阅者的优先级

该接口有 promise 和 callback 两种返回形式,二者的功能相同,只是返回方式不一样。promise 形式不需要指定回调方法,callback 形式需要指定订阅者的回调函数,回调函数可以接收返回的错误信息和订阅者,并在接收到公共事件时进行处理。

3. 订阅公共事件接口

订阅公共事件接口是 subscribe,它以 callback 形式来订阅公共事件。其中,参数 subscriber 表示订阅者对象,参数 callback 为接收到公共事件的回调函数。

订阅者类 CommonEventSubscriber 的主要方法见表 10-4。

表 10-4　CommonEventSubscriber 类的主要方法及说明

方 法 名	说　明
getCode()	获取公共事件的结果代码
setCode()	设置公共事件的结果代码
getData()	获取公共事件的结果数据
setData()	设置公共事件的结果数据
setCodeAndData()	设置公共事件的结果代码和结果数据
isOrderedCommonEvent()	查询当前公共事件是否为有序公共事件
isStickyCommonEvent()	检查当前公共事件是否为一个黏性事件
abortCommonEvent()	取消当前的公共事件
clearAbortCommonEvent()	清除当前公共事件的取消状态
getAbortCommonEvent()	获取当前有序公共事件是否取消的状态
getSubscribeInfo()	获取订阅者的订阅信息

参数 callback 回调函数用来保存接收的公共事件数据,对应的数据类型为 CommonEventData。CommonEventData 类的主要属性见表 10-5。

表 10-5　CommonEventData 类的主要属性

名　称	读写属性	类　型	描　述
event	只读	string	当前接收的公共事件名称
bundleName	只读	string	包名称
code	只读	number	公共事件的结果代码
data	只读	string	公共事件的自定义结果数据
parameters	只读	{[key: string]: any}	公共事件的附加信息

4. 取消订阅公共事件接口

取消订阅公共事件接口是 unsubscribe(),它以 callback 形式取消订阅公共事件。其中,参数 subscriber 表示订阅者对象,参数 callback 表示取消订阅的回调函数,该函数无返回类型,回调函数也可以省略。

10.1.3　发布公共事件

发布公共事件包括发布系统公共事件和发布自定义公共事件。系统公共事件由系统发布,如电量低、网络中断等,因此系统公共事件不需要应用来进行发布。本节的发布公共事件主要是指应用发布自定义公共事件,应用通过 publish() 接口来发布自定义公共事件。一般来讲,订阅者要先订阅公共事件,然后才能接收到发布者发送的公共事件消息。公共事件的发布与接收在设计模式上是一种订阅者模式,类似于现实生活中的订阅报纸。

自定义公共事件的类型包括有序公共事件、无序公共事件、带权限公共事件和黏性公共事件,可以通过 CommonEventPublishData 中的信息来确定公共事件的类型。

有序公共事件是指多个订阅者有依赖关系或者对处理顺序有要求,也就是订阅者有优先级。如果订阅者的优先级高,就优先接收处理公共事件,例如修改公共事件的内容或者处理结果,甚至终止公共事件。低优先级的订阅者依赖于高优先级订阅者对该事件的处理结果。当公共事件发布数据中的属性 isOrdered 的值为真时,表示公共事件为有序公共事件。

无序公共事件没有优先级的概念,接收公共事件是不分顺序的,发布的无序公共事件类似于电台广播,接收者均可以接收到公共事件。

黏性公共事件是指即使对公共事件的订阅操作是在发布公共事件之后进行的,订阅者也能收到的公共事件。当属性 isSticky 的值为真时表示为黏性公共事件。

带权限的公共事件是指该公共事件有一定的访问权限,必须是有相应访问权限的订阅者才能接收到该公共事件的消息。它为公共事件提供了一定的安全机制。

不管是以上哪种类型的公共事件,在发布公共事件时,都要先导入 CommonEvent 模块,代码如下:

```
import commonEvent from '@ohos.commonEvent';
```

如果发布的是没有指定信息的公共事件,直接在 commonEvent.publish 接口传入两个参数就可以发布了,即要发布的事件名称和回调函数。例如发布简单事件,代码如下:

```
commonEvent.publish("eventname", (err) => {
    if (err) {
        console.error("发布公共事件错误 err = " + JSON.stringify(err))
    } else {
        console.info("发布公共事件成功")
    }
})
```

如果发布的公共事件要指定较多的发布信息,则需要先定义 options,即先定义公共事件的相关信息。因为 options 中的参数都是可选的,所以可以根据需要选取所需的参数并赋值。options 定义的示例代码如下:

```
//指定的公共事件相关信息
var options = {
    code: 1,                    //公共事件的初始代码
    data: "initdata",           //公共事件的初始数据
}
```

当使用发布接口发布事件时,需要传入发布信息参数 options 和回调函数,示例代码如下:

```
//发布带 options 参数的公共事件
commonEvent.publish("eventname", options, (err) => {
    if (err) {
        console.error("发布公共事件错误 err = " + JSON.stringify(err))
    } else {
        console.info("发布公共事件成功")
    }
})
```

10.1.4 订阅公共事件

应用程序要先订阅公共事件,然后才能接收到公共事件。订阅公共事件可以理解为让公共事件服务中心知道订阅者和公共事件之间的对应关系,当有公共事件被发布到公共事件服务中心时,订阅者可以接收到订阅的事件并进行处理,当订阅者处理公共事件时会调用相应的回调函数。

订阅公共事件需要创建订阅者和订阅回调函数,开发的具体步骤如下。

1. 导入 commonEvent 模块

代码如下:

```
import commonEvent from '@ohos.commonEvent';
```

2. 创建订阅者信息

订阅者信息 subscribeInfo 的详细内容在表 10-3 中已经给出,其中 events 参数是必填的,它决定了所订阅的事件。定义 subscribeInfo 的示例代码如下:

```
var subscribeInfo = {
    events: ["eventname"],
}
```

3. 创建订阅者

这里以回调方式返回,在创建成功后,保存订阅者对象 subscriber,后续订阅者可以执行订阅或退订等操作。创建订阅者的示例代码如下:

```
private subscriber = null                                //订阅者对象
commonEvent.createSubscriber(subscribeInfo, (err, subscriber) => {
    if (err) {
        console.error("创建订阅者错误 err = " + JSON.stringify(err))
    } else {
        console.log("创建订阅者成功")
        this.subscriber = subscriber                     //保存订阅者
    }
})
```

4. 订阅公共事件

订阅公共事件前要先创建订阅者,然后才可以完成订阅。在订阅公共事件时要确定订阅回调函数,订阅者在接收到公共事件时会触发订阅公共事件订阅回调函数,该函数的参数会接收公共事件的数据,即 data,其内部包含了当前接收的公共事件名称、公共事件的结果代码和自定义的结果数据等信息。订阅公共事件的示例代码如下:

```
if (this.subscriber != null) {
    commonEvent.subscribe(this.subscriber, (err, data) => {
        if (err) {
```

```
                console.error("接收到错误 err = " + JSON.stringify(err))
            } else {
                console.log("接收到数据 data = " + JSON.stringify(data))
                //处理接收的公共事件
            }
        })
    } else {
        prompt.showToast({ message: "没有订阅者,请创建" })
    }
```

需要注意的是,大多数系统公共事件的订阅不需要权限,但是也有部分系统公共事件的订阅需要先申请权限,例如当获取 WiFi 和蓝牙的连接状态时需要相应的权限。

10.1.5 取消订阅公共事件

订阅者可以调用 CommonEvent 中的 unsubscribe 方法来取消已经订阅的某个公共事件,具体内容如下:

```
if (this.subscriber != null) {
    commonEvent.unsubscribe(this.subscriber, (err) => {
        if (err) {
            console.error("取消订阅错误 err = " + JSON.stringify(err))
        } else {
            console.log("已取消订阅")
        }
    })
}
```

10.2 通知

应用程序除了可以发布公共事件,还可以发布通知。公共事件和通知的区别主要就在于接收者不同,通知的接收者通常是系统自带的通知栏。通知是用户获取必要提示消息的一种重要形式,在系统下拉的通知栏中显示。通知可以是接收的短消息、即时通信消息等,也可以是广告、版本更新、新闻通知等应用的推送消息,或者显示下载进度、正在播放的音乐等当前正在进行的事件。

HarmonyOS 使用高级通知服务(Advanced Notification Service,ANS)为应用程序提供了发布通知的能力,如图 10-2 所示,应用可以把通知发布给 ANS,ANS 接收通知并进行管理。ANS 支持多种通知类型,包括文本、长文本、多文本、图片、社交、媒体等。

应用程序通过通知接口发送通知消息,用户在通知栏查看通知内容,也可对消息进行删除操作,同时还可以单击通知触发进一步操作。

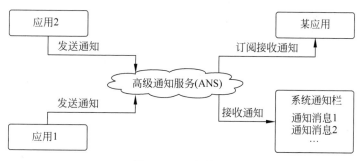

图 10-2 通知管理

10.2.1 通知接口

通知接口主要包括通知使能开关接口、通知订阅接口、通知订阅回调接口和发送通知接口。每种接口都有 callback 和 promise 两种返回形式,以下只介绍 callback 形式的接口。

1. 通知使能开关接口

通知使能开关接口有 isNotificationEnabled 和 enableNotification 两个接口。接口 isNotificationEnabled 的作用是查询通知使能开关是否可用,返回值为布尔类型,当值为真时表示该开关可用。接口 enableNotification 是对使能开关的设置,其中参数 enable 的值为真时表示可以发送通知消息,具体见表 10-6。

表 10-6 通知使能开关接口

接口名称	说明
isNotificationEnabled(bundle：BundleOption, callback：AsyncCallback＜boolean＞)：void	查询通知使能开关
enableNotification(bundle：BundleOption, enable：boolean, callback：AsyncCallback＜void＞)：void	设置使能开关

这两个接口都用到了 BundleOption 对象,它包括 bundle 和 uid 两个参数,bundle 的包名是必填的,uid 表示用户 id 为选填。

2. 通知订阅接口

通知订阅接口 subscribe 包括两种场景,即订阅所有通知或者订阅某些应用的通知,对应的两个接口见表 10-7。此外,unsubscribe 接口是取消订阅通知接口。

表 10-7 通知订阅接口

接口名称	说明
subscribe(subscriber：NotificationSubscriber, callback：AsyncCallback＜void＞)：void	订阅所有通知
subscribe（subscriber：NotificationSubscriber, info：NotificationSubscribeInfo, callback：AsyncCallback＜void＞)：void	订阅指定应用通知
unsubscribe(subscriber：NotificationSubscriber, callback：AsyncCallback＜void＞)：void	取消订阅通知

3. 通知订阅回调接口

通知订阅回调接口可以获取通知的状态信息。该接口包括通知回调 onConsume、通知取消回调 onCancel、通知排序更新回调 onUpdate、订阅成功回调 onConnect 和取消订阅回调 onDisconnect 共 5 个接口，具体见表 10-8。

表 10-8 通知订阅回调接口

接 口 名 称	说　　明
onConsume?:(data: SubscribeCallbackData) => void	通知回调
onCancel?:(data: SubscribeCallbackData) => void	通知取消回调
onUpdate?:(data: NotificationSortingMap) => void	通知排序更新回调
onConnect?:() => void;	订阅成功回调
onDisconnect?:() => void;	取消订阅回调

4. 发布通知接口

发布通知接口是 publish。发布通知可以是向所有用户广播发送通知，也可以向指定用户发送。当向指定用户发布通知时，使用带有 userId 的 publish 接口，接口说明见表 10-9。

取消发布指定的通知时需要使用携带 id 和 label 的 cancel 接口，接口 cancelAll 可以取消所有发布的通知。

表 10-9 发布通知接口

接 口 名 称	说　　明
publish(request: NotificationRequest, callback: AsyncCallback<void>): void	发布通知
publish (request: NotificationRequest, userId: number, callback: AsyncCallback<void>): void	向指定用户发布通知
cancel(id: number, label: string, callback: AsyncCallback<void>): void	取消指定的通知
cancelAll(callback: AsyncCallback<void>): void;	取消所有该应用发布的通知

10.2.2 开发步骤

用户如果想要接收到通知，首先要订阅通知，并且将通知使能开关设置为开启状态，这样当有通知发布时，用户就可以在通知栏中收到消息。

通知的开发步骤一般包括订阅通知、开启通知使能和发布通知。在进行通知开发时，都要先导入通知模块，代码如下：

```
import Notification from '@ohos.notification';
```

1. 订阅通知

通知接收端要做的第一件事是订阅，即需要向 ANS 通知子系统发起订阅请求。订阅通知首先需要定义订阅者信息，基本代码如下：

```
var subscriber = {
    onConsume: function (data) {                    //定义通知回调函数
      let req = data.request;
      console.info('onConsume callback req.id: ' + req.id);
    },
    onCancel: function (data) {                     //定义通知取消回调函数
      let req = data.request;
      console.info('onCancel callback req.id: : ' + req.id);
    },
    onUpdate: function (data) {                     //定义通知排序更新回调函数
      console.info('onUpdate in test');
    },
    onConnect: function () {                        //定义订阅成功回调函数
      console.info('onConnect in test');
    },
    onDisconnect: function () {                     //定义取消订阅回调函数
      console.info('onDisConnect in test');
    },
};
```

通过系统提供的订阅接口,可以订阅通知,基本代码如下：

```
Notification.subscribe(subscriber, (err, data) => {
    if (err) {
      console.error('订阅通知失败 ' + JSON.stringify(err));
    }
    console.info('订阅通知成功 ' + JSON.stringify(data));
});
```

2. 开启通知使能开关

通知使能开关需要在通知发布前打开,这样用户才能收到通知。因为新安装的应用的使能开关默认为关闭状态,所以用户要在通知设置里将使能开关打开。

3. 发布通知

发布通知时要先构造 NotificationRequest 对象,再执行通知的发布。构造 NotificationRequest 对象即设置通知的相关属性,包括通知内容、通知类型、发送时间、通知图标、通知按钮等。NotificationRequest 对象中除了 content 为必填内容,其他属性都是选填的,属性说明见表 10-10。

表 10-10 通知请求对象 NotificationRequest 的属性

属性名称	是否可写	类型	说明
content	是	NotificationContent	通知内容
id	是	number	通知 ID
slotType	是	SlotType	通道类型
isOngoing	是	boolean	是否进行时通知

续表

属性名称	是否可写	类型	说明
isUnremovable	是	boolean	是否可移除
deliveryTime	是	number	通知发送时间
tapDismissed	是	boolean	通知是否自动清除
autoDeletedTime	是	number	自动清除的时间
wantAgent	是	WantAgent	单击跳转的 WantAgent
extraInfo	是	{[key: string]: any}	扩展参数
color	是	number	通知背景颜色
colorEnabled	是	boolean	通知背景颜色是否使能
isAlertOnce	是	boolean	设置是否仅有一次此通知警报
isStopwatch	是	boolean	是否显示已用时间
isCountDown	是	boolean	是否显示倒计时时间
isFloatingIcon	是	boolean	是否显示状态栏图标
actionButtons	是	Array<NotificationActionButton>	通知按钮
smallIcon	是	PixelMap	通知小图标
largeIcon	是	PixelMap	通知大图标
creatorBundleName	否	string	创建通知的包名
creatorUid	否	number	创建通知的 UID
creatorPid	否	number	创建通知的 PID
creatorUserId	否	number	创建通知的 UserId
hashCode	否	string	通知唯一标识
groupName	是	string	组通知名称
template	是	NotificationTemplate	通知模板
distributedOption	是	DistributedOptions	分布式通知的选项
notificationFlags	否	NotificationFlags	获取 NotificationFlags

例如当发布一个只有普通文本的通知时，构造 NotificationRequest 对象的基本代码如下：

```
var notificationRequest = {
  id: 1,
  content: {
    contentType: Notification.ContentType.NOTIFICATION_CONTENT_BASIC_TEXT,
    normal: {
      title: "my title",
      text: "my text",
      additionalText: "my additionalText"
    }
  }
}
```

发布通知通过调用发布接口，传递已经构造的通知请求对象。使用 promise 返回形式发布通知的基本代码如下：

```
Notification.publish(notificationRequest).then((data) => {
    console.info('发布通知成功,id = ' + notificationRequest.id);
}).catch((err) => {
    console.error('发布通知失败 err = ' + JSON.stringify(err));
});
```

10.3 后台代理提醒

除了应用程序可以发布通知,后台系统服务也可以代理发布提醒类通知,即应用可以委托系统发布一些提醒通知。HarmonyOS 中有倒计时 Timer、日历 Calendar、闹钟 Alarm 共3 种提醒类型,一般与时间相关的定时提醒,用户可以在通知栏收到提醒,也可以关闭提醒。当用户在应用程序中设置了定时提醒时,该应用可以被冻结或者退出,由后台系统服务来代理计时功能和弹出提醒。

10.3.1 后台代理接口

后台代理提醒接口主要包括 ReminderRequest 类和 reminderAgent 模块,分别用来创建提醒实例的信息、发布提醒和取消提醒。

1. 提醒请求 ReminderRequest

创建定时提醒要调用后台代理提醒请求类 ReminderRequest,该类包含需要发布的提醒实例的信息,主要属性见表 10-11。该类中除了提醒类型 reminderType 为必填项,其他参数都是选填项。

表 10-11 后台代理提醒请求类 ReminderRequest 说明

属性名称	类型	说明
reminderType	ReminderType	提醒类型
actionButton	[ActionButton?, ActionButton?]	弹出的提醒通知栏中显示的按钮
wantAgent	WantAgent	单击通知后需要跳转的目标 Ability 信息
maxScreenWantAgent	MaxScreenWantAgent	提醒到达时跳转的目标包
ringDuration	number	响铃时长
snoozeTimes	number	延迟提醒次数
timeInterval	number	执行延迟提醒间隔
title	string	提醒标题
content	string	提醒内容
expiredContent	string	提醒过期后需要显示的内容
snoozeContent	string	延迟提醒时需要显示的内容
notificationId	number	提醒使用的通知的 id(相同 id 的提醒会被覆盖)
slotType	notification.SlotType	提醒的 slot 类型

值得注意的是，ReminderRequest 有 3 个扩展接口，即日历类提醒实例 ReminderRequestCalendar、闹钟类提醒实例 ReminderRequestAlarm 和倒计时提醒实例 ReminderRequestTimer。ReminderType 提醒类型有 3 个枚举值，REMINDER_TYPE_TIMER 是倒计时类型，REMINDER_TYPE_CALENDAR 是日历类型，REMINDER_TYPE_ALARM 是闹钟类型。

ActionButton 接口是在提醒弹出的通知界面上的按钮实例，支持的按钮数量可以是 0、1 或 2 个。ActionButton 接口包含 title 和 type 两个参数，分别指明按钮显示的名称和按钮的类型，其中 type 类型为 ActionButtonType 枚举类型，当枚举名为 ACTION_BUTTON_TYPE_CLOSE 时，表示这是一个 close 关闭按钮，单击该按钮可以关闭当前提醒的铃声，也可以关闭提醒的通知，或者取消延迟提醒。

WantAgent 接口用于设置单击通知后需要跳转的目标 Ability 信息，有 pkgName 和 abilityName 两个参数，指明目标包和模板 Ability 的名称。

MaxScreenWantAgent 接口用于设置提醒到达时跳转的目标包，也包括 pkgName 和 abilityName 两个参数。如果设备正在使用中，则弹出一个通知框。

2. 提醒代理 reminderAgent

发布提醒和取消提醒都要用到后台提醒代理 reminderAgent。和通知类似，每个接口都可以采用 callback 和 promise 两种方式实现异步回调，reminderAgent 中封装了发布和取消提醒类通知的方法。具体说明见表 10-12。

表 10-12 后台提醒代理 reminderAgent

接 口 名 称	说　　明
function publishReminder(reminderReq: ReminderRequest, callback: AsyncCallback\<number\>): void function publishReminder(reminderReq: ReminderRequest): Promise\<number\>	发布一个定时提醒类通知
function cancelReminder(reminderId: number, callback: AsyncCallback\<void\>): void function cancelReminder(reminderId: number): Promise\<void\>	取消一个指定的提醒类通知
function getValidReminders(callback: AsyncCallback\<Array\<ReminderRequest\>\>): void function getValidReminders(): Promise\<Array\<ReminderRequest\>\>	获取当前应用设置的所有有效的提醒
function cancelAllReminders(callback: AsyncCallback\<void\>): void function cancelAllReminders(): Promise\<void\>	取消当前应用设置的所有提醒
function addNotificationSlot(slot: NotificationSlot, callback: AsyncCallback\<void\>): void function addNotificationSlot(slot: NotificationSlot): Promise\<void\>	添加一个通知渠道
function removeNotificationSlot(slotType: notification. SlotType, callback: AsyncCallback\<void\>): void function removeNotificationSlot(slotType: notification. SlotType): Promise\<void\>	删除指定类型的通知渠道

接口 publishReminder 的作用是发布一个定时提醒类通知，其中 reminderReq 是需要发布的提醒实例。callback 和 promise 用于返回当前发布的提醒的 reminderId。单个应用有效的提醒个数最多支持 30 个，整个系统有效的提醒个数最多支持 2000 个，不包括已经超时的提醒实例，即后续不会再提醒的提醒实例。

接口 cancelReminder 用于取消指定 id 的提醒类通知，reminderId 的值是目标 reminder 的 id 号，是从 publishReminder 中获取的返回值。

接口 getValidReminders 的作用是获取当前应用设置的所有有效的提醒，也就是未过期的提醒。

接口 cancelAllReminders 用来取消当前应用设置的所有提醒。

接口 addNotificationSlot 的作用是注册并添加一个提醒类需要使用的通知渠道（NotificationSlot）。一个应用可以创建一个或多个通知渠道。在发送通知时，通过绑定不同的通知渠道，实现不同用途。该接口中的 slot 参数表示通知渠道实例。通知渠道对象中的详细参数说明见表 10-13，其中只有通知渠道类型 type 为必填项。

表 10-13 通知渠道 NotificationSlot 对象

名称	类型	说明
type	SlotType	通知渠道类型
level	number	通知级别
desc	string	通知渠道描述信息
badgeFlag	boolean	是否显示角标
bypassDnd	boolean	是否在系统中绕过免打扰模式
lockscreenVisibility	number	在锁定屏幕上显示通知的模式
vibrationEnabled	boolean	是否可振动
sound	string	通知提示音
lightEnabled	boolean	是否闪灯
lightColor	number	通知灯颜色
vibrationValues	Array<number>	通知振动样式

NotificationSlot 对象中的通知渠道类型 SlotType 有 5 种，分别为未知类型、社交类型、内容类型、服务类型和其他类型，具体名称及说明见表 10-14。

表 10-14 SlotType 类型说明

名称	说明
UNKNOWN_TYPE	未知类型
SOCIAL_COMMUNICATION	社交类型
SERVICE_INFORMATION	服务类型
CONTENT_INFORMATION	内容类型
OTHER_TYPES	其他类型

10.3.2 使用代理提醒

当使用后台代理提醒进行开发时,需要先定义一个提醒实例,然后发布提醒。这里以一个30s倒计时提醒的开发为例,说明具体的开发方法。

1. 导入支持模块

使用后台代理提醒需要导入模块reminderAgent和通知模块notification,代码如下:

```
import reminderAgent from '@ohos.reminderAgent';
import notification from '@ohos.notification';
```

2. 定义一个倒计时提醒实例ReminderRequestTimer

在倒计时提醒实例接口ReminderRequestTimer中有一个triggerTimeInSeconds参数,用来设置倒计时秒数。将triggerTimeInSeconds的值设置为30,即30s倒计时,代码如下:

```
let timer : reminderAgent.ReminderRequestTimer = {
  reminderType: reminderAgent.ReminderType.REMINDER_TYPE_TIMER,
  triggerTimeInSeconds: 30,
  actionButton: [
    {
      title: "关闭",
      type: reminderAgent.ActionButtonType.ACTION_BUTTON_TYPE_CLOSE
    }
  ],
  title: "我的标题",
  content: "这里是通知的内容,可以自行定义",
  expiredContent: "更多",
  notificationId: 100
}
```

发布代理提醒的基本代码如下:

```
reminderAgent.publishReminder(timer, (err, reminderId) =>{
    console.info(JSON.stringify(err));
    console.info("reminderId:" + reminderId);
})
```

7min

10.4 实例

本节通过一个完整实例说明公共事件和后台代理提醒的应用,该实例的运行效果如图10-3所示。该实例的主界面如图10-3(a)所示,通过单击"创建订阅者"按钮可以创建订阅者,勾选"订阅/取消订阅"可以订阅或取消订阅公共事件,通过单击"发布公共事件"按钮可以发布公共事件,在订阅成功的前提下,该应用可以接收到发布的公共事件并显示接收内容。通过单击"发布代理提醒"按钮可以发布代理提醒,并在系统的通知栏中显示通知内容,通过下拉通知栏可以显示发布的提醒内容,如图10-3(b)所示。

该实例的项目结构如图10-4所示,其中,Index.ets中实现了主界面、公共事件的订阅和发布等相关功能,reminder.ets中实现了代理提醒主要功能。

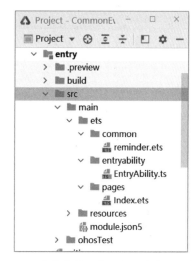

(a) 主界面　　　(b) 通知栏的通知

图 10-3　公共事件和代理提醒实例　　　图 10-4　公共事件和代理提醒实例项目结构

项目中 Index.ets 文件的实现代码如下:

```
//ch10/CommonEventDemo 项目中,pages/Index.ets 文件
import prompt from '@ohos.prompt';
import commonEvent from '@ohos.commonEvent';
import { pubReminder } from '../common/reminder';

@Entry
@Component
struct Index {
  @State result: string = 'nothing'          //显示的数据
  @State isCheck: boolean = false            //订阅或取消的状态
  private subscriber = null

  createSubscriber() {
    //订阅信息,只有订阅信息和发布 event 对应才能接收
    var subscribeInfo = {
      events: ["some"]
    }

    //创建订阅者,以回调方式返回
    commonEvent.createSubscriber(subscribeInfo, (err, subscriber) => {
      if (err.code) {
        console.log("提示:创建订阅者错误 err = " + JSON.stringify(err))
      } else {
```

```
        this.subscriber = subscriber
        this.result = "创建订阅者成功"
      }
    })
  }

  subscribe() {
    //订阅
    if (this.subscriber != null) {
      commonEvent.subscribe(this.subscriber, (err, data) => {
        if (err.code) {
          console.log("提示：处理公共事件 err = " + JSON.stringify(err));
        } else {
          console.log("提示：处理公共事件 data = " + JSON.stringify(data));
          //接收到数据后可以处理,这里仅进行了显示
          this.result = `接收内容: event = ${data.event},`
          this.result += `code = ${data.code},data = ${data.data}`
        }
      })
      this.result = "订阅成功"
    } else {
      prompt.showToast({ message: "提示：请首先创建订阅者",duration:3000 })
    }
  }

  unsubscribe() {
    //取消订阅
    if (this.subscriber != null) {
      commonEvent.unsubscribe(this.subscriber, (err) => {
        if (err.code) {
          console.log("提示：取消订阅错误 err = " + JSON.stringify(err))
        } else {
          console.log("提示：已取消订阅")
          this.result = "取消订阅成功"
        }
      })
    }
  }

  publish() {
    //指定的公共事件相关信息
    var options = {
      code: 1,                                       //公共事件的初始代码
      data: "发送的公共事件数据",                      //公共事件的初始数据
      //可以设置更多相关信息
    }
    //发布带 options 参数的公共事件,只有订阅了 some 事件的订阅者才能接收到
    commonEvent.publish("some", options, (err) => {
      if (err.code) {
```

```
        console.log("提示:公共事件发布错误 err = " + JSON.stringify(err))
      } else {
        console.log("提示:公共事件发布成功")
      }
    })
  }

  build() {
    Row() {
      Column() {
        Button("创建订阅者")
          .fontSize(39).margin(20).width("75%")
          .onClick(() => {
            this.createSubscriber()
          })
        Row() {
          Checkbox({ name: 'checkbox', group: 'checkboxGroup' })
            .select(this.isCheck)
            .width(40).height(40)
            .onChange((value: boolean) => {
              console.log('提示: Checkbox value = ' + value)
              this.isCheck = value
              if (value) {
                this.subscribe()                          //订阅
              } else {
                this.unsubscribe()                        //取消订阅
              }
            })
          Text("订阅/取消订阅")
            .fontSize(30)
        }

        Button("发布公共事件")
          .fontSize(39).margin(20).width("75%")
          .onClick(() => {
            this.publish()                                //发布公共事件
          })

        Button("发布代理提醒")
          .fontSize(39).margin(20).width("75%")
          .onClick(() => {
            pubReminder()
          })

        Text(this.result)                                 //显示结果
          .fontSize(30).backgroundColor("#EEEEEE")
      }
      .width('100%')
    }
    .height('100%')
  }
}
```

项目中 reminder.ets 文件的实现代码如下：

```
//ch10/CommonEventDemo 项目中,common/reminder.ets 文件
import reminderAgent from '@ohos.reminderAgent'

//定义事件触发器
let timer : reminderAgent.ReminderRequestTimer = {
  reminderType: reminderAgent.ReminderType.REMINDER_TYPE_TIMER,
  triggerTimeInSeconds: 30,
  actionButton: [
    {
      title: "关闭",
      type: reminderAgent.ActionButtonType.ACTION_BUTTON_TYPE_CLOSE
    }
  ],
  title: "我的标题",
  content: "这里是通知的内容,可以自行定义",
  expiredContent: "更多",
  notificationId: 100
}

//导出发布函数
export function pubReminder(){
  //发布代理提醒
  reminderAgent.publishReminder(timer, (err, reminderId) =>{
    console.info(JSON.stringify(err))
    console.info("reminderId:" + reminderId)
  })
}
```

小结

本章主要介绍了 HarmonyOS 中的公共事件、通知和后台代理提醒的相关接口和开发使用方法，三者都是系统中应用进行消息通信的方式，也是应用和用户交互的一种途径，其中后台代理提醒是一种提醒类型的通知。

公共事件和通知的区别：一是系统或者应用程序使用不同的服务来发布或订阅消息，分别是公共事件服务 CES 和增强通知服务 ANS；二是接收者不同，公共事件的接收者指向的是订阅者，通知的接收者一般是通知栏。

公共事件有系统公共事件和自定义公共事件，系统公共事件由系统发布，自定义公共事件由应用发布。通知的发布包括向所有用户广播发送和向指定用户发送两种情况。后台代理提醒是通知的委托发布形式，包括倒计时、日历和闹钟 3 种定时提醒。

第 11 章 多媒体开发

【学习目标】
- 了解 HarmonyOS 多媒体开发框架
- 掌握图像处理的基本方法和接口，会进行图像编辑相关开发
- 掌握音频开发基础，会在应用中播放音频文件、提示音等
- 掌握视频开发基础，会在应用中播放视频

11.1 概述

多媒体（Multimedia）是多种媒体的综合，一般包括文本、图形、图像、声音、动画、视频等多种媒体形式。多媒体为信息表示提供了更加丰富友好的用户体验，在应用开发过程中被广泛使用。HarmonyOS 技术架构的基础软件服务子系统集中提供了对多媒体应用开发的支持，为开发者提供了丰富的处理多媒体的能力，如图 11-1 所示。

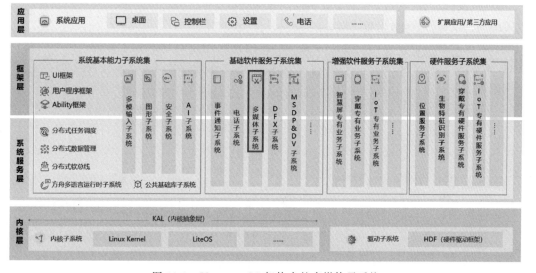

图 11-1　HarmonyOS 架构中的多媒体子系统

多媒体技术一般是指利用计算机对文本、图形、图像、声音、动画、视频等多种信息综合处理、建立逻辑关系和人机交互作用的技术。多媒体技术的含义比较广泛，但是在一般的应用开发中，多媒体技术主要指的是对图像、声音、视频等进行处理的技术。本章主要以HarmonyOS框架层提供的多媒体处理能力为基础，阐述在应用开发中如何使用和处理图像、声音和视频等。

11.2 图像

在应用开发中，对图形、图像的操作是非常常见的，如查看照片、编辑图片等。HarmonyOS图像模块支持图像相关应用的开发，常用的功能包括图像解码、图像编码、图像编辑、位图操作等。

11.2.1 图像开发基础

图像一般指的是位图(Bitmap)，位图图像是由许多点组成的，每个点称为像素(Pixel)，许多不同颜色的点(像素)组合在一起后便形成了一张图像。

像素：位图中最小的图像单元，一张图像由许多像素组成，这些像素形成一个点矩阵。例如，经常说的某张图片是800×600像素，表示横向有800像素、纵向有600像素。

dpi：像素密度或密度，dpi(dots per inch)是指一英寸含有多少像素。密度越大，单位范围内像素越多，图像越细腻。

分辨率：横纵两个方向的像素的数量，相同范围内，分辨率越高，单位范围内显示的像素越多，图像越清晰。

色彩深度：表示在位图中储存1像素的颜色所用的二进制位数。色彩深度决定了每像素可以表示的颜色的种数，如深度为8时，可以表示0～255共256种颜色。色彩深度越高，可用的颜色就越多，图像也越真彩。

表示像素颜色最常见的模型是RGB模型。它利用R、G、B 3个分量表示像素的颜色，R、G、B分别代表红、绿、蓝3种不同的基本颜色，通过三基色可以合成出任意颜色。

位图图像一般占用的空间较大，在开发过程中经常需要对位图图像进行压缩编码和解码等。图像压缩编码是将无压缩的位图格式图像经过处理编码成其他格式，如JPEG、PNG等，以方便在应用或系统中进行处理、存储和传输。图像解码是将不同的存档格式图片(如JPEG、PNG等)解码为无压缩的位图格式，以方便在应用或者系统中进行相应处理。

11.2.2 图像显示接口

为了处理图像，HarmonyOS应用开发框架中提供了一些常用的应用程序接口，图像显示方面的接口主要涉及的类包括Image类、ImageSource类、PixelMap类等。进行图像处理需要导入image模块，代码如下：

```
import image from '@ohos.multimedia.image';
```

1. Image 组件

在应用中显示图片一般使用 Image 组件，创建 Image 组件的方法如下：

```
Image(src: string | PixelMap | Resource)
```

其中，参数说明见表 11-1。

表 11-1 参数 src 说明

名 称	类 型	说 明
src	string | PixelMap | Resource	图片的数据源，支持本地图片和网络图片。 当使用相对路径引用图片资源时，例如 Image("common/test.jpg")，不支持跨包/跨模块调用该 Image 组件，建议使用 $r 方式来管理需全局使用的图片资源 - 支持的图片格式包括 PNG、JPG、BMP、SVG 和 GIF。 - 支持 Base64 字符串。格式 data:image/[png|jpeg|bmp|webp];base64,[base64 data]，其中[base64 data]为 Base64 字符串数据。 - 支持 dataability:// 路径前缀的字符串，用于访问通过 Data Ability 提供的图片路径

Image 组件支持多种属性，具体的属性及说明见表 11-2。

表 11-2 Image 组件属性说明

名 称	类 型	说 明
alt	string | Resource	加载时显示的占位图，支持本地图片和网络图片
objectFit	ImageFit	设置图片的缩放类型。 默认值：ImageFit.Cover
objectRepeat	ImageRepeat	设置图片的重复样式，默认值：NoRepeat，即不重复。 说明：SVG 类型图源不支持该属性
interpolation	ImageInterpolation	设置图片的插值效果，即降低低清晰度图片在放大显示时出现的锯齿问题，仅针对图片放大插值。默认值：ImageInterpolation.None。说明：SVG 类型图源不支持该属性，PixelMap 资源不支持该属性
renderMode	ImageRenderMode	设置图片渲染的模式。默认值：ImageRenderMode.Original 说明：SVG 类型图源不支持该属性

sourceSize	{
	width: number,
	height: number
	}
		设置图片裁剪尺寸，将原始图片解码成 pixelMap，指定尺寸的图片，单位为 px
		说明：PixelMap 资源不支持该属性

matchTextDirection	boolean	设置图片是否跟随系统语言方向，在 RTL 语言环境下显示镜像翻转显示效果。默认值：false
fitOriginalSize	boolean	图片组件尺寸未设置时，其显示尺寸是否跟随图源尺寸。 默认值：true

续表

名称	类型	说明
fillColor	ResourceColor	填充颜色。设置的填充颜色会覆盖在图片上。仅对 SVG 图源生效,设置后会替换 SVG 图片的 fill 颜色
autoResize	boolean	是否需要在图片解码过程中对图源做 resize 操作,该操作会根据显示区域的尺寸决定用于绘制的图源尺寸,有利于减少内存占用。默认值:true
syncLoad	boolean	设置是否同步加载图片,默认为异步加载。同步加载时阻塞 UI 线程,不会显示占位图。默认值:false
copyOption	CopyOptions	设置图片是否可复制(SVG 图片不支持复制)。当将 copyOption 设置为非 CopyOptions.None 时,支持使用长按、鼠标右键、快捷组合键 Ctrl+C 等方式进行复制。默认值:CopyOptions.None
colorFilter	ColorFilter	给图像设置颜色滤镜效果

Image 作为组件自然支持组件的通用事件,此外,它还支持自身特有的一些事件,具体见表 11-3。

表 11-3 Image 组件的一些特有事件说明

名称	说明
onComplete(callback:(event?:{ width: number, height: number, componentWidth: number, componentHeight: number, loadingStatus: number }) => void)	图片成功加载时触发该回调,返回成功加载的图片尺寸。 - width:图片的宽,单位为像素。 - height:图片的高,单位为像素。 - componentWidth:组件的宽,单位为像素。 - componentHeight:组件的高,单位为像素。 - loadingStatus:图片加载成功的状态
onError(callback:(event?:{ componentWidth: number, componentHeight: number, message: string }) => void)	图片加载出现异常时触发该回调。 - componentWidth:组件的宽,单位为像素。 - componentHeight:组件的高,单位为像素
onFinish(event:() => void)	当加载的源文件为带动效的 SVG 图片时,当 SVG 动效播放完成时会触发这个回调,如果动效为无限循环动效,则不会触发这个回调

使用网络图片时,需要申请权限 ohos.permission.INTERNET,默认网络超时是 5min,建议使用 alt 配置加载时的占位图。如果需要更灵活的网络配置,则可以使用 SDK 中提供的 HTTP 工具包发送网络请求,接着将返回的数据解码为 Image 组件中的 PixelMap。

2. PixelMap 类

图像像素类用于读取或写入图像数据及获取图像信息。在调用 PixelMap 的方法前,需要先通过调用 image 模块的 createPixelMap 方法创建一个 PixelMap 实例,该方法的说明见表 11-4。

表 11-4　创建 PixelMap 对象的方法

名　称	功能描述	参数说明	返　回
createPixelMap（colors：ArrayBuffer，options：InitializationOptions）：Promise＜PixelMap＞	通过属性创建 PixelMap，默认采用 BGRA_8888 格式处理数据，通过 Promise 返回结果	colors：ArrayBuffer 类型，BGRA_8888 格式的颜色数组options：InitializationOptions 类型，创建像素的属性，包括透明度、尺寸、缩略值、像素格式和是否可编辑	返回 PixelMap 实例。当创建的 PixelMap 大小超过原图大小时，返回原图 PixelMap 大小

下面的示例代码展示了创建 PixelMap 对象的基本过程，代码如下：

```
const color = new ArrayBuffer(96);
let bufferArr = new Uint8Array(color);
//editable: true。将 PixelMap 对象设置为可编辑
//pixelFormat: 3。图片像素格式为 RGBA_8888
let opts = {editable:true,pixelFormat:3, size:{ height:4, width:6}}
image.createPixelMap(color, opts).then((pixelmap) => {
    console.log('创建成功。');
}).catch(error => {
    console.log('创建失败。');
})
```

位图其实就是一个 $m\times n$ 的矩形点阵，每个点都有一种颜色，颜色对应一个整数，每个点都有一个坐标，坐标以图像左上角为(0,0)。PixelMap 类提供了读取、写入像素数据等接口方法，常用的方法及说明见表 11-5。

表 11-5　PixelMap 主要方法说明

名　称	功能描述	参数说明	返　回
readPixelsToBuffer（dst：ArrayBuffer）：Promise＜void＞	读取图像像素数据，将结果写入 ArrayBuffer 里，以 Promise 方式返回	dst：ArrayBuffer 类型。缓冲区，函数将执行结束后获取的图像像素数据写入该内存区域内。缓冲区大小由 getPixelBytesNumber 接口获取	Promise 实例，用于获取结果，失败时返回错误信息
readPixels(area：PositionArea)：Promise＜void＞	读取区域内的图片数据，使用 Promise 形式返回读取结果	area：PositionArea 类型。区域大小，根据区域读取	Promise 实例，用于获取读取结果，失败时返回错误信息
writePixels(area：PositionArea)：Promise＜void＞	将 PixelMap 写入指定区域内，使用 Promise 形式返回写入结果	area：PositionArea 类型。区域大小，根据区域写入	Promise 实例，用于获取写入结果，失败时返回错误信息
writeBufferToPixels（src：ArrayBuffer）：Promise＜void＞	读取缓冲区中的图片数据，将结果写入 PixelMap 中，以 Promise 方式返回	src：ArrayBuffer 类型。图像素数据	Promise 实例，用于获取结果，失败时返回错误信息

续表

名 称	功能描述	参数说明	返 回
getImageInfo(): Promise<ImageInfo>	获取图像像素信息,使用Promise形式返回获取的图像像素信息	无	Promise 实例,用于异步获取图像像素信息,失败时返回错误信息
getBytesNumberPerRow(): number	获取图像像素每行的字节数	无	图像像素的行字节数
getPixelBytesNumber(): number	获取图像像素的总字节数	无	图像像素的总字节数
getDensity():number	获取当前图像像素的密度	无	图像像素的密度
opacity(rate:number): Promise<void>	通过设置透明比率让PixelMap达到对应的透明效果,以Promise方式返回	rate:number 类型。透明比率的值,取值范围:0~1	Promise 实例,用于获取结果,失败时返回错误信息
createAlphaPixelmap(): Promise<PixelMap>	根据Alpha通道的信息生成仅包含Alpha通道信息的PixelMap,可用于阴影效果,以Promise方式返回	无	Promise 实例,返回 PixelMap
scale(x: number, y: number): Promise<void>	根据输入的宽和高对图片进行缩放,以Promise方式返回	x: number 类型。宽度的缩放值,其值为输入的倍数 y: number 类型。高度的缩放值,其值为输入的倍数	Promise 实例,异步返回结果
translate(x: number, y: number): Promise<void>	根据输入的坐标对图片进行位置变换,以Promise方式返回	x: number 类型。区域横坐标 y: number 类型。区域纵坐标	Promise 实例,异步返回结果
rotate(angle:number): Promise<void>	根据输入的角度对图片进行旋转,以Promise方式返回	angle: number 类型。图片旋转的角度	Promise 实例,异步返回结果
flip(horizontal: boolean, vertical: boolean): Promise<void>	根据输入的条件对图片进行翻转,以Promise方式返回	horizontal:boolean 类型。水平翻转 vertical:boolean 类型。垂直翻转	Promise 实例,异步返回结果
crop(region:Region): Promise<void>	根据输入的尺寸对图片进行裁剪,以Promise方式返回	region: Region 类型。裁剪的尺寸	Promise 实例,异步返回结果

续表

名 称	功能描述	参数说明	返 回
release(): Promise\<void\>	释放 PixelMap 对象,使用 Promise 形式返回释放结果	无	Promise 实例,异步返回释放结果

上述表格中有部分方法只保留了使用 Promise 返回实例,其实还有一种重载方法,使用 callback 形式返回。下面以 getImageInfo()为例以说明两种方法使用时的区别。

(1) Promise 形式返回。以这种形式返回,then 方法里的代码是异步执行的,使用 then 方法访问返回结果。处理代码如下:

```
pixelmap.getImageInfo().then(imageInfo => {
    if (imageInfo == undefined) {
        console.error("获取失败。");
    }
    else{
        console.log("获取成功。");
    }
})
```

(2) callback 形式返回。定义回调函数,当主调函数返回后,执行回调函数访问返回结果。处理代码如下:

```
pixelmap.getImageInfo((err, imageInfo) => {
    if (imageInfo == undefined) {
        console.error("获取失败。");
    }
    else{
        console.log("获取成功。");
    }
})
```

3. ImageSource 类

在调用 ImageSource 实例的方法前,需要先通过 image 模块的 createImageSource()方法构建一个 ImageSource 实例。创建 ImageSource 对象的主要方法及说明见表 11-6。

表 11-6 创建 ImageSource 对象的主要方法及说明

名 称	功能描述	参数说明	返 回 值
createImageSource(uri: string): ImageSource	通过传入的 uri 创建图片源实例	uri: string 类型。图片路径,当前仅支持应用沙箱路径。当前支持格式有.jpg、.png、.gif、.bmp、.webp、RAW	返回 ImageSource 类实例,失败时返回 undefined
createImageSource(uri: string, options: SourceOptions): ImageSource	通过传入的 uri 创建图片源实例	uri: 说明同上。options: SourceOptions 类型。图片属性,包括图片序号与默认属性值	同上

续表

名　称	功能描述	参数说明	返回值
createImageSource(fd: number): ImageSource	通过传入文件描述符来创建图片源实例	fd：number 类型。文件描述符 fd	同上
createImageSource(fd: number, options: SourceOptions): ImageSource	通过传入文件描述符来创建图片源实例	fd：说明同上。 options：SourceOptions 类型。图片属性，包括图片序号与默认属性值	同上
createImageSource(buf: ArrayBuffer): ImageSource	通过缓冲区创建图片源实例	buf：ArrayBuffer 类型。图像缓冲区数组	同上
createImageSource(buf: ArrayBuffer, options: SourceOptions): ImageSource	通过缓冲区创建图片源实例	buf：说明同上。 options：SourceOptions 类型。图片属性，包括图片序号与默认属性值	同上
CreateIncrementalSource(buf: ArrayBuffer): ImageSource	通过缓冲区以增量的方式创建图片源实例	buf：ArrayBuffer 类型。图像缓冲区数组	同上
CreateIncrementalSource(buf: ArrayBuffer, options?: SourceOptions): ImageSource	通过缓冲区以增量的方式创建图片源实例	buf：说明同上。 options：SourceOptions 类型。图片属性，包括图片序号与默认属性值	同上

通过 ImageSource 实例的 supportedFormats 属性可以查看支持的图片格式，包括 PNG、JPEG、BMP、GIF、WebP、RAW 等。

ImageSource 对象通常用于解码操作，即把所支持格式的图片解码成统一的 PixelMap 图像，便于后续图像显示或处理，如旋转、缩放、裁剪等，详见表 11-7。

表 11-7　ImageSource 类的主要方法及说明

名　称	功能描述	参数说明	返回值
getImageInfo(callback: AsyncCallback<ImageInfo>): void	获取图片信息，以 callback 方式返回	callback：AsyncCallback<ImageInfo>类型。获取图片信息回调，异步返回图片信息对象	无
getImageInfo(index: number, callback: AsyncCallback<ImageInfo>): void	获取指定序号的图片信息，以 callback 方式返回	index：number 类型。创建图片源时的序号。 callback：AsyncCallback<ImageInfo>类型。获取图片信息回调，异步返回图片信息对象	无

续表

名 称	功能描述	参数说明	返 回 值
getImageProperty(key: string, callback: AsyncCallback<string>): void	获取图片中给定索引处图像的指定属性键的值,以 callback 方式返回	key: string 类型。图片属性名。callback: AsyncCallback<string>类型。获取图片属性回调,返回图片属性值,如获取失败,则返属性默认值	无
getImageProperty(key: string, options: GetImagePropertyOptions): Promise<string>	获取图片中给定索引处图像的指定属性键的值,以 Promise 方式返回	key: string 类型。图片属性名。options: GetImagePropertyOptions 类型。图片属性,包括图片序号与默认属性值	Promise 实例,用于异步获取图片属性值,如获取失败,则返回属性默认值
modifyImageProperty(key: string, value: string): Promise<void>	通过指定的键修改图片属性的值,以 Promise 方式返回	key: string 类型。图片属性名。value: string。属性值	Promise 实例,异步返回结果
createPixelMap(callback: AsyncCallback<PixelMap>): void	通过默认参数创建 PixelMap 对象,以 callback 方式返回	callback: AsyncCallback<PixelMap>类型。通过回调返回 PixelMap 对象	无
createPixelMap(options: DecodingOptions): Promise<PixelMap>	通过图片解码参数创建 PixelMap 对象	options: DecodingOptions 类型。解码参数	异步返回 Promise 对象
release(callback: AsyncCallback<void>): void	释放图片源实例,以 callback 方式返回	callback: AsyncCallback<void>类型。资源释放回调,失败时返回错误信息	无

创建数据源对象后,可以进一步解码成位图对象。createPixelmap()方法可以根据数据源解码配置创建 PixelMap 图像对象,该方法需要解码配置参数(ImageSource.DecodingOptions),解码内容包括像素格式、颜色模型、剪裁、缩放、旋转等。设置解码参数,在解码获取 PixelMap 图像对象的过程中同时处理图像。createPixelmap()方法也可以使用空(null)参数,此时对图像源不进行处理。图片解码成位图对象的基本代码如下:

```
let decodingOptions = {
    sampleSize: 1,
    editable: true,
    desiredSize: { width: 1, height: 2 },
    rotate: 10,
    desiredPixelFormat: 3,
    desiredRegion: { size: { height: 1, width: 2 }, x: 0, y: 0 },
    index: 0
};
imageSourceApi.createPixelMap(decodingOptions, pixelmap => {
    console.log('Succeeded in creating pixelmap object.');
})
```

4. ImagePacker 类

ImagePacker 类是图片打包器类,用于图片压缩和打包。在调用 ImagePacker 的方法前,需要先通过 createImagePacker 构建一个 ImagePacker 实例,当前支持格式有 JPEG、WebP。

创建 ImagePacker 对象的代码如下:

```
const imagePackerApi = image.createImagePacker();
```

ImagePacker 类提供的主要方法及说明见表 11-8。

表 11-8 ImagePacker 类提供的主要方法及说明

名 称	功 能 描 述	参 数 说 明	返 回 值
packing(source: ImageSource, option: PackingOption): Promise\<ArrayBuffer\>	图片压缩或重新打包,以 Promise 方式返回	source: ImageSource 类型。打包的图片源。option: PackingOption 类型。设置打包参数	Promise 实例,用于异步获取压缩或打包后的数据
packing(source: PixelMap, option: PackingOption): Promise\<ArrayBuffer\>	图片压缩或重新打包,以 Promise 方式返回	source: PixelMap 类型。打包的 PixelMap 源。opption: PackingOption 类型。设置打包参数	Promise 实例,用于异步获取压缩或打包后的数据
release(callback: AsyncCallback\<void\>): void	释放图片打包实例,以 callback 方式返回	callback: AsyncCallback\<void\> 类型。释放回调,失败时返回错误信息	无

编码过程首先需要创建 ImagePacker 对象,然后进行初始化,传入待编码的图像后即可进行编码。下面是基本的编码过程,示例代码如下:

```
const color = new ArrayBuffer(96);
let bufferArr = new Uint8Array(color);
let opts = { editable:true, pixelFormat:3, size:{height:4,width:6} }
image.createPixelMap(color, opts).then((pixelmap) => {
    let packOpts = { format:"image/jpeg", quality:98 }
    imagePackerApi.packing(pixelmap, packOpts)
        .then( data => {
            console.log('打包成功。');
        }).catch(error => {
            console.log('打包失败。');
        })
})
```

另外,在图像处理过程中还涉及一些其他的类和接口,如 ImageReceiver 类、Image 类、PositionArea 类、ImageInfo 类、PixelMapFormat 类等。多数类、接口的含义和一般的图像处理 API 类似,读者可以举一反三,类比学习。

11.2.3 图片显示实例

在很多移动应用中,经常需要对图片进行处理,如旋转、剪切、放大等。下面以一张图片操作实例说明图像编码及解码处理开发方法。

1. 实例运行效果

本实例运行效果如图 11-2 所示,其中,实例界面上方是图片信息展示区,中间是效果展示区,下面是操作按钮区。原始的图片效果如图 11-2(a)所示,图 11-2(b)为横向和纵向都适应窗口的效果,图 11-2(c)为横向、纵向都铺满窗口的效果,图 11-2(d)为保持纵横比放大至窗口的效果,图 11-2(e)是左右翻转图片的效果,图 11-2(f)是横向放大 2 倍后的效果,图 11-2(g)为右转 30°的效果,图 11-2(h)为剪切左半部分图片的效果。

图 11-2　图片操作运行效果

2. 项目文件及结构

本实例项目基于 API 9 开发,项目文件及结构如图 11-3 所示。由于项目比较简单,所以主要功能都在 index.ets 文件中实现,hm.png 是准备的原始图片资源。

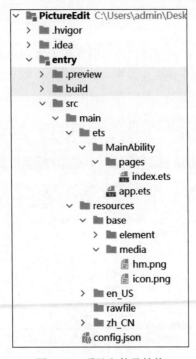

图 11-3 项目文件及结构

3. MainAbility 说明

项目的入口 Ability 为 MainAbility,起始页面文件为 index.ets,对应的自定义组件名称为 Index。该页面定义了多个状态变量,代码如下:

```
@State path: string = ''
@State pixelMap: image.PixelMap = undefined
@State objectFit: number = ImageFit.None
@State objectRepeat: ImageRepeat = ImageRepeat.NoRepeat
@State myheight: number = undefined
@State mywidth: number = undefined
@State text: string = ''
```

4. 主界面布局实现

该应用的主界面布局整体使用的是行列布局,包含 3 个区域,详细的代码如下:

```
//ch11/PictureEdit 项目中 index.ets(部分)
build() {
  Column() {
    Row() {
```

```
      //图片信息显示区域
      Text(this.text).fontSize("20vp")
    }.height("5%")

    Row() {
      //图片显示区域
      Stack() {
        Image(this.pixelMap)
          .objectFit(this.objectFit)
          .objectRepeat(this.objectRepeat)
          .border({ width: 1 })
          .borderStyle(BorderStyle.Dashed)
          .margin({ top: 10, bottom: 10, left: 10, right: 10 })
      }
    }
    .height('80%')
    .margin({
      bottom: 5
    })

    Row() {
      //按钮区域
      Flex({ direction: FlexDirection.Column }) {
        //第1行按钮
        Flex() {
          Button('显示原图')
            .width("110")
            .onClick(async () => {
              this.pixelMap = await this.getPixelMap()
              this.objectRepeat = ImageRepeat.NoRepeat
              this.objectFit = ImageFit.None
            })
          Button('适应窗口')
            .width("110")
            .onClick(async () => {
              this.pixelMap = await this.getPixelMap()
              this.objectFit = ImageFit.Fill
              this.objectRepeat = ImageRepeat.NoRepeat
            })
          Button('铺满窗口')
            .width("110")
            .onClick(async () => {
              this.pixelMap = await this.getPixelMap()
              this.objectFit = ImageFit.ScaleDown
              this.objectRepeat = ImageRepeat.XY
            })
```

```
        Button('放大至窗口')
          .width("120")
          .onClick(async () => {
            this.pixelMap = await this.getPixelMap()
            this.objectFit = ImageFit.Contain
            this.objectRepeat = ImageRepeat.NoRepeat
          })
      }.margin({ bottom: 10 })
      //第2行按钮
      Flex() {
        Button('左右翻转')
          .width("110")
          .onClick(async () => {
            this.pixelMap = await this.getPixelMap()
            this.pixelMap.flip(true, false).then(() => {
              this.objectRepeat = ImageRepeat.NoRepeat
              this.objectFit = ImageFit.Contain
            })
          })
        Button('横向放大')
          .width("110")
          .onClick(async () => {
            this.pixelMap = await this.getPixelMap()
            this.pixelMap.scale(2.0, 1.0).then(() => {
              this.objectRepeat = ImageRepeat.NoRepeat
              this.objectFit = ImageFit.Contain
            })
          })
        Button('旋转图片')
          .width("110")
          .onClick(async () => {
            this.pixelMap = await this.getPixelMap()
            this.pixelMap.rotate(30).then(() => {
              this.objectRepeat = ImageRepeat.NoRepeat
              this.objectFit = ImageFit.Contain
            })
          })
        Button('剪切图片')
          .width("120")
          .onClick(async () => {
            this.pixelMap = await this.getPixelMap()
            let opts = { size: { height: this.myheight,
              width: this.mywidth / 2 }, x: 0, y: 0 }
            this.pixelMap.crop(opts).then(() => {
              this.objectRepeat = ImageRepeat.NoRepeat
              this.objectFit = ImageFit.Contain
```

```
                })
            })
          }
        }
      }.align(Alignment.Center).height('15%')
    }.height('100%')
}
```

在上述图片显示的代码中用到了两个枚举类型,即 ImageRepeat 和 ImageFit。ImageRepeat 的枚举值见表 11-9。

表 11-9 ImageRepeat 枚举值

名 称	说 明
X	只在水平轴上重复绘制图片
Y	只在竖直轴上重复绘制图片
XY	在两个轴上重复绘制图片
NoRepeat	不重复绘制图片

ImageFit 的枚举值见表 11-10。

表 11-10 ImageFit 枚举值

名 称	说 明
Contain	保持宽高比进行缩小或者放大,使图片完全显示在显示边界内
Cover	保持宽高比进行缩小或者放大,使图片两边都大于或等于显示边界
Auto	自适应显示
Fill	不保持宽高比进行放大或缩小,使图片充满显示边界
ScaleDown	保持宽高比显示,图片缩小或者保持不变
None	保持原有尺寸显示

在剪切图片时,使用 crop()方法来完成,基本代码如下:

```
let opts = { size: { height: this.myheight,
            width: this.mywidth / 2 }, x: 0, y: 0 }
this.pixelMap.crop(opts).then(() => {
            this.objectRepeat = ImageRepeat.NoRepeat
            this.objectFit = ImageFit.Contain
        })
```

其中,参数 opts 为 Region 类型,该类型的说明见表 11-11。

表 11-11 Region 类型说明

名 称	类 型	说 明
size	size	区域大小。格式为{height,width}
x	number	区域横坐标
y	number	区域纵坐标

5. 主要代码实现

该页面的代码主要由 3 个方法组成，即重写的 onPageShow() 方法、copy2dir() 方法和 getPixelMap() 方法。

1) copy2dir() 方法

由于目前 ImgaeSource 实例在创建时只支持沙箱路径，无法直接访问项目的资源文件，所以需要先把资源文件复制到应用对应的文件目录中，代码如下：

```
//ch11/PictureEdit 项目中 index.ets(部分)
/*把资源文件复制到应用程序的文件目录下*/
async copy2dir() {
  //获取应用的上下文对象
  let context = featureAbility.getContext();
  //获取图片资源对应的文件 id
  let rid = $r('app.media.hm').id
  //拼接出图片资源，复制到应用文件目录内的路径
  this.path = await context.getFilesDir() + "/" + rid + ".png";
  //获取资源管理对象
  let mgr = await resourceManager.getResourceManager()
  //获取资源文件对象
  let file = await mgr.getMedia(rid)
  //把 Uint8Array 转换成 ArrayBuffer 类型
  let buff = file.buffer
  //以读写方式打开文件
  let writeFd = await fileio.open(this.path, 0o2 | 0o100, 0o666)
  //使用文件描述符打开文件流
  let stream = await fileio.fdopenStreamSync(writeFd, "r+")
  //把资源字节写入文件流
  await stream.writeSync(buff)
  //关闭流对象
  await stream.close()
  //关闭文件
  fileio.close(writeFd).then(function () {
    hilog.info(0x0000, 'testTag', '%{public}s', "关闭文件成功");
  }).catch(function (err) {
    hilog.info(0x0000, 'testTag', '%{public}s', "关闭文件错误:" + err);
  });
}
```

在打开文件时使用 fileio.open() 方法，该方法的原型如下：

```
open(path: string, flags?: number, mode?: number): Promise<number>
```

open() 方法的说明见表 11-12。

表 11-12　open()方法说明

参数名	类型	必填	说　　明
path	string	是	待打开文件的应用沙箱路径
flags	number	否	打开文件的选项,必须指定如下选项中的一个,默认以只读方式打开。 - 0o0：只读打开。 - 0o1：只写打开。 - 0o2：读写打开。 同时,也可给定如下选项,以按位或的方式追加,默认不给定任何额外选项。 - 0o100：若文件不存在,则创建文件。使用该选项时必须指定第 3 个参数 mode。 - 0o200：如果追加了 0o100 选项,并且文件已经存在,则出错。 - 0o1000：如果文件存在且以只写或读写的方式打开文件,则将其长度裁剪为 0。 - 0o2000：以追加方式打开,后续写将追加到文件末尾。 - 0o4000：如果 path 指向 FIFO、块特殊文件或字符特殊文件,则本次打开及后续 IO 进行非阻塞操作。 - 0o200000：如果 path 不指向目录,则出错。 - 0o400000：如果 path 指向符号链接,则出错。 - 0o4010000：以同步 IO 的方式打开文件
mode	number	否	若创建文件,则指定文件的权限,可给定如下权限,以按位或的方式追加权限,默认给定 0o666。 - 0o666：所有者具有读、写权限,所有用户组具有读、写权限,其余用户具有读、写权限。 - 0o700：所有者具有读、写及可执行权限。 - 0o400：所有者具有读权限。 - 0o200：所有者具有写权限。 - 0o100：所有者具有可执行权限。 - 0o070：所有用户组具有读、写及可执行权限。 - 0o040：所有用户组具有读权限。 - 0o020：所有用户组具有写权限。 - 0o010：所有用户组具有可执行权限。 - 0o007：其余用户具有读、写及可执行权限。 - 0o004：其余用户具有读权限。 - 0o002：其余用户具有写权限。 - 0o001：其余用户具有可执行权限

2）getPixel()方法

在图片的各种操作中,需要获取 PixelMap 对象,所以该功能独立到 getPixelMap()方法中,方便使用,主要代码如下：

```
//ch11/PictureEdit 项目中 index.ets(部分)
//根据文件路径获取 pixelmap 对象
async getPixelMap() {
  //根据文件路径创建 ImageSource 对象
  let imagesource = image.createImageSource("file://" + this.path)
  //根据 ImageSource 对象创建 PixelMap 对象
  let px = await imagesource.createPixelMap()
  return px;
}
```

3) onPageShow()方法

重写 onPageShow()方法,完成获取图片的基本信息并显示出来,代码如下:

```
async onPageShow() {
  await this.copy2dir();
  this.pixelMap = await this.getPixelMap()
  //获取图片的高度、宽度信息
  await this.pixelMap.getImageInfo().then(info => {
    this.myheight = info.size.height
    this.mywidth = info.size.width
  })
  //
  let total = this.pixelMap.getPixelBytesNumber()
  this.text = `图片分辨率: ${this.mywidth}x${this.myheight},
              大小为${total}字节`
}
```

11.3 音频

播放音频是应用中经常用的功能,如播放音乐、铃声、提示音等。HarmonyOS 音频模块支持音频业务的开发,提供音频播放的相关功能,主要包括音频播放、音频采集、音量管理和短音播放等。

11.3.1 音频开发基础

音频有几个相关的基本概念,如采样、采样率等,这里简单介绍,以便读者更好地进行音频相关开发。

(1) 采样:采样是指将连续时域上的模拟信号按照一定的时间间隔采样,获取离散时域上离散信号的过程。

(2) 采样率:采样率为每秒从连续信号中提取并组成离散信号的采样次数,单位用赫兹(Hz)表示。通常人耳能听到的频率范围大约在 20Hz~20kHz 的声音。常用的音频采样频率有 16kHz、44.1kHz、48kHz、96kHz、192kHz 等。

（3）采样位数：也称采样精度或位深，即用多少位二进制数表示声音信号强度，采样位数越高，对声音的记录就越精细。现在一般采用 16 位采样位数。

（4）比特率：在数字多媒体领域，比特率是每秒播放连续的音频或视频的比特的数量，是音视频文件的一个属性。

（5）声道：声道是指声音在录制或播放时在不同空间位置采集或回放的相互独立的音频信号，所以声道数也就是声音录制时的音源数量或回放时相应的扬声器数量。

（6）音频帧：音频数据是流式的，本身没有明确的一帧的概念，在实际应用中，为了方便音频算法处理/传输，一般约定俗成地取 2.5~60ms 为单位的数据量为一帧音频。

（7）PCM：Pulse Code Modulation，脉冲编码调制，是一种将模拟信号数字化的方法，是将时间连续、取值连续的模拟信号转换成时间离散、抽样值离散的数字信号的过程。

（8）短音：使用源于应用程序包内的资源或者文件系统里的文件为样本，将其解码成一个 16 位单声道或者立体声的 PCM 流并加载到内存中，这使应用程序可以直接用压缩数据流同时摆脱 CPU 加载数据的压力和播放时重解压的延迟。

（9）系统音：系统预置的短音，例如按键音和删除音等。

（10）音频文件：音频信息以一定编码格式保存的文件，常见的音频编码格式有 MP3、WAVE 等，音频格式一般和其保存的文件格式对应，如 MP3 格式音频，通常保存成 MP3 文件，ACC 格式音频通常保存成 ACC、MP4 或 M4A 文件，WAVE 格式音频通常保存成 WAV 文件。

11.3.2 音频播放接口

音频播放的主要工作是将音频数据转码为可听见的音频模拟信号并通过输出设备进行播放，同时对播放任务进行管理。

媒体子系统为开发者提供了一套简单且易于理解的接口，使开发者能够方便地接入系统并使用媒体子系统，使用时需要导入媒体模块，代码如下：

```
import media from '@ohos.multimedia.media';
```

在 HarmonyOS 应用开发中，可以使用 AudioPlayer 类处理播放 MP3 等格式的音频。音频在播放处理过程中有各种状态，其播放的状态机如图 11-4 所示。

1. AudioPlayer 类

AudioPlayer 类用于管理和播放音频媒体。在调用 AudioPlayer 的方法前，需要先通过 createAudioPlayer() 构建一个 AudioPlayer 实例，代码如下：

```
let audioPlayer = media.createAudioPlayer();
```

以同步方式创建音频播放实例，当失败时返回 null。AudioPlayer 实例可用于音频播放、暂停、停止等操作。AudioPlayer 类常用属性见表 11-13。

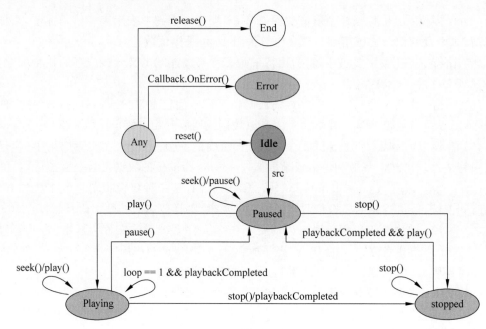

图 11-4　音频播放状态机

表 11-13　AudioPlayer 类常用属性

名称	类型	说明
src	string	音频媒体 URI，支持主流的音频格式（如 M4A、AAC、MP3、OGG、WAV 等），支持路径示例： 1. fd 类型播放：fd://xx。 2. http 网络播放：http://xx。 3. https 网络播放：https://xx。 4. hls 网络播放路径：http://xx 或者 https://xx。 相关权限：ohos.permission.READ_MEDIA 和 ohos.permission.INTERNET
fdSrc	AVFileDescriptor	音频媒体文件描述，使用场景：应用中的音频资源被连续存储在同一个文件中，假设一个连续存储的音乐文件： 音乐 1（地址偏移：0，字节长度：100），音乐 1 的文件描述为 AVFileDescriptor { fd = 资源句柄；offset = 0；length = 100；}
loop	boolean	音频循环播放属性，当设置为 true 时表示循环播放
audioInterruptMode	audio.InterruptMode	音频焦点模型
currentTime	number	音频的当前播放位置，单位为毫秒（ms）
duration	number	音频时长，单位为毫秒（ms）
state	AudioState	可以查询音频播放的状态，该状态不可作为调用 play/pause/stop 等状态切换的触发条件

AudioPlayer 类的常用方法见表 11-14。

表 11-14 AudioPlayer 类常用方法

名 称	功 能 说 明	参 数 说 明
play()：void	开始播放音频资源，需要在 dataLoad 事件成功后，才能调用	无
pause()：void	暂停播放音频资源	无
stop()：void	停止播放音频资源	无
reset()：void	切换播放音频资源	无
seek(timeMs：number)：void	跳转到指定播放位置	timeMs：number 类型。指定的跳转时间节点，单位为毫秒(ms)
setVolume(vol：number)：void	设置音量	vol：number 类型。指定的相对音量大小，取值范围为[0.00-1.00]，1 表示最大音量，即 100%
release()：void	释放音频资源	无
getTrackDescription(callback：AsyncCallback＜Array＜MediaDescription＞＞)：void	通过回调方式获取音频轨道信息。需要在 dataLoad 事件成功触发后，才能调用	callback：AsyncCallback＜Array＜MediaDescription＞＞类型。获取音频轨道信息回调方法

支持 AudioPlayer 对象事件的订阅方法有多种，详见表 11-15。

表 11-15 AudioPlayer 订阅方法

方 法 名 称	功 能 说 明	参 数 说 明
on(type：'bufferingUpdate'，callback：(infoType：BufferingInfoType，value：number) => void)：void	开始订阅音频缓存更新事件	type：string 类型。音频缓存事件回调类型。callback：function 类型。音频缓存事件回调方法。BufferingInfoType 为 BUFFERING_PERCENT 或 CACHED_DURATION 时，value 值有效，否则固定为 0
on(type：'play'，callback：() => void)：void	开始订阅音频播放事件	type='play'：完成 play()调用，音频开始播放，触发该事件。callback：() => void 类型。播放事件回调方法
on(type：'pause'，callback：() => void)：void	开始订阅音频暂停事件	type='pause'：完成 pause()调用，音频暂停播放，触发该事件。callback：() => void 类型。播放事件回调方法
on(type：'stop'，callback：() => void)：void	开始订阅音频停止事件	type='stop'：完成 stop()调用，音频停止播放，触发该事件。callback：() => void 类型。播放事件回调方法
on(type：'reset'，callback：() => void)：void	开始订阅音频重置事件	type='reset'：完成 reset()调用，播放器重置，触发该事件。callback：() => void 类型。播放事件回调方法
on(type：'dataLoad'，callback：() => void)：void	开始订阅音频数据加载事件	type='dataLoad'：完成音频数据加载后触发该事件，即 src 属性设置完成后触发该事件。callback：() => void 类型。播放事件回调方法

续表

方法名称	功能说明	参数说明
on(type: 'finish', callback: () => void): void	开始订阅音频播放结束事件	type='finish'：完成音频播放后触发该事件。callback: () => void 类型。播放事件回调方法
on(type: 'volumeChange', callback: () => void): void	开始订阅音频设置音量事件	type='volumeChange'：完成 setVolume() 调用，播放音量改变后触发该事件。callback: () => void 类型。播放事件回调方法
on(type: 'timeUpdate', callback: Callback\<number>): void	开始订阅音频播放时间更新事件	type='timeUpdate'：音频播放时间戳更新，开始播放后自动触发该事件。callback: Callback\<number>类型。播放事件回调方法。回调方法入参为更新后的时间戳
on(type: 'error', callback: ErrorCallback): void	开始订阅音频播放错误事件	type='error'：音频播放中发生错误，触发该事件。callback: ErrorCallback 类型。播放错误事件回调方法

2. AudioState 类

AudioPlayer 类可通过 state 属性获取当前的状态，状态由 AudioState 定义，具体有 playing、paused、stopped 等状态，具体状态值的说明见表 11-16。这些状态的变化可参考音频播放状态机。

表 11-16 AudioState 状态说明

名称	类型	说明
idle	string	音频播放空闲，dataload/reset 成功后处于此状态
playing	string	音频正在播放，play 成功后处于此状态
paused	string	音频暂停播放，pause 成功后处于此状态
stopped	string	音频播放停止，stop 播放结束后处于此状态
error	string	错误状态

3. AVFileDescriptor

AVFileDescriptor 类是音视频文件资源描述类。该类经常使用在应用中的音频资源被连续存储在同一个文件中且需要根据偏移量和长度进行播放的场景。AVFileDescriptor 类的说明见表 11-17。

表 11-17 AVFileDescriptor 类的属性说明

名称	类型	说明
fd	number	资源句柄，通过 resourceManager.getRawFileDescriptor 获取
offset	number	资源偏移量，需要基于预置资源的信息输入，非法值会造成音视频资源解析错误
length	number	资源长度，需要基于预置资源的信息输入，非法值会造成音视频资源解析错误

11.3.3 音频播放实例

9min

本节实现一个简易的音乐播放器应用,其功能包括播放音乐、停止播放、显示进度和拖动进度等。应用程序的架构如图 11-5 所示。

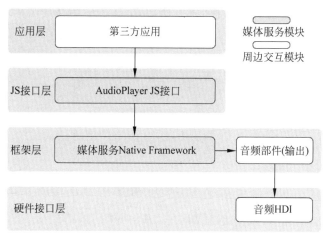

图 11-5 音频开发架构图

1. 实例运行效果

本节实现的音乐播放器的运行效果如图 11 6 所示。启动后音乐处于未播放时的界面效果如图 11-6(a)所示。单击播放按钮,播放内置的音频,界面上方显示播放的音频文件名

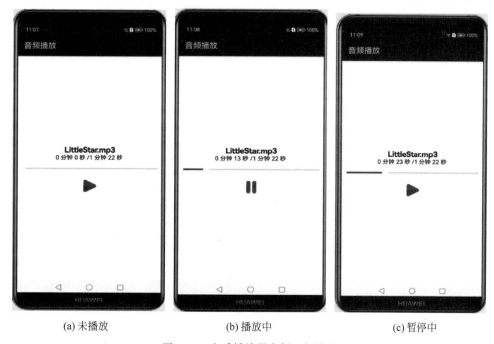

(a) 未播放　　　　　　　(b) 播放中　　　　　　　(c) 暂停中

图 11-6 音乐播放器实例运行效果

称,进度条会随播放进展而变化,并显示当前播放时长和总时长,如图 11-6(b)所示。单击暂停按钮后,音乐暂停界面的效果如图 11-6(c)所示。

2. 项目结构及资源

本实例的项目结构及资源如图 11-7 所示,音乐播放器的主要功能实现在 index.ets 文件中。资源目录 media 下包括所使用的图片资源,play.png 为播放图标,pause.png 为停止图标。资源目录 media 目录下包含 1 个 MP3 格式的音频文件 LittleStar.mp3 文件,需要注意资源文件名称不支持中文。

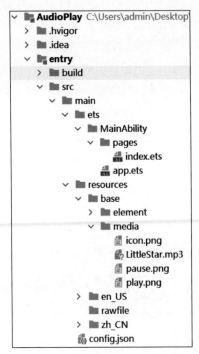

图 11-7 项目结构及资源

3. 主界面布局实现

鉴于本应用功能较为简单,界面布局代码和业务逻辑代码写在了同一个文件中。界面布局部分的代码如下:

```
//ch11/AudioPlay 项目中 index.ets(部分)
Row() {
  Column() {
    Text(this.title)
      .fontSize(20)
      .fontWeight(FontWeight.Bold)
    Text(this.showTime)
      .fontSize(15)
    Slider({ value: this.current, max: this.duration })
```

```
        .width("100%")
        .margin({ bottom: 10 })
        //设置滑块的拖动事件处理方法
        .onChange((value: number, mode: SliderChangeMode) => {
          this.onChangeFunc(value,mode);
        })
      Row() {
        Image(this.picResource)
          .width(32).height(32)
          .onClick(() =>{
            this.onClickFunc()
          })
      }
    }
    .width('100%')
  }
  .height('100%')
    }
  }
```

在主布局文件中,Text(this.title)文本组件用于显示播放音频的名称。Text(this.showTime)文本组件用于显示当前播放的进度。Slider 进度条用于显示当前的图形化进度,并设置相应的拖动处理方法。Image(this.picResource)图片组件用于将默认的图片设置为播放效果,并设置单击时的处理方法。

4. 主要代码实现

1) 组件 Index 的主要成员

组件 Index 的主要成员包括音频名称、音频的时长、音频的当前进度、显示的当前时间、播放/暂停按钮资源图片,这些是状态属性,会随着播放器播放音频状态的变化而自动更新。为了加载播放的音频,组件成员中还包括音频播放对象 audioPlayer。Index 的主要成员代码如下:

```
//ch11/AudioPlay 项目中 index.ets(部分)
//音频名称
@State title: string = ''
//音频的时长,单位为毫秒
@State duration: number = 0
//音频的当前进度,单位为毫秒
@State current: number = 0
//界面上显示的当前时间
@State showTime: string = "0s/0s"
//播放/暂停按钮资源图片
@State picResource: Resource = undefined
//获取音频播放对象
private audioPlayer = media.createAudioPlayer();
```

2) onPageShow()方法

组件创建时会首先运行其 onPageShow()方法,在该方法中进行初始化工作,onPageShow()方法的代码如下:

```
//ch11/AudioPlay 项目中 index.ets(部分)
//重写 onPageShow 方法
async onPageShow() {
  //开始时设置按钮的图片
  this.picResource = $r('app.media.play')
  //请求用户授权
  await this.requestPermissions();
  //调用文件复制方法,返回资源路径
  let path = await this.copySource2Dir();
  //设置播放器音频资源
  this.setResource(path);
  //设置播放器的回调方法
  this.setCallBack();
}
```

在上述方法中会完成所有的初始化工作。

3) requestPermissions()方法

方法 requestPermissions()用于获取所需权限。当前项目需要具有媒体资源读写权限,对应的权限名称为"ohos.permission.READ_MEDIA"和"ohos.permission.WRITE_MEDIA"。这些权限通过 requestPermissionsFromUser 进行弹窗,并由用户进行主动授权操作。对应的代码如下:

```
//ch11/AudioPlay 项目中 index.ets(部分)
//申请访问媒体资源的权限
async requestPermissions() {
  //获取上下文环境
  var context = await featureAbility.getContext()
  //获取申请的权限列表
  let array: Array<string> = ["ohos.permission.READ_MEDIA",
    "ohos.permission.WRITE_MEDIA"];
  //判断权限的授权状态,以此来决定是否唤起弹窗
  await context.requestPermissionsFromUser(array, 1, (err, data) => {
    hilog.info(0x0000, 'testTag', '%{public}s', '申请权限成功');
  })
}
```

4) copySource2Dir()方法

由于项目下的资源文件的黑箱特性,程序中无法通过路径直接访问资源,因此这里把资源文件复制到项目对应的用户 data 目录下,并返回对应的路径名。对应的代码如下:

```
//ch11/AudioPlay 项目中 index.ets(部分)
//把资源文件复制到用户的 data 目录下,返回路径
```

```
async copySource2Dir() {
  //用于显示音频的名称
  this.title = "LittleStar.mp3"
  //获取项目的文件目录
  let path = await featureAbility.getContext().getFilesDir()
  //构造出文件的路径名称
  let audiopath = path + "/" + this.title;
  //获取资源管理器
  let mgr = await resourceManager.getResourceManager()
  //获取项目下指定的媒体资源
  let file = await mgr.getMedia( $ r('app.media.LittleStar').id)
  //把Uint8Array转换成ArrayBuffer类型
  let buff = file.buffer
  //以读写方式打开文件
  let writeFd = await fileio.open(audiopath, 0o2 | 0o100, 0o666)
  //使用文件描述符打开文件流
  let stream = await fileio.fdopenStreamSync(writeFd, "r+")
  //把资源字节定入文件流
  await stream.writeSync(buff)
  //关闭流对象
  await stream.close()
  //关闭文件
  fileio.close(writeFd).then(function () {
    hilog.info(0x0000, 'testTag', '%{public}s', "关闭文件成功");
  }).catch(function (err) {
    hilog.info(0x0000, 'testTag', '%{public}s', "关闭文件错误:" + err);
  });
  return audiopath;
}
```

5) setResource()方法

设置播放器对应的资源句柄，为播放做好准备，并设置为循环播放。详细的代码如下：

```
//ch11/AudioPlay 项目中 index.ets(部分)
//为 audioPlayer 设置音频资源
async setResource(path) {
  let fdPath = 'fd://'
  //打开文件,返回资源句柄
  await fileio.open(path).then((fdNumber) => {
    fdPath = fdPath + '' + fdNumber;
    //设置音频资源
    this.audioPlayer.src = fdPath;
  });
  //将播放器设置为循环播放
  this.audioPlayer.loop = true;
}
```

6) setCallBack()方法

方法setCallBack()是AudioPlayer播放器设置的回调方法。在该方法内实现了播放器的多个事件回调设置，支持AudioPlayer对象事件的订阅方法，见表11-15。setCallBack()的代码如下：

```
//ch11/AudioPlay项目中index.ets(部分)
//设置audioPlayer的回调事件
setCallBack() {
  //设置'dataLoad'事件回调，src属性设置成功后，触发此回调
  this.audioPlayer.on('dataLoad', () => {
    hilog.info(0x0000, 'testTag', '%{public}s', '设置播放源成功');
    //将duration设置为当前音频时长
    this.duration = this.audioPlayer.duration
    //将current设置为0
    this.current = 0
    //设置格式化后的当前时间和音频时长
    this.showTime = this.formatDuring(this.current) +
    "/" + this.formatDuring(this.duration)
  });
  //设置'timeUpdate'事件回调，音频播放时间戳更新，开始播放后自动触发该事件
  this.audioPlayer.on('timeUpdate', (seekDoneTime) => {
    //current为音频播放的时间
    this.current = seekDoneTime
    this.showTime = this.formatDuring(seekDoneTime) +
    "/" + this.formatDuring(this.duration)
  });
  //设置'error'事件回调，当音频播放出现错误时自动触发该事件
  this.audioPlayer.on('error', (error) => {
    hilog.info(0x00,'testTag','%{public}s',`错误名称: ${error.name}`);
    hilog.info(0x00,'testTag','%{public}s',`错误代码: ${error.code}`);
    hilog.info(0x00,'testTag','%{public}s',`错误消息: ${error.message}`);
  });
  //设置'finish'事件回调，播放结束后自动触发该事件
  this.audioPlayer.on('finish', () => {
    this.current = this.audioPlayer.duration
  });
}
```

7) formatDuring()方法

在设置回调方法中用到了formatDuring()方法，该方法用于实现对时间显示的格式化，显示效果为"当前进度/总时间"，时间的单位为"时/分/秒"。该方法的详细代码如下：

```
//ch11/AudioPlay项目中index.ets(部分)
//把毫秒格式的时间转换成时/分/秒格式
formatDuring(mss: number) {
  //计算出分钟数
  var minutes = Math.floor((mss % (1000 * 60 * 60)) / (1000 * 60));
```

```
//计算出秒数
var seconds = Math.floor((1.0 * mss % (1000 * 60)) / 1000);
return minutes + " 分钟 " + seconds + " 秒 ";
}
```

8) onClickFunc()方法

音频播放的开始和暂停共用一个按钮,在初始化完成后为开始播放按钮,播放开始后转换为暂停按钮。要跟踪当前播放器的状态,完成相应的操作,并完成按钮效果的显示。详细的代码如下:

```
//ch11/AudioPlay项目中 index.ets(部分)
//单击播放/暂停按钮时的处理代码
onClickFunc(){
  if (this.audioPlayer.state == "paused"
  || this.audioPlayer.state == "idle") {
    //播放音频
    this.audioPlayer.play()
    //改变按钮显示的图片
    this.picResource = $r('app.media.pause')
  } else if (this.audioPlayer.state == "playing") {
    //暂停播放音频
    this.audioPlayer.pause()
    //改变按钮显示的图片
    this.picResource = $r('app.media.play')
  }
}
```

9) onChangeFunc()方法

当滑块拖动到相应的位置时需要把当前进度调整到对应的时间。如果需要播放,就从当前位置进行播放。在本项目中,onChangeFunc()方法的代码如下:

```
//ch11/AudioPlay项目中 index.ets(部分)
//拖动滑块时的处理进度
onChangeFunc(value: number, mode: SliderChangeMode){
  if (mode == SliderChangeMode.End) {
    //移动音频的播放位置
    this.audioPlayer.seek(value)
  }
}
```

本节所述的播放音乐实例的完整代码可参考项目 ch11/AudioPlay。另外,播放音频除了播放资源音频外,还可播放系统中音频文件、网络音频等,这些可以通过设置播放源实现。

11.4 视频

视频播放也是应用开发中常用的功能,特别是现在网络资源非常丰富,如在线直播、在线电影、网络视频等,因此,应用开发者需要掌握视频播放的开发方法。了解视频的基础知识有助于进行视频处理的相关开发。

11.4.1 视频开发基础

与静止图像不同,视频是活动的图像,它是由变化的一幅幅数字图像组成的,每一张图像称为一帧,多帧图像按照一定的时间顺序进行显示,便形成了视频。

视频基础概念包括视频帧率、分辨率、码率、编码、解码、格式等。

视频帧率是单位时间内视频播放的帧数,单位是 fps。通常说一个视频的 25 帧,指的就是这个视频帧率,即 1s 显示 25 帧。视频帧率越高,通常视觉感觉视频越流畅。

视频分辨率是指单帧视频图像的分辨率,通常有 640×480 分辨率、1920×1080 分辨率等,一般分辨率越大图像越清晰,但通常视频也越大。

视频码率是指视频文件在单位时间内使用的数据流量,也叫码流率,单位为 Kb/s。码率越大,说明单位时间内取样越多,数据流精度也越高。

视频编码是把一种形式的视频转换为另一种形式的过程。通常是通过编码器将原始的视频信息压缩为另一种格式,以方便存储或传输。

视频解码是视频编码的反向过程,通常是通过解码器将接收的数据还原为视频信息。

视频文件格式是指视频保存的格式。在储存视频时,有不同的视频文件格式把视频和音频放在一个文件中。常见的视频文件格式有 MP4、3GP、RM、AVI、MOV、M4V、FLV、WMV 等。

11.4.2 视频播放接口

在 HarmonyOS 应用开发中,视频播放的主要工作是将视频数据转码并输出到设备上进行播放,同时管理播放任务。和播放音频不同的是,播放器需要设置显示视频可视化的内容。

进行视频播放开发可以使用系统提供的一些接口类,如 VideoPlayer、VideoPlayState、XComponent 类等。也可以使用封装好的 Video 组件。不管采用哪种方法进行视频播放,都支持一些主流的视频格式,目前支持的主流播放格式和分辨率见表 11-18。

表 11-18 支持的主流播放规格

视频规格	规格描述	分辨率
MP4	视频格式:H.264/MPEG2/MPEG4/H.263。 音频格式:AAC/MP3	主流分辨率,如 1080P/720P/480P/270P

续表

视频规格	规格描述	分辨率
MKV	视频格式：H.264/MPEG2/MPEG4/H.263。 音频格式：AAC/MP3	主流分辨率，如 1080P/720P/480P/270P
TS	视频格式：H.264/MPEG2/MPEG4。 音频格式：AAC/MP3	主流分辨率，如 1080P/720P/480P/270P
WebM	视频格式：VP8。 音频格式：VORBIS	主流分辨率，如 1080P/720P/480P/270P

视频从准备就绪到最终播放结束中间会经历各种状态变化，播放的状态机如图 11-8 所示。

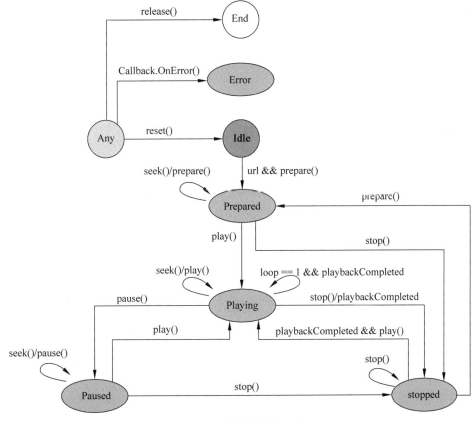

图 11-8　视频播放状态机

1. 视频播放的主要类接口

1）VideoPlayer 类

在调用 VideoPlayer 的方法前，需要先通过 createVideoPlayer() 构建一个 VideoPlayer 实例，视频播放管理类用于管理和播放视频媒体。方法声明如下：

```
createVideoPlayer(callback: AsyncCallback< VideoPlayer >): void
```

该方法以异步方式创建视频播放实例,通过注册回调函数获取返回值。创建 VideoPlayer 的一般代码如下:

```
let videoPlayer
media.createVideoPlayer((error, video) => {
    if (video != null) {
        videoPlayer = video;
        console.info('video createVideoPlayer success');
    } else {
        console.info(`video createVideoPlayer fail, error: ${error}`);
    }
});
```

VideoPlayer 类的常用属性见表 11-19。

表 11-19　VideoPlayer 类的属性说明

名　　称	类　　型	可读	可写	说　　明
url	string	是	是	视频媒体 URL,支持当前主流的视频格式(MP4、MPEG-TS、WEBM、MKV)。 支持路径示例: 1. fd 类型播放:fd://xx。 2. http 网络播放:http://xx。 3. https 网络播放:https://xx。 4. hls 网络播放路径:http://xx 或者 https://xx。 注意:使用媒体素材需要获取读权限,否则无法正常播放
loop	boolean	是	是	视频循环播放属性,当设置为'true'时表示循环播放
currentTime	number	是	否	视频的当前播放位置
duration	number	是	否	视频时长,当返回-1时表示直播模式
state	VideoPlayState	是	否	视频播放的状态
width	number	是	否	视频宽
height	number	是	否	视频高

VideoPlayer 类中关于视频播放控制的相关接口方法,如 play()、pause()、stop()等,具体说明见表 11-20。

表 11-20　VideoPlayer 类常用方法

名　　称	功能描述	参 数 说 明
setDisplaySurface(surfaceId: string, callback: AsyncCallback<void>): void	通过回调方式设置 SurfaceId。setDisplaySurface 需要在设置 url 和 prepare 之间,无音频的视频流必须设置 Surface,否则 prepare 会失败	surfaceId:string 类型。使用方法见 Xcomponent 类。 callback:设置 SurfaceId 的回调方法

续表

名 称	功 能 描 述	参 数 说 明
prepare(callback：AsyncCallback＜void＞)：void	通过回调方式准备播放视频	callback：准备播放视频的回调方法
play(callback：AsyncCallback＜void＞)：void	通过回调方式开始播放视频	callback：开始播放视频的回调方法
pause(callback：AsyncCallback＜void＞)：void	通过回调方式暂停播放视频	callback：暂停播放视频的回调方法
stop(callback：AsyncCallback＜void＞)：void	通过回调方式停止播放视频	callback：停止播放视频的回调方法
reset(callback：AsyncCallback＜void＞)：void	通过回调方式切换播放视频	callback：切换播放视频的回调方法
seek(timeMs：number，callback：AsyncCallback＜number＞)：void	通过回调方式跳转到指定播放位置，默认跳转到指定时间点的下一个关键帧	timeMs：number 类型。指定的跳转时间节点，单位为毫秒(ms)。callback：跳转到指定播放位置的回调方法
setVolume(vol：number，callback：AsyncCallback＜void＞)：void	通过回调方式设置音量	vol：number 类型。指定的相对音量大小，取值范围为[0.00-1.00]，1表示最大音量，即100%。callback：设置音量的回调方法
release(callback：AsyncCallback＜void＞)：void	通过回调方式释放视频资源	callback：释放视频资源的回调方法
getTrackDescription(callback：AsyncCallback＜Array＜MediaDescription＞＞)：void	通过回调方式获取音频轨道信息	callback：AsyncCallback＜Array＜MediaDescription＞＞类型。获取音频轨道信息回调方法
setSpeed(speed：number，callback：AsyncCallback＜number＞)：void	通过回调方式设置播放速度	speed：number 类型。指定播放视频速度，具体见 PlaybackSpeed。callback：设置播放速度的回调方法

支持 VideoPlayer 对象事件的订阅方法有多种，详见表 11-21。

表 11-21 VideoPlayer 订阅方法

名 称	功 能 描 述	参 数 说 明
on(type：'bufferingUpdate'，callback：(infoType：BufferingInfoType，value：number) => void)：void	开始监听视频缓存更新事件	视频缓存事件回调类型，支持的事件：'bufferingUpdate'。callback：function 类型。音频缓存事件回调方法。当 BufferingInfoType 为 BUFFERING_PERCENT 或 CACHED_DURATION 时，value 值有效，否则固定为 0

续表

名 称	功能描述	参数说明
on(type: 'startRenderFrame', callback: Callback＜void＞): void	开始监听视频播放首帧送显上报事件	type: string 类型。视频播放首帧送显上报事件回调类型,支持的事件: 'startRenderFrame'。 callback: 视频播放首帧送显上报事件回调方法
on(type: 'playbackCompleted', callback: Callback＜void＞): void	开始监听视频播放完成事件	type: 视频播放完成事件回调类型,支持的事件: 'playbackCompleted'。 callback: 视频播放完成事件回调方法
on(type: 'videoSizeChanged', callback: (width: number, height: number) => void): void	开始监听视频播放宽和高变化事件	type: string 类型。视频播放宽和高变化事件回调类型,支持的事件: 'videoSizeChanged'。 callback: 视频播放宽和高变化事件回调方法,width 表示宽,height 表示高
on(type: 'error', callback: ErrorCallback): void	开始监听视频播放错误事件	type= 'error': 视频播放中发生错误,触发该事件。 callback: ErrorCallback 类型。播放错误事件回调方法

2) VideoPlayState 类

该类为视频播放的状态机,可通过 state 属性获取当前状态。常见的状态见表 11-22。

表 11-22 视频播放的状态类型

名 称	类 型	说 明
idle	string	视频播放空闲
prepared	string	视频播放准备
playing	string	视频正在播放
paused	string	视频暂停播放
stopped	string	视频播放停止
error	string	错误状态

3) XComponent 类

该类可用于 EGL/OpenGLES 和媒体数据写入,并显示在 XComponent 组件中。在播放视频时,需要把图像显示到 XComponent 组件中。该接口实例化的方法如下:

```
XComponent(value: {id: string, type: string, libraryname?: string,
                   controller?: XComponentController})
```

接口参数说明见表 11-23。

表 11-23 XComponent 的接口说明

参 数 名	参 数 类 型	必填	描 述
id	string	是	组件的唯一标识,支持最大的字符串长度为 128
type	string	是	用于指定 XComponent 组件类型,可选值如下。 -surface: 组件内容单独送显,直接合成到屏幕。 -component: 组件内容与其他组件合成后统一送显

续表

参　数　名	参　数　类　型	必填	描　　述
libraryname	string	否	应用 Native 层编译输出动态库名称
controller	XComponentcontroller	否	给组件绑定一个控制器,通过控制器调用组件方法

用于视频播放的 XComponent,在设置组件类型时,需要把 type 的值设置为 surface 类型。

XComponentcontroller 为控制器,可以为 XComponent 组件设置控制器,可以将此对象绑定至 XComponent 组件,然后通过控制器来调用组件方法。

4) PlaybackSpeed 类

该类为视频播放的倍速枚举类,可通过 setSpeed() 方法作为参数传递下去。详见表 11-24。

表 11-24　PlaybackSpeed 枚举值说明

名　　称	值	说　　明
SPEED_FORWARD_0_75_X	0	表示视频播放为正常播速的 0.75 倍
SPEED_FORWARD_1_00_X	1	表示视频播放为正常播速
SPEED_FORWARD_1_25_X	2	表示视频播放为正常播速的 1.25 倍
SPEED_FORWARD_1_75_X	3	表示视频播放为正常播速的 1.75 倍
SPEED_FORWARD_2_00_X	4	表示视频播放为正常播速的 2.00 倍

2. Video 组件

Video 组件是系统提供的用于播放视频文件并控制其播放状态的组件,该组件封装了视频播放、控制等诸多接口,可以提高视频开发的效率。该组件的定义接口如下:

```
Video(value: {src?: string | Resource,
             currentProgressRate?: number | string | PlaybackSpeed,
             previewUri?: string | PixelMap | Resource,
             controller?: VideoController})
```

Video 组件的初始化参数说明见表 11-25。

表 11-25　Video 组件初始化参数说明

名　　称	说　　明
src	视频播放源的路径,支持本地视频路径和网络路径
currentProgressRate	视频播放倍速
previewUri	预览图片的路径
controller	视频控制器

Video 组件支持的属性和事件的简要说明见表 11-26。

表 11-26 Video 组件的主要属性和事件

属性或事件名	说　明
muted	是否静音,默认值为 false
autoPlay	是否自动播放,默认值为 false
controls	是否显示控制栏,默认值为 true
loop	是否循环播放,默认值 false
onStart(event:() => void)	视频播放时触发该事件
onPause(event:() => void)	视频暂停时触发该事件
onFinish(event:() => void)	视频播放结束时触发该事件
onError(event:() => void)	视频播放失败时触发该事件
onPrepared(callback:(event?:{ duration: number }) => void)	视频准备完成时触发该事件,duration 为视频的时长,单位为秒
onSeeking(callback:(event?:{ time: number }) => void)	操作进度条过程时上报时间信息,单位为秒
onSeeked(callback:(event?:{ time: number }) => void)	操作进度条完成后上报播放时间信息,单位为秒
onUpdate(callback:(event?:{ time: number }) => void)	播放进度变化时触发该事件,单位为秒,更新时间间隔为 250ms

VideoController 是视频控制器,当视频组件 Video 和视频控制器组件进行绑定后,通过视频控制器可以控制 Video 中视频的播放、暂停、停止等。一个 VideoController 对象可以控制一个或多个 Video,创建 Video 组件前一般先创建一个 VideoController,创建 VideoController 的代码如下:

```
controller: VideoController = new VideoController();
```

视频控制器 VideoController 提供了一些和 Video 组件对应的方法,这些方法的说明见表 12-27。

表 11-27 VideoController 的主要方法说明

方 法 名 称	说　明
start():void	开始播放
pause():void	暂停播放
stop():void	停止播放
requestFullscreen(value: boolean)	请求全屏播放
exitFullscreen()	退出全屏播放
setCurrentTime(value: number)	指定视频播放的进度位置
setCurrentTime(value: number, seekMode: SeekMode)	指定视频播放的进度位置,并指定跳转模式,如跳转到前一个最近的关键帧等

Video 组件和 VideoController 视频控制器简化了视频控制的过程,通过它们进行视频播放控制相关的开发可以提高开发效率。

11.4.3 视频播放实例

本节给出两个视频播放控制的开发实例,一个采用 VideoPlayer 等类接口,另一个采用 Video 组件。

1. 采用 VideoPlayer 开发实例

视频播放需要显示、编解码等硬件能力,在 HarmonyOS 系统中开发视频应用的一般框架如图 11-9 所示。

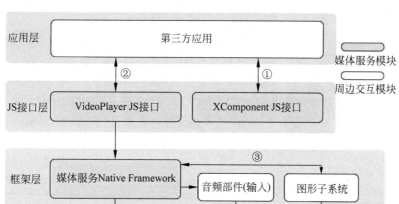

图 11-9 视频应用架构图

说明:

(1) 第三方应用从 Xcomponent 组件获取 surfaceID。

(2) 第三方应用把 surfaceID 传递给 VideoPlayer JS。

(3) 媒体服务把帧数据 flush 给 surface buffer。

1) 实例运行效果

本节实现模拟某短视频软件的播放主界面相关功能,主要包括播放本地网络视频,可以播放视频、暂停播放,在播放过程中显示进度,并且可以拖曳进度。运行效果如图 11-10 所示,其中图 11-10(a)为待播放的界面效果,图 11-10(b)为正在播放中的效果图,图 11-10(c)为暂停的效果。

2) 项目结构及资源

本实例的项目结构及资源如图 11-11 所示,视频播放器的主要功能实现在 index.ets 文件中。资源目录 media 下包括所使用的图片资源,play.png 为播放图标,pause.png 为暂停图标,test.mp4 为测试使用的视频。

(a) 待播放　　　　　　　　(b) 播放中　　　　　　　　(c) 暂停中

图 11-10　视频播放实例运行效果

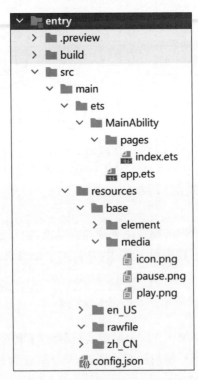

图 11-11　项目结构及资源

3）布局实现

该实例的布局实现在 index.ets 文件中,其主要代码如下:

```
//ch11/VideoPlayer 项目中 index.ets(部分)
Column() {
  Row() {
    XComponent({ id: "xcid", type: "surface",
        controller: this.controller })
      .height(this.sheight + 'px')
  }.align(Alignment.Center).height("90%")

  Row() {
    Column() {
      Image(this.btnResource)
        .width(16).height(16)
        .onClick(() => this.onClickFunc())
    }.width("10%")

    Column() {
      Text(this.formatTime(this.currentTime))
        .fontSize(16).fontColor(Color.White)
    }.width("20%")

    Column() {
      Slider({ value: this.currentTime, max: this.duration })
        .onChange((value: number, mode: SliderChangeMode) => {
          this.onChangeFunc(value, mode)
        })
    }.height(40)
    .width("50%")

    Column() {
      Text(this.formatTime(this.duration)).fontSize(16)
        .fontColor(Color.White)
    }.width("20%")
  }.height("10%").align(Alignment.Bottom)
}
.width("100%")
.backgroundColor(Color.Black)
```

在布局中,使用了线性进行布局。第 1 行是视频显示组件 XComponent,可以满足快速绘制图像的要求,放在一个 Row 内。下面一行是包括控制播放的按钮、显示进度的滑块、播放当前时间及视频总长度。

4）权限设置

本实例播放的视频来源于应用的资源文件,因此应用需要申请媒体文件访问权限,在配置文件 config.json 中使用 reqPermissions 属性对该权限进行声明。具体的代码如下:

```
//ch11/VideoPlayer 项目中 config.json(部分)
"reqPermissions": [{
  "name":"ohos.permission.INTERNET"
}]
```

5) 主要代码实现

(1) Index 类的主要成员,代码如下:

```
//ch11/VideoPlayer 项目 index.ets(部分)
//视频播放器对象
@State videoPlayer: media.VideoPlayer = undefined;
//视频播放的初始开始时间为 0
@State currentTime: number = 0
//定时任务的标识 ID
@State intervalId: number = 0
@State isPlaying: boolean = false
//视频播放时的高度
@State sheight: number = 0
//视频的总时长
@State duration: number = 0
//按钮对应的资源文件
@State btnResource: Resource = $r('app.media.play')
//网络视频资源
WEB_VIDEO_PATH: string = "https://consumer.huawei.com/content/dam/"
         + "huawei-cbg-site/cn/mkt/harmonyos-3/"
         + "video/kv/kv-video-popup.mp4"
//视频显示区域的控制器,用于对显示组件的控制
private controller: XComponentController = new XComponentController()
```

(2) 重写 onPageShow()方法,完成页面显示前的初始化工作,主要代码如下:

```
//ch11/VideoPlayer 项目 index.ets(部分)
//重写 onPageShow()方法
async onPageShow() {
  //创建播放器
  await this.createPlayer(this.WEB_VIDEO_PATH);
  //设置播放界面
  await this.setDisplay()
  //设置播放器的回调方法
  this.callBack()
}
```

这里,this.createPlayer(this.WEB_VIDEO_PATH)创建了一个视频播放器,通过 this.setDisplay()设置显示区域,通过 this.callBack()设置播放器在播放过程中的回调处理方法。

(3) 实现 createPlayer()方法创建视频播放器,同时完成播放资源与 Surface 的设置。具体的代码如下:

```
//ch11/VideoPlayer项目 index.ets(部分)
  //创建播放器,并设置显示区域
  async createPlayer(url: string) {
    //创建播放器对象
    await media.createVideoPlayer().then((video) => {
      this.videoPlayer = video;
    }).catch(this.catchCallback)
    //根据控制器获取SurfaceId
    let xcid = this.controller.getXComponentSurfaceId()
    //设置播放器播放资源的url
    this.videoPlayer.url = url;
    //进度播放前的预处理
    await this.videoPlayer.prepare()
    //设置播放器的Surface
    await this.videoPlayer.setDisplaySurface(xcid)
    //将播放器设置为循环播放
    this.videoPlayer.loop = true;
  }
```

this.catchCallback 为异常处理函数,具体的代码如下:

```
//封装的异常处理函数,用于显示异常的详细信息
catchCallback(error) {
  hilog.info(0x0000, 'testTag', '%{public}s', `错误名称 ${error.name}`);
  hilog.info(0x0000, 'testTag', '%{public}s', `错误代码 ${error.code}`);
  hilog.info(0x0000, 'testTag', '%{public}s', `错误 ${error.message}`);
}
```

(4) 在视频播放之前,根据播放设备的分辨率和视频资源的分辨率,调整输出大小以得到合适的输出效果,这些功能由 setDisplay()方法实现,具体的代码如下:

```
//ch11/VideoPlayer项目 index.ets(部分)
async setDisplay() {
  //视频显示宽度
  let swidth;
  //获取手机屏幕的高度和宽度
  await display.getDefaultDisplay((erro, display) => {
    swidth = display.width;
  })
  //计算手机屏幕宽横比
  let ratio = this.videoPlayer.height / this.videoPlayer.width
  //计算视频不变形的情况下,视频的高度
  this.sheight = swidth * ratio
  //设置Surface的宽度和高度
  this.controller.setXComponentSurfaceSize({
```

```
        surfaceWidth: swidth,
        surfaceHeight: this.sheight
    })
    //设置视频播放的初始位置
    this.videoPlayer.seek(0)
    //获取视频长度
    this.duration = this.videoPlayer.duration
}
```

(5) 在初始化播放器时设置了播放回调监听器,播放回调监听器可以用于监听播放器的状态变化,如播放完成、播放出错等。这些功能由 callBack() 方法实现,具体的代码如下:

```
//ch11/VideoPlayer 项目 index.ets(部分)
//设置播放器回调处理函数
async callBack() {
    //结束时,让进度条移动到最后
    this.videoPlayer.on("playbackCompleted", () => {
        //将当前时间设置为视频总时长
        this.currentTime = this.duration
    })
    //播放器的出错处理函数
    this.videoPlayer.on("error", (error) => {
        hilog.info(0x0000, 'testTag', '%{public}s',
            `错误名称是 ${error.name}`);
        hilog.info(0x0000, 'testTag', '%{public}s',
            `错误代码是 ${error.code}`);
        hilog.info(0x0000, 'testTag', '%{public}s',
            `错误消息是 ${error.message}`);
    })
}
```

(6) 方法 onClickFunc() 完成当单击播放或暂停时的处理,播放和暂停两个功能共用一个按钮,通过 isPlaying 跟踪当前播放器的状态。如果处于播放状态,则单击后停止播放,并更新按钮的显示图片。如果处于停止状态,则单击后开始播放,修改按钮的显示效果,并隐藏按钮及进度条。具体的代码如下:

```
//ch11/VideoPlayer 项目 index.ets(部分)
//单击播放暂停按钮的处理方法
async onClickFunc() {
    //如果处于播放状态
    if (this.isPlaying == true) {
        //执行播放器的暂停操作
        await this.videoPlayer.pause().then(() => {
```

```
        //将按钮的背景图设置为开始
        this.btnResource = $r('app.media.play')
        //将 isPlaying 设置为 false
        this.isPlaying = false
      }).catch(this.catchCallback)
    }
    else {
      //执行播放器的播放操作
      await this.videoPlayer.play().then(() => {
        //将 isPlaying 设置为 true
        this.isPlaying = true
      }).catch(this.catchCallback)
      //将按钮的背景图设置为暂停
      this.btnResource = $r('app.media.pause')
    }
  }
}
```

（7）方法 onChangeFunc()用于实现在拖动滑块时进行处理,当 SliderChangeMode.End 发生时,根据拖动情况设置视频的播放进度,具体的代码如下：

```
//ch11/VideoPlayer 项目 index.ets(部分)
//滑块拖动时的处理方法
async onChangeFunc(value: number, mode: SliderChangeMode) {
  //滑动结束时进行触发
  if (mode == SliderChangeMode.End) {
    //把播放处理设置到没滑动的位置
    await this.videoPlayer.seek(value)
      .then((seekDoneTime) => {
        hilog.info(0x0000, 'testTag', '移动成功');
      }).catch(this.catchCallback);
  }
}
```

（8）为了能够及时根据播放进度更新界面中进度条的进度,这里通过重写 aboutToAppear()方法创建定时任务。在视频播放时,通过 setInterval()方法每间隔 1s 执行一次进度更新。主要相关代码如下：

```
//ch11/VideoPlayer 项目 index.ets(部分)
//重写 aboutToAppear()方法
aboutToAppear() {
  //设置滑块的线程
  this.intervalId = setInterval(() => {
    if (this.isPlaying == true) {
      //当前时间为播放器播放的当时时间
```

```
            this.currentTime = this.videoPlayer.currentTime
        }
    }, 1000) //每秒更新一次
}
```

(9) 重写 aboutToDisappear()方法删除定时任务,该方法的具体代码如下:

```
//ch11/VideoPlayer 项目 index.ets(部分)
//重写 aboutToDisappear()方法
aboutToDisappear() {
    //清除滑块的线程
    clearInterval(this.intervalId)
}
```

(10) 方法 formatTime()的功能是把毫秒单位的时间转换为"00:00"格式的时间,具体的代码如下:

```
//ch11/VideoPlayer 项目 index.ets(部分)
//把毫秒转换为时分格式:(00:00)
formatTime(mss: number) {
    let minutes: number = Number.parseInt(((mss %
        (1000 * 60 * 60)) / (1000 * 60)).toString());
    let seconds: number = Number.parseInt(((mss %
        (1000 * 60)) / 1000).toString());
    return this.setTwoChar(minutes) + ":" + this.setTwoChar(seconds);
}
```

(11) 方法 setTwoChar()的功能是把分钟和秒的数字统一为两位数后进行显示,具体的代码如下:

```
//ch11/VideoPlayer 项目 index.ets(部分)
//格式化显示时间,数字都为两位数
setTwoChar(num) {
    if (num == 0) {
        return '00';
    }
    else if (num < 10) {
        return '0' + num;
    } else {
        return '' + num;
    }
}
```

2. 采用 Video 组件开发实例

1) 实例运行效果

本实例采用 Video 组件实现视频的播放控制,可以播放、暂停、停止、调转到具体位置、倍数播放等。运行效果如图 11-12 所示。

第11章 多媒体开发 285

图 11-12 Video 组件实现视频播放实例运行效果

2) 代码实现

由于 Video 组件很好地封装了视频控制的相关功能，因此采用组件播放视频非常简单。该实例的核心代码主要体现在组件的使用上，该项目的主要代码可以通过一个 Index.ets 文件实现，具体的代码如下：

```
//ch11/VideoDemo项目 Index.ets 文件
@Entry
@Component
struct VideoCreateComponent {
  @State videoSrc: Resource = $rawfile('test.mp4')          //视频源
  @State previewUri: Resource = $r('app.media.icon')        //预览图片
  //播放速度
  @State curRate: PlaybackSpeed = PlaybackSpeed.Speed_Forward_1_00_X
  @State isAutoPlay: boolean = false                        //不自动播放
  @State showControls: boolean = true                       //显示控制栏
  controller: VideoController = new VideoController()       //视频控制器

  build() {
    Column() {
      Video({ //Video 组件
        src: this.videoSrc,
        previewUri: this.previewUri,
        currentProgressRate: this.curRate,
```

```
        controller: this.controller
}).width("100%").height("66%")
  .autoPlay(this.isAutoPlay)
  .controls(this.showControls)
  .onStart(() => {                    //回调操作可以进一步完善,这里仅仅输出提示
    console.info('onStart')
  })
  .onPause(() => {                    //回调操作可以进一步完善,这里仅仅输出提示
    console.info('onPause')
  })
  .onFinish(() => {                   //回调操作可以进一步完善,这里仅仅输出提示
    console.info('onFinish')
  })
  .onError(() => {                    //回调操作可以进一步完善,这里仅仅输出提示
    console.info('onFinish')
  })
  .onPrepared((e) => {                //回调操作可以进一步完善,这里仅仅输出提示
    console.info('onPrepared is ' + e.duration)
  })
  .onSeeking((e) => {                 //回调操作可以进一步完善,这里仅仅输出提示
    console.info('onSeeking is ' + e.time)
  })
  .onSeeked((e) => {                  //回调操作可以进一步完善,这里仅仅输出提示
    console.info('onSeeked is ' + e.time)
  })
  .onUpdate((e) => {                  //回调操作可以进一步完善,这里仅仅输出提示
    console.info('onUpdate is ' + e.time)
  })

Row() {
  Button('开始').onClick(() => {
    this.controller.start()          //开始播放
  }).margin(5)
  Button('暂停').onClick(() => {
    this.controller.pause()          //暂停播放
  }).margin(5)
  Button('停止').onClick(() => {
    this.controller.stop()           //结束播放
  }).margin(5)
  Button('跳到60s').onClick(() => {
    //精准跳转到视频的60s位置
    this.controller.setCurrentTime(60, SeekMode.Accurate)
  }).margin(5)
}

Row() {
  Button('0.75倍速').onClick(() => {
    //0.75倍速播放
    this.curRate = PlaybackSpeed.Speed_Forward_0_75_X
```

```
        }).margin(5)
        Button('1倍数').onClick(() => {
          //原倍速播放
          this.curRate = PlaybackSpeed.Speed_Forward_1_00_X
        }).margin(5)
        Button('2倍数').onClick(() => {
          //2倍速播放
          this.curRate = PlaybackSpeed.Speed_Forward_2_00_X
        }).margin(5)
      }
    }.alignItems(HorizontalAlign.Center).padding({ left: 5, right: 5 })
  }
}
```

小结

本章主要阐述了 HarmonyOS 应用开发中与多媒体相关的处理技术和方法,重点介绍了最常用的图像编辑、音频播放和视频播放,通过多媒体处理可以使开发的应用更加丰富多彩。HarmonyOS 应用开发多媒体技术框架提供的接口除了本章介绍的以外,还提供了如拍照、录音、录像等很多其他应用程序接口,开发者可以举一反三,类比学习。

第 12 章 网 络 访 问

【学习目标】
- 了解 HarmonyOS 应用开发中的网络通信方式及其运行机制
- 了解 HarmonyOS 提供的应用网络访问接口
- 会在 HarmonyOS 应用中使用网络通信,包括 Socket、WebSocket 和 HTTP 方式

12.1 概述

HarmonyOS 为用户提供了网络连接功能,具体由网络管理模块负责。通过该模块,用户可以进行 Socket 网络通信、WebSocket 连接、HTTP 数据请求等网络通信服务。

(1) Socket 网络通信:通过 Socket(套接字)进行数据通信,支持的协议包括 UDP 和 TCP。

(2) WebSocket 网络通信:利用 WebSocket 协议创建服务器和客户端之间的全双工数据通信。

(3) HTTP 数据请求:利用超文本传输协议(HTTP)向服务器发起数据请求。

需要注意的是,在使用网络管理模块提供的网络数据通信服务之前,用户需要根据具体的使用情况,向系统获取相应的使用权限。与网络管理模块相关的服务权限名称及其解释见表 12-1。

表 12-1 网络管理模块相关权限及说明

权 限 名	说 明
ohos.permission.GET_NETWORK_INFO	获取网络连接信息
ohos.permission.INTERNET	允许程序打开网络套接字,进行网络连接

12.2 网络通信基础

12.2.1 Socket 通信

Socket(套接字)是数据传输网络中不同应用进程之间进行数据交换的端点。从网络协

议栈的角度来看，Socket 位于应用层和传输层之间。处于网络两端的不同应用层进程，通过 Socket 指定对方的地址并选择合适的传输层协议，最终实现数据通信，如图 12-1 所示。

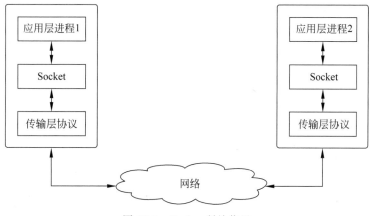

图 12-1 Socket 所处位置

一个 Socket 可以用 IP 地址和端口号唯一确定。尽管不同表示方法使用的格式不尽一致，但大多数情况下，IP 地址使用点分十进制表示，端口号为一个整数。例如给定主机 IP 地址为 210.31.126.2，占用端口号为 49872，则可以得到一个形如 210.31.126.2:49872 的 Socket。进行数据通信的双方应用层进程通过 Socket 找到对方应用层进程，从而实现数据交换。

Socket 不仅可以作为"地址"找到数据通信对方进程，还是网络间的编程接口，通过它可以根据需求从 Internet 协议簇中选择合适的运输层协议，实现进程间的数据交换。常用的 Socket 有流套接字、数据报套接字及原始套接字等。

（1）流套接字使用传输层 TCP(Transmission Control Protocol)进行数据传输，为用户提供面向连接的可靠字节流传输服务。也就是说，该服务所收发数据以字节为单位，在数据传输前建立收发端的连接，并保证所发送字节流按序、无差错、无重复到达接收方。在进行网络编程时，使用 SOCK_STREAM 指明使用流套接字。

（2）数据报套接字使用传输层 UDP(User Datagram Protocol)进行数据传输，为用户提供无连接的数据报传输服务。也就是说，该服务所收发数据以数据报为单位，在数据传输前不建立收发端的连接，另外，也不保证所发送的数据可靠地到达。在进行网络编程时，使用 SOCK_DGRAM 指明使用数据报套接字。

（3）原始套接字能够对未经内核处理的 IP 报文进行操作，而与之相对应，流套接字或数据报套接字只能访问相应协议处理后的报文(TCP 和 UDP)。在进行网络编程时，使用 SOCK_RAW 指明使用原始套接字。

进程之间通过网络进行通信时，大多采用客户/服务器(Client/Server,C/S)通信方法。一个采用了 TCP(流套接字)的 C/S 通信，在开始有效数据传输前必须建立连接，建立连接的过程称为三次握手，其过程如下：

（1）服务器必须通过 socket 方法创建流套接字，通过 bind 方法绑定服务器端 IP 地址和端口，并通过 listen 方法准备随时接收客户发来的连接创建请求，这个过程称为被动打开（Passive Open）。

（2）客户端通过 connect 方法发送一个主动打开（Active Open）连接请求。这将导致客户端通过流套接字发送一个同步报文段（Synchronize Segment，SYN）。该报文段将告诉服务器客户端的初始字节序列号。通常情况下，SYN 报文段不携带任何有效数据，只包含一个 IP 首部、一个 TCP 首部及可能的 TCP 选项。

（3）服务器在接收到客户端发来的 SYN 报文段后，必须发送确认报文段（ACK）。该报文段携带服务器的初始字节序列号及对于客户端 SYN 报文段的确认。

（4）客户端必须确认服务器的 SYN 报文段。

TCP 建立连接的三次握手过程如图 12-2 所示。

一个 TCP 连接在交互完有效数据后必须终止连接，TCP 连接的终止过程如图 12-3 所示。

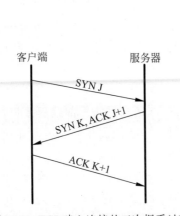

图 12-2　TCP 建立连接的三次握手过程

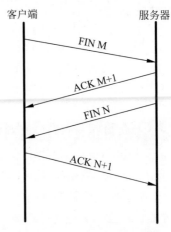

图 12-3　TCP 释放连接过程

（1）通信双方中的任何一方（称为发起方）首先调用 close() 方法发起连接终止过程，该动作称为主动关闭（Active Close）。该动作将通过 TCP 连接发送一个终止报文段（FIN），表明本方将终止有效数据发送。

（2）另一方（称为接收方）在接收到 FIN 报文段后执行所谓的被动关闭（Passive Close）。接收的 FIN 报文段将被确认，并且该 FIN 报文段将通过文件结束符（end-of-file）通告应用层进程。

（3）在接收到 FIN 报文段一段时间后，接收方将通过 close() 方法关闭 Socket，并通过 TCP 连接发送自己的 FIN 报文段。

（4）发起方接收到对方的 FIN 报文段，并将确认报文发给对方。

根据套接字提供的服务类型，可以将套接字所提供的服务分为面向连接的服务和无连接的服务，其中流套接字为面向连接的服务，而数据报套接字为无连接的服务。用户可以根据具体应用需求采用不同的服务。

面向连接的服务主要有以下特点：

（1）在有效数据交互前，必须创建通信双方之间的连接；在有效数据交互期间，必须维护连接；在有效数据交互后，必须终止并释放连接。

（2）由于有效数据在连接后进行交互，所以各报文段无须携带目的地址。

（3）可以确保数据的按序、无差错、无重复传输。

（4）由于协议较为复杂，所以开销较大。

无连接的服务主要有以下特点：

（1）在有效数据交互前，无须建立通信双方之间的连接。

（2）每个数据报必须提供详细的目的主机地址及目的端口号。

（3）数据可能出现时序、重复、丢失等后果。

（4）协议简单，通信开销较小。

12.2.2　WebSocket 通信

2011 年 IETF 通过了 WebSocket 通信协议，即 RFC 6455 标准，随后又通过 RFC 7936 文件补充。同时，WebSocket 也是 W2C 的标准，并引入 HTML5。WebSocket 的协议名称为 ws。WebSocket 的出现较好地解决了 HTTP 的以下缺点：

（1）HTTP 为无状态协议，服务器无法预知下次通信对方的身份，难以做出预先准备，这对一些应用（尤其实时通信）来讲是一种难以逾越的阻碍。

（2）每次客户端发送 HTTP 请求时都需要携带较长的头部信息，这样服务器才能做出相应响应。这些重复的头部信息浪费大量带宽，并且也由于需要解析而耗费时间。

（3）HTTP 难以实现信息的主动推送，一般情况下只能采用轮询及长链接等方法实现，这样会大量浪费服务器资源。

与 HTTP 类似，WebSocket 也是一种基于 TCP 实现的网络通信协议。另外，WebSocket 也是一种应用层协议，但是，相较于 HTTP，WebSocket 具有以下优点：

（1）WebSocket 类似于 Socket 通信，是一种全双工通信技术，即服务器和客户端都可以率先向对方发送信息，而 HTTP 只能由客户端先发送数据请求，服务器只有接收到请求后才能作出响应，因此，WebSocket 具有更高的实时性。

（2）WebSocket 制定了二进制帧，因此，相较于 HTTP，WebSocket 能够更好地支持二进制数据。

（3）WebSocket 支持用户协议扩展，即用户可以根据需要定义自己的子协议来扩展 WebSocket。例如，用户可以通过自定义压缩协议来取得更为理想的压缩效果。

（4）WebSockct 是一种状态的协议，具有更小的通信开销。一经连接建立，WebSocket 的数据帧中用于协议控制的头部信息十分少。在不包括扩展时，服务器到客户端的数据帧中头部只有 2~10 字节，而从客户端到服务器的数据帧中，头部只需额外加入 4 字节的掩码，而 HTTP 每个报文都需要添加冗长的头部信息，因此，WebSocket 可以较好地节省带宽资源。

WebSocket 在传输有效数据之前，首先需要建立服务器与客户端之间的连接。在建立连接时，WebSocket 复用 HTTP 协议传输报文，基本过程如下：

（1）客户端利用 HTTP 发送请求。该请求使用 HTTP 报文格式，在首部表示要进行协议升级，并且要升级为 WebSocket 协议。

（2）服务器接收到客户端发来的协议升级请求后，通过 HTTP 报文格式返回状态码 101 表示同意协议升级。

（3）客户端接收到返回报文后，连接成功建立。在此后的通信中，客户端和服务器之间将通过 TCP 开始全双工通信，通信数据的单位为数据帧。

在客户端发给服务器的数据帧中，需要额外加入 4 字节的数据掩码，其主要目的是提高 WebSocket 的通信安全。

12.2.3　HTTP 通信

万维网的蓬勃发展离不开以超文本传输协议（Hyper Text Transfer Protocol，HTTP）为代表的 Web 协议簇的有效支撑。HTTP 一般采用浏览器/服务器（Browser/Server，B/S）架构进行通信，同样也是一个应用层协议。它基于运输层 TCP 协议传输数据，并采用了简洁的请求-响应方式进行交互，即客户端根据自身需求将相应的请求发送至服务器，而服务器只能根据接收的客户端请求发送响应数据。另外，HTTP 协议是一种无状态协议，不会在服务器端保留客户端状态，因此，HTTP 的模型非常简单，便于开发、部署。

经过多年的发展，HTTP 演进了 4 个版本，分别是 0.9、1.0、1.1 及 2.0。1991 年，Tim Berners-Lee 创建了 HTTP，版本号为 0.9。该版本协议极为简单，是一个单行且只有 GET 方法的协议，并且服务器响应完请求后当即断开 TCP 连接。1996 年 HTTP 1.0 发布，该版本协议大大扩充了 HTTP 各项内容，但是该版本不是官方版本。支持的方法扩充为 GET、HEAD 和 POST 共 3 个。同时，增加了若干术语，其中最为显著的改进是增加状态码、传输内容不再限于纯文本字符串、数据报文添加头部。作为标准化版本 HTTP 1.1 在 1997 年发布。该版本支持多达 7 种方法，并增加了多个术语。相较于 HTTP 1.0，又扩充多个功能，如单 IP 支持多个域、流水线功能、持久连接、支持缓存等。HTTP 1.1 是一个长期稳定版本，目前又在该版本上扩展了支持加密交互的 HTTPS 协议。HTTP 2.0 作为规范在 2015 年发布。该版本协议聚焦于网络资源使用效率提升及降低时延感知。另外，该版本协议并不向下兼容之前的 1.x 协议。其实，已有 HTTP 3.0 版本，但其目前只是草案状态，并未正式成为标准。该版本协议旨在成为更快、更安全、更可靠的适用于各种设备的通信协议。

HTTP 通过统一资源定位器（Uniform Resource Locator，URL）指定所需资源位置。一个 HTTP 事务包括来自客户端的请求，以及服务器对请求的响应。双方的通信以 HTTP 报文的形式进行交互。从客户端发送到服务器的报文称为请求报文，而从服务器到客户端的报文称为响应报文。请求报文与响应报文的格式十分近似，它们都包括三部分。

（1）请求行（响应报文中为状态行）：提示是何种请求或响应状态。

（2）通用信息头：零或多个紧挨着请求行/状态行的域。每个域由一对名字和数值构成，并由冒号":"隔开。通用信息头由一个空行结束。

（3）包体：在请求报文中，包体中包含客户端发送给服务器的数据，而在响应报文中，携带服务器发送给客户端的响应数据。与请求行/状态行及通用信息头不同，包体可以是任何形式的二进制数据。

HTTP 基于 TCP/IP 协议簇进行通信。HTTP 客户端在向服务器发送消息之前，使用 IP 地址及端口号（Socket）在客户端和服务器之间建立连接。在 TCP 建立连接前，需要服务器的 IP 地址和端口号与服务器上运行的程序关联。这一切貌似都很好，但如何获取 HTTP 服务器的 IP 地址呢？答案是利用 URL。之前，书中提到 URL 是用来定位万维网中资源的地址，因此，它包含了提供该资源的主机的 IP 地址，同时也包括该主机会在哪个端口上等待客户端。一般情况下，Web 服务器默认使用 80 端口提供服务，URL 中的 80 端口可以省略不写。如果使用其他端口，如 8080 端口，则 URL 中不能省略端口号。

通过 IP 地址和端口号，客户端可以轻松地通过 TCP/IP 进行通信。图 12.4 展示了 HTTP 一次完成的事务处理的过程，以下是具体步骤：

（1）客户端从 URL 中提取服务器的主机名。
（2）客户端将服务器的主机名转换为服务器的 IP 地址。
（3）客户端从 URL 中提取端口号。
（4）客户端与 Web 服务器建立 TCP 连接。
（5）客户端向服务器发送 HTTP 请求消息。

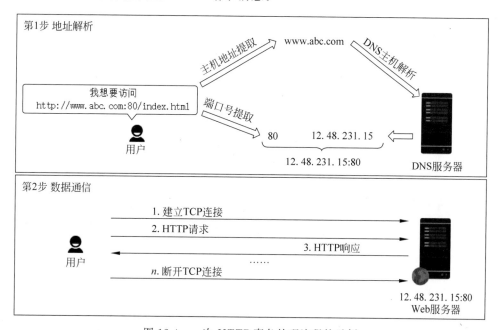

图 12-4　一次 HTTP 事务处理流程的示例

(6) 服务器将 HTTP 响应发送回浏览器。

(7) 连接将关闭,浏览器将显示解析的文档。

12.3 网络访问开发

12.3.1 Socket 方式

ArkTS 支持 Socket 套接字,并支持其中的 TCP 和 UDP 两种协议。如果要进行 Socket 通信,则必须导入@ohos.net.socket 模块。在通信前,需要创建相应的套接字实例,即 TCPSocket 或 UDPSocket,这两个实例分别由 socket.constructTCPSocketInstance()方法和 socket.constructUDPSocketInstance()方法创建。

ArkTS 提供的用于管理 Socekt 通信的主要接口见表 12-2。

表 12-2 Socket 通信接口说明

接 口 名	说 明
constructUDPSocketInstance()	创建一个 UDPSocket 对象
constructTCPSocketInstance()	创建一个 TCPSocket 对象
bind()	绑定 IP 地址和端口
send()	发送数据
close()	关闭连接
getState()	获取 Socket 状态
connect()	连接到指定的 IP 地址和端口(仅 TCP 支持)
getRemoteAddress()	获取对端 Socket 地址(仅 TCP 支持,并且要求已建立了连接)

需要注意的是,可以使用 Socket 的 on()方法和 off()方法来订阅或取消事件,例如 on(type:'message')用来订阅消息事件,即接收对方发送来的消息;off(type:'message')用来取消对消息事件的订阅。可以订阅或取消的事件有 message、close、error、listen、connect。

接下来,分别以 TCP 和 UDP 为例说明 ArkTS 的 Socket 通信。

TCPSocket 通信流程大致如下:

(1) 导入 ArkTS Socket 通信模块,即@ohos.net.socket。

(2) 使用 socket.constructTCPSocketInstance()方法创建 TCPSocket 实例。

(3) 根据需要,利用 TCPSocket 实例中的 on()方法订阅 TCP 通信相关事件信息。

(4) 采用 bind()方法,为 TCPSocket 绑定通信监听 IP 地址和端口,因为移动端一般为客户,所以端口可以不明确指定而由系统分派。

(5) 采用 connect()方法,向目的 Socket 主动发起连接建立。

(6) 连接建立后,采用 send()方法发送数据。

(7) 通信完毕后,采用 close()方法断开 TCP 连接。

下面为一个采用 TCPSocket 通信的实例,代码如下:

```
import socket from '@ohos.net.socket'              //导入 Socket 模块
let tcp = socket.constructTCPSocketInstance();     //创建 TCPSocket 实例

//通过 on()订阅 TCPSocket 连接中的 message 事件
tcp.on('message', data => {                        //消息处理 Lambda 函数
    console.log("receive messge")
    let buff = data.message
    let val = new DataView(buff)
    let msg = ""
    for (let i = 0;i < val.ByteLength; ++i) {
        msg += String.fromCharCode(val.getUint8(i))
    }
    console.log("received :" + msg)
});

//订阅 TCPSocket 连接中的"连接"事件,即 connect 事件,并处理
tcp.on('connect', () => {
    console.log("establish connection")
});

//订阅 TCPSocket 连接中的"关闭"事件,即 close 事件,并处理
tcp.on('close', () => {
    console.log("close connection")
});

let bindAddr = {                                   //创建绑定地址
    address: '210.10.25.124',                      //IP 地址
    port: 52471,                                   //端口号
    family: 1                                      //1 表示 IPv4,2 表示 IPv6
};

//绑定地址,绑定成功后可以连接指定地址和发送数据
tcp.bind(bindAddress, err => {
    if (err) {
        console.log('bind error');                 //绑定失败处理
        return;                                    //出错直接返回
    }
    console.log('bind ok.');
    let connectAddr = {                            //准备连接地址
        address: '10.12.37.221',                   //连接的 IP
        port: 2512,
        family: 1
    };
    tcp.connect({                                  //连接目的地址,并设置连接超时时长
        address: connectAddr, timeout: 6000
    }, err => {
        if (err) {
            console.log('connect error);           //连接错误处理
            return;
```

```
        }
        console.log('connect ok.);
        //发送数据,数据内容由data属性给出
        tcp.send({
            data: 'Hello ArkTS!'
        }, err => {                              //发送数据错误处理
            if (err) {
                console.log('send error);
                return;
            }
            console.log('send ok.');
        })
    });
});

setTimeout(() => {                               //设置关闭TCPSocket的时间
    tcp.close((err) => {
        console.log('close socket.')
    });
    tcp.off('message');                          //取消"消息"事件,和on()相反
    tcp.off('connect');                          //取消"连接"事件
    tcp.off('close');                            //取消"关闭"事件
}, 30 * 1000);
```

采用UDPSocket通信的流程与TCPSocket通信的流程十分相似,下面是一个示例,代码如下:

```
import socket from '@ohos.net.socket'
let udp = socket.constructUDPSocketInstance();   //创建UDPSocket实例

//通过on()订阅UIDPSocket连接中的message事件
udp.on('message', data => {                      //订阅
    console.log("receive message")
    let buff = data.message
    let val = new DataView(buff)
    let msg = ""
    for (let i = 0; i < val.ByteLength; ++i) {
        msg += String.fromCharCode(val.getUint8(i))
    }
    console.log("received:" + msg)
});

udp.on('close', () =>{                           //订阅UDPSocket连接中的close事件
    console.log("close ok.")
})

//绑定地址
```

```
udp.bind({address: 'xx.xx.xx.xx', port: 1234, family: 1},
err => {
    if (err) {
        console.log('bind error');
        return;
    }
    console.log('bind ok.');
    udp.setExtraOptions({                          //设置一些参数
        receiveBufferSize:1000,                    //接收缓存大小
        sendBufferSize:1000,                       //发送缓存大小
        socketTimeout:6000,                        //超时时长
        broadcast:false                            //是否广播
    }, error => {
        if (error) {
            console.log('set options error');
            return;
        }
        console.log('set option ok.');
    });
    let res = udp.send({                           //发送数据
        data: 'Hello ArkTS',
        address: {
            address: 'xx.xx.xx.xx',
            port: 1234,
            family: 1
        }
    });
    res.then(() => {
        console.log('send ok.');
    }).catch(error => {
        console.log('send error');
    })
});

setTimeout(() => {
    udp.close((err) => {                           //关闭
        console.log('close socket.')
    });
    udp.off('message');
    udp.off('connect');
    udp.off('close');
}, 30 * 1000);
```

该示例与 TCPSocket 实例的差异主要在通过 setExtraOptions() 方法对 UDPSocket 设置一些参数，UDP 是面向非连接的通信，所以无须建立连接就可以通过 send() 方法发送数据。

12.3.2　WebSocket 方式

WebSocket 为应用层通信协议。与 HTTP 一样，WebSocket 通过 TCP 进行数据交互，

但相较于 HTTP,WebSocket 是一种有状态的全双工通信方式。要进行 WebSocket 通信,首先要导入 @ohos.net.webSocket 模块,然后调用 createWebSocket() 方法生成 WebSocket 通信类实例。与 Socket 通信类使用过程大致类似,生成 WebSocket 实例后,先调用 connect() 方法建立通信双方的全双工连接。需要注意的一点是,用户需要通过 on() 方法订阅 open 事件,才能接收到 connect 成功建立连接的消息。当用户得知连接成功建立后,就可以通过 send() 方法将数据发送给对方,或通过 on() 方法订阅 message 事件,接收对方发来的数据。通信结束后,用户需使用 close() 方法主动关闭连接。同样,close() 方法成功关闭的消息将通过 on() 方法订阅 close 事件获取。另外,WebSocket 在通信过程中发生的任何错误信息,都将通过 on() 方法订阅 error 事件获取。

WebSocket 通信模块在库 @ohos.net.webSocket 中实现,主要接口及其功能见表 12-3。需要注意的是,若要使用该库,则需要申请 ohos.permission.INTERNET 权限。

表 12-3 WebSocket 通信接口说明

接口名	说明
createWebSocket()	创建一个 WebSocket 连接
connect()	根据 URL 网址,建立一个 WebSocket 连接
send()	通过 WebSocket 连接发送数据
close()	关闭 WebSocket 连接

在 WebSocket 通信中,同样可以通过 on() 或 off() 方法来订阅或取消某种事件。WebSocket 可以订阅的事件包括 open、message、close 及 error。

采用 ArkTS 进行 WebSocket 开发的基本流程如下:

(1) 导入 @ohos.net.webSocket 模块。
(2) 调用 createWebSocket() 方法创建 WebSocket 通信类实例。
(3) 通过 WebSocket 实例的 on() 方法订阅所需事件,如 connect、close、error 等。
(4) 通过 connect() 方法建立与给定 URL 网址之间的连接。
(5) 数据交互完毕后,调用 close() 方法主动关闭 WebSocket 连接。

在 ArkTS 中进行 WebSocket 通信的示例代码如下:

```
import webSocket from '@ohos.net.webSocket';        //导入依赖模块
var url = "xx://xxx";                                //准备 url
let websocket = webSocket.createWebSocket();        //创建 WebSocket 实例

//定义回调函数,用于 open 事件回调
let openCallback = (err, val) => {
    console.log('status: ' + val['status'] + ',' + val['message']);
    let msg = 'Hello ArkTS';

    //发送消息
    websocket.send(msg, (err, val) => {
        if (err) {
            console.log('send error: ' + JSON.stringify(err));
```

```
        } else {
            console.log('send ok. ');
        }
    });
};
//通过 on()方法订阅 open 事件,并注册回调函数
websocket.on('open', openCallback);

//定义回调函数,用于 message 事件回调
let msgCallback = (err, val) => {
    console.log('receive message: ' + val);
    if (val == 'close') {
        websocket.close((err, val) => {                    //关闭 WebSocket
            if (err) {
                console.log('close error: ' + JSON.stringify(err));
            } else {
                console.log('close ok. ');
            }
        });
    }
};
//通过 on()方法订阅 message 事件,并注册回调函数
websocket.on('message', msgCallback);

let closeCallback = (err, val) => {
    console.log('close, code: ' + val.code + ', ' + val.reason);
};
//通过 on()方法订阅 close 事件,并注册回调函数
websocket.on('close', closeCallback);

websocket.on('error', (err) => {
    console.log("on error, error:" + JSON.stringify(err));
});

//定义连接回调函数
let connecCallback = (err, val) => {
    if (err) {
        console.log('connect error: ' + JSON.stringify(err));
    } else {
        console.log('connect ok. ');
    }
};
//根据 url 和通信对方建立连接,并注册回调函数
websocket.connect(url, connectCallback);

//如果以下设置超时,则主动断开 WebSocket 连接,并取消相应订阅事件
setTimeout(() => {
    websocket.close({                                       //关闭
        code: xxxx,
```

```
                reason: 'xxxxx'
        }, (err, val) => {
            if (!err) {
                console.log('close websocket.');
            } else {
                console.log("close error: " + JSON.stringify(err));
            }
        });
        websocket.off('message');                //取消订阅 message 消息
        websocket.off('connect');
        websocket.off('error');
        websocket.off('close');
}, 30000);
```

12.3.3 HTTP 方式及实例

1. HTTP 通信接口及开发方法

HTTP 为应用层协议,通过运输层的 TCP 协议建立连接、传输数据。HTTP 通信数据以报文的形式进行传输。HTTP 的一次事务包括一个请求报文和一个响应报文。如果要使用 ArkTS 中的 HTTP 通信,则需要导入@ohos.net.HTTP 模块,并调用 createHttp()方法创建一个 HTTP 通信类实例,即该方法会返回一个 HttpRequest 对象实例。需要注意的是,每个 HttpRequest 实例对应一个 HTTP 请求,如果要发起多个 HTTP 请求,则需要为每个 HTTP 请求生成一个 HttpRequest 实例。另外,如果要使用 HTTP 通信,则需要获得 ohos.permission.INTERNET 权限。

模块 http 中常用的接口说明见表 12-4。

表 12-4 HTTP 通信接口说明

接口名	说明
createHttp()	创建一个 HTTP 请求
request()	根据 URL 网址,发起 HTTP 网络请求
destroy()	中断请求任务
on(type: 'headersReceive')	订阅 HTTP Response Header 事件
off(type: 'headersReceive')	取消订阅 HTTP Response Header 事件

基于 ArkTS 开发 HTTP 通信的基本流程如下:
(1) 导入@ohos.net.HTTP 模块。
(2) 调用 createHttp()方法创建一个 HTTP 通信类实例。
(3) 根据需要,通过 on()方法订阅响应头事件。
(4) 调用 request()方法向用户输入 URL,发起一个 HTTP 请求报文。
(5) 根据需要,处理通信对方的 HTTP 响应报文。

按照基于 ArkTS 开发 HTTP 通信开发的基本流程,下面给出一个进行 HTTP 访问的示例,代码如下:

```
import http from '@ohos.net.http';          //导入依赖模块

//创建 HttpRequest 实例,每个实例对应一个 HTTP 请求
//如果要发起多个 HTTP 请求,则需要为每个 HTTP 请求生成一个 HttpRequest 实例
let httpRequest = http.createHttp();

let url = 'xxxxxx';    //准备 url
let requestOptions = {                       //设置请求报文的参数
    method: http.RequestMethod.POST,         //以 POST 方式请求
    header: {
        'Content-Type': 'application/json'
    },
    extraData: {
        "data": "data to send",
    },
    connectTimeout: 60000,                   //连接超时为 60000ms
    readTimeout: 60000,                      //读取超时为 60000ms
}

//调用 on()方法订阅响应头。该事件会早于 request()方法返回的 HTTP 报文到达
httpRequest.on('headersReceive', (header) => {
    console.info('header: ' + JSON.stringify(header));
});

//调用 request()方法向对方发送请求报文。URL 和请求报文选项由参数形式传入
let res = httpRequest.request(url, requestOptions);
res.then((data) => {                         //通过 Promise 方式处理响应报文发来的数据
    console.info('Result:' + data.result);
    console.info('code:' + data.responseCode);
    console.info('header:' + JSON.stringify(data.header));
    console.info('Cookies:' + data.cookies);
    console.info('Content-Type:' + data.header['Content-Type']);
    console.info('Status-Line:' + data.header['Status-Line']);
}).catch((err) => {                          //处理请求异常信息并销毁请求
    console.info('error:' + JSON.stringify(err));
    httpRequest.destroy();
});
```

本实例代码中选用的 HTTP 请求方式是 POST,目前支持的方法有 GET、HEAD、POST、PUT、DELETE、TRACE 和 CONNECT。如果不设置 HTTP 请求方式参数,则默认为 GET。

2. 请求网页数据实例

本部分通过一个实例说明在应用中进行 HTTP 网络数据请求的使用方式,该实例的运行效果如图 12-5 所示。

当单击按钮进行请求时,单击事件调用了请求网络接口并把返回的数据显示在下方的文本域中,网页请求返回的是超文本数据,即 HTML 文本数据。本实例对应的项目结构如图 12-6 所示。

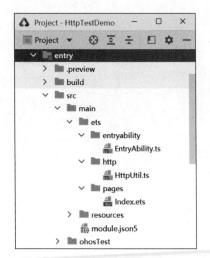

图 12-5 请求网页数据实例　　　　　图 12-6 请求网页数据实例项目结构

项目中 Index.ets 实现了页面界面效果,同时调用了网络请求函数 requestUrl()进行网络请求。Index.ets 文件中的具体代码如下:

```
//ch12/HttpTestDemo 项目中 pages/Index.ets 文件
import { requestUrl } from '../http/HttpUtil';
@Entry
@Component
struct Index {
  @State message: string = ''
  @State url:string = 'http://www.zut.edu.cn'
  build() {
    Row() {
      Column() {
        TextInput({placeholder:"请输入网址",text:this.url })
          .width('90%')
          .margin(10)
        Button("单击请求")
          .width('50%')
          .margin(10)
          .onClick(() =>{
            requestUrl( this.url, (result) =>{
              this.message = "" + result
            })
```

```
            })
            TextArea({text:this.message})
                .width('90%')
                .layoutWeight(1)
                .backgroundColor(0xEEEEEE)
        }
        .width('100%')
    }
    .height('100%')
  }
}
```

网络请求函数 requestUrl() 在 HttpUtil.ts 文件中进行了实现, 通过参数传入 url, 并调用 HTTP 网络请求接口进行网络数据访问, 通过回调进行请求数据的返回处理。HttpUtil.ts 文件的具体代码如下:

```
//ch12/HttpTestDemo 项目中, http/HttpUtil.ts 文件
import http from '@ohos.net.http';
export function requestUrl( url:string,callback:(result) => void ){
    let httpRequest = http.createHttp();              //创建请求对象
    let requestOptions = {                             //请求配置选项
        method: http.RequestMethod.POST,
        header: {
            'Content-Type': 'application/json'
        },
        connectTimeout: 30000,                         //连接超时时间
        readTimeout: 30000,                            //读取数据超时时间
    }
    //订阅 HTTP Response Header 事件
    httpRequest.on('headersReceive', (header) => {
        console.info('header: ' + JSON.stringify(header));
    });
    //发起 HTTP 网络请求
    let res = httpRequest.request(url, requestOptions);
    //异步处理结果
    res.then((data) => {
        callback(data.result)                          //返回数据后回调
    }).catch((err) => {
        httpRequest.destroy();                         //销毁
    });
}
```

由于该实例需要访问网络, 因此需要在配置文件 module.json5 中配置网络访问权限, 相关的配置代码如下:

```
//ch12/HttpTestDemo 项目中, module.json5 文件网络权限配置部分
{
```

```
    "module": {
      ...
      "requestPermissions": [
          { "name" : "ohos.permission.INTERNET" }
      ]
    }
}
```

在本实例中,网络访问返回的数据是 HTML 格式的网页脚本数据,这里并未对数据进行解析、渲染展示,如果要显示为网页形式,则可以采用 Web 组件请求网络并显示。网络访问在应用中经常使用网络上提供的云服务,通过网络请求获取数据,并对数据进行解析后,供应用使用,常用的网络数据格式为 JSON 和 XML 格式,通过网络访问既可以获取服务数据,又可以向服务提交数据,实现应用和网络服务的双向数据交互。

小结

本章介绍了 HarmonyOS 应用中基于 ArkTS 的网络访问方式,其中包括 Socket、WebSocket 和 HTTP 3 种通信技术。本章首先简要介绍了这 3 种网络通信方式的机制,然后讲解了基于 ArkTS 为这 3 种通信技术提供的编程接口,并通过编程实例,为读者阐释了 3 种网络访问机制的使用方法。

第 13 章 天气预报应用实例

【学习目标】
- 掌握 HarmonyOS 应用开发的基本流程
- 掌握网络访问的技术，会解析 JSON 格式数据
- 掌握使用第三方类库的方法，会在应用中进行综合应用开发
- 掌握 List 的使用、综合运用组件进行应用 UI 设计

本章实现一款天气预报软件，为人们的日常出行提供参考。通过该软件的实现可使开发者熟悉 HarmonyOS 应用开发的一般过程和相关技术，并能够使用第三方类库，秉承软件工程的思想进行综合应用开发。

13.1 系统功能

在使用天气预报软件时，用户常常要查看当天及未来几天的天气情况，因此经过分析本应用的主要功能需求包括以下几点：

(1) 显示当前所在地的天气预报。
(2) 显示天气信息，包括当前的天气情况、未来 24h 的天气概况、未来 7 天的天气概况。
(3) 当前的天气情况，包括当前的阴晴雨雪、当前的温度、当前的空气质量指数（Air Quality Index，AQI）。
(4) 未来 24h 的天气概况，包括阴晴雨雪和温度。
(5) 未来 7 天的天气概况，包括阴晴雨雪、最低温度和最高温度。
(6) 天气数据信息来自气象站，由气象站或由第三方服务提供。

13.2 系统设计

本系统采用分层架构，具体包括视图层、业务逻辑层、数据访问层、数据层，应用的系统架构如图 13-1 所示。

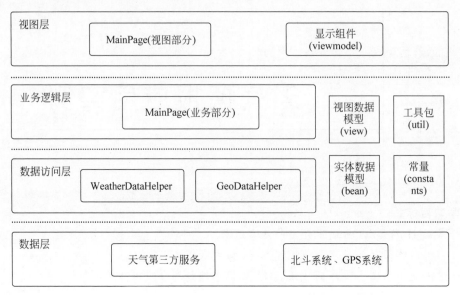

图 13-1 系统架构图

1. 数据层

该应用需要的天气数据从外部获取。对于显示的天气数据从公共的天气预报接口请求获得,对于显示的位置信息则通过北斗导航系统或 GPS 系统获取。

经过对比分析,最终选择杭州网尚科技有限公司提供的天气预报服务,该服务可以免费使用,满足开发需求。

2. 数据访问层

该层负责显示数据的准备工作,数据访问层主要有 WeatherDataHelper 和 GeoDataHelper 两个类。WeatherDataHelper 负责处理天气数据,GeoDataHelper 负责处理地理数据。

3. 业务逻辑层

该层负责完成业务逻辑处理,包括主页面中的业务逻辑处理。

4. 视图层

视图层使用 ArkTS 框架进行设计,主要通过组件、列表组件等相关组件来完成。

5. 实体数据模型

主要是天气数据的实体类,包括 Aqi 类、Daily 类、Hourly 类等。

6. 视图数据模型

主要是视图组件的数据模型,包括 AqiViewModel 类、DailyViewModel 类、HourlyViewModel 类和 NowViewModel 类。

7. 工具组件

主要由应用在开发过程中用到的一些工具类组成,包括 TimeFormat 类和 HttpGet 类。

13.3 系统实现

13.3.1 项目说明

1. 文件结构

本项目基于 ArkTS 语言开发，项目的文件结构如图 13-2 所示。

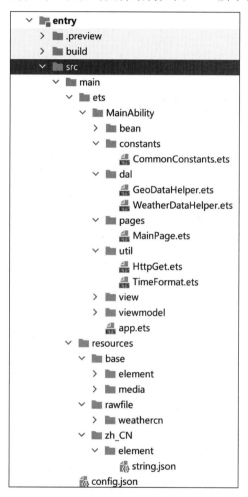

图 13-2 项目文件结构图

项目的主要文件包括 ArkTS 源码、resources 资源和 config 配置文件。在 MainAbility 下有 bean、constants、dal、pages、util、view 和 viewmodel 子包，其中 bean 包下面是原始数据对应的实体类，constants 包下面用来定义应用使用的相关常量，dal 包下面的类用来实现数据访问层的功能，pages 包下面是主界面文件，util 包是工具类的集合，view 包下面是页面对应的显示组件，viewmodel 包下是视图对应的数据模型。resources 文件夹下 base 内的

media 中存放的是图标、背景图片等，rawfile 存放的是各种天气图标文件。config.json 是应用的配置文件。

2. 权限配置及实现

HarmonyOS 支持自定义权限，也可申请权限访问受权限保护的对象。如果声明使用权限的 grantMode 值是 system_grant，则权限会在应用安装时被自动授予。如果声明使用权限的 grantMode 值是 user_grant，则必须动态申请权限，经用户手动授权后才可使用。

1) 在 config.json 文件中声明所需要的权限

由于应用需要进行定位操作和进行网络访问，因此需要在 config.json 文件中的 reqPermissions 字段中声明所需要的权限。修改配置文件，添加的权限如下：

```
"reqPermissions": [
  {
    "name": "ohos.permission.INTERNET"
  },
  {
    "name": "ohos.permission.LOCATION"
  },
  {
    "name": "ohos.permission.LOCATION_IN_BACKGROUND"
  }
]
```

其中，ohos.permission.INTERNET 权限的 grantMode 值为 system_grant，ohos.permission.LOCATION 是访问位置服务需要的权限，权限的 grantMode 值为 user_grant，因此对于 ohos.permission.LOCATION 需要在应用中动态申请权限。

2) 申请用户授权

通过 requestPermissionsFromUser() 方法提醒用户同意授权，其中的 result 为授权结果。授权函数的核心代码如下：

```
/**
 * 请求应用对应的权限
 */
async requestPermissions() {
  var context = await featureAbility.getContext()
  let array: Array<string> = ["ohos.permission.LOCATION",
    "ohos.permission.LOCATION_IN_BACKGROUND"];
  await context.requestPermissionsFromUser(array,1).then(result =>{
    hilog.info(0x0000,'testTag', '%{public}s', result.authResults)
  })
}
```

3) 允许网络明文访问

如果 HarmonyOS 在网络请求时同意明文访问，则需要设置 network 节点参数，配置代码如下：

```
"deviceConfig": {
  "default": {
    "network": {
      "cleartextTraffic": true
    }
  }
}
```

13.3.2 显示层实现

天气预报由 1 个主界面文件和 7 个显示组件文件组成,7 个组件对应界面中的 7 个显示区域,显示界面的效果如图 13-3 所示。

19min

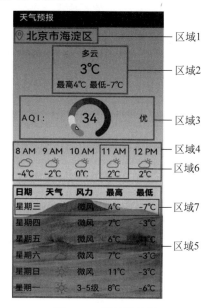

图 13-3 界面设计图

显示组件与显示区域的对应关系见表 13-1。

表 13-1 界面区域与视图文件的对应关系

序号	区域名称	对应实现文件名
1	主界面	MainPage.ets
2	区域 1	AddressAreaComponent.ets
3	区域 2	NowAreaComponent.ets
4	区域 3	AqiAreaComponent.ets
5	区域 4	ListHourlyAreaComponent.ets
6	区域 5	ListDailyAreaComponent.ets
7	区域 6	ListHourlyItemComponent.ets
8	区域 7	ListDailyItemComponent.ets

1. 主界面实现

主界面总体采用线性布局,为垂直方向,包括 5 个组件,这些组件分别对应于实现主界面的 5 个组成区域,主界面代码如下:

```
//ch13/Weather 项目中 MainPage.ets(部分)
build() {
  Column({ space: CommonConstants.AREA_SPACE_SIZE }) {
    Row() {
      AddressAreaComponent({ city: $city })
    }.height("5%")

    Row() {
      NowAreaComponent({ nowViewModel: $nowViewModel })
    }.height("15%")
    Row() {
      AqiAreaComponent({ aqiViewModel: $aqiViewModel })
    }.height("15%")
    Row() {
      ListHourlyAreaComponent({ hourlyViewModel: $hourlyViewModel })
    }.height("12%")
    Row() {
      ListDailyAreaComponent({ dailyViewModel: $dailyViewModel })
    }
  }
  .height("100%")
  .alignItems(HorizontalAlign.Start)
  .backgroundImage($r('app.media.bg'))
  .backgroundImageSize(ImageSize.Cover)
  .backgroundImagePosition(Alignment.Center)
}
```

通过 space 参数设置主轴上子组件的间距,达到各子组件在排列方向上的等间距效果。CommonConstants.AREA_SPACE_SIZE 为在 CommonConstants 类中定义的常量。通过 backgroundImage 属性设置背景图片,这里通过 $r('app.media.bg') 访问背景图片资源。

2. AddressAreaComponent 组件

该部分由位置图标和本地城市名称组成,城市名称由位置服务提供,对应于主界面图 13-3 中的区域 1,详细的代码如下:

```
//ch13/Weather 项目中 AddressAreaComponent.ets
/**
 * 当前位置视图组件。由位置图标和位置信息组成
 */
@Component
export struct AddressAreaComponent {
  @Link city: string
  build() {
```

```
      Column() {
        Row() {
          Image( $ r('app.media.location'))
            .height( $ r('app.float.loction_pic_size'))
            .width( $ r('app.float.loction_pic_size'))
          Text(this.city)
            .fontSize( $ r('app.float.title_font_size'))
        }
      }.margin({
        top: $ r('app.float.common_space_size')
      })
    }
  }
```

通过Image组件设置位置图标,这里通过$r('app.media.location')访问图标图片资源。组件的属性设置通过访问资源文件的值设置,如height($r('app.float.loction_pic_size')),访问的值存储在resources→base→element→float.json文件中。

通过@Link装饰的变量和父组件的@State变量建立双向数据绑定。在实例化该组件时,从父组件传递参数city:string,用来显示城市名称。

3. NowAreaComponent组件

该部分采用线性布局,为垂直方向,由3个文本组成,显示当前天气、当前温度和当日温度范围,对应于主界面图13-3中的区域2,详细的代码如下:

```
//ch13/Weather项目中 NowAreaComponent.ets
/**
 * 当前天气视图组件,包括天气、温度、最高温度和最低温度
 */
@Component
export struct NowAreaComponent {
  @Link nowViewModel: NowViewModel
  build() {
    Column({ space: CommonConstants.SMALL_SPACE_SIZE }) {
      Row() {
        Text(this.nowViewModel.weather)
          .fontSize( $ r('app.float.common_font_size'))
      }
      Row() {
        Text(this.nowViewModel.temp)
          .fontSize( $ r('app.float.big_font_size'))
      }
      Row() {
        Column() {
          Text(this.nowViewModel.temphigh)
            .fontSize( $ r('app.float.common_font_size'))
        }.margin({
```

```
          right: $r('app.float.common_space_size')
        })
        Column() {
          Text(this.nowViewModel.templow)
            .fontSize( $r('app.float.common_font_size'))
        }
      }
    }.width("100%")
  }
}
```

在实例化该组件时,从父组件传递参数 nowViewModel,该参数为 NowViewModel 类型,包括该组件显示所需要的数据。

4. AqiAreaComponent 组件

该部分采用线性布局,为水平方向,由 3 个文本框和 1 个 Gauge 组件组成,对应于主界面图 13-3 中的区域 3,详细的代码如下:

```
//ch13/Weather 项目中 AqiAreaComponent.ets
/**
 * AQI 视图组件。由 AQI 提示消息、AQI 值的图形展示及空气质量文字描述组成
 */
@Component
export struct AqiAreaComponent {
  @Link aqiViewModel: AqiViewModel

  build() {
    Column() {
      Row() {
        Column() {
          Text("A Q I: ").fontSize( $r('app.float.common_font_size'))
        }
        .layoutWeight(3)
        Column() {
          Stack({ alignContent: Alignment.Center }) {
            Gauge({ value: this.aqiViewModel.aqi, min: 0, max: 500 })
              .startAngle(210)
              .endAngle(150)
              //AQI 的不同值对应不同的颜色柱
              .colors([[0x00FF00, 0.1], [0xFFFF00, 0.1],
                [0xFF6100, 0.1], [0xFF0000, 0.1], [0xA020F0, 0.2],
                [0x8B0000, 0.4]])
              .strokeWidth(15)
            Text(this.aqiViewModel.aqi.toString())
              .fontSize( $r('app.float.big_font_size'))
          }
        }.layoutWeight(4)
        Column() {
```

```
            Text(this.aqiViewModel.quality)
              .fontSize($r('app.float.common_font_size'))
          }.layoutWeight(3)
        }
      }
    }
  }
}
```

在实例化该组件时,从父组件传递参数 aqiViewModel,该参数为 AqiViewModel 类型,包括该组件显示时所需要的数据。

AQI 是新环境空气质量标准用于描述空气质量状况的指标,其分类见表 13-2。

表 13-2　AQI 分类信息

分类	描述	AQI 值	占比	颜色	颜色 RGB 值
一级	优	0～50	10%(0.1)	绿色	0x00FF00
二级	良	51～100	10%(0.1)	黄色	0xFFFF00
三级	轻度污染	101～150	10%(0.1)	橙色	0xFF6100
四级	中度污染	151～200	10%(0.1)	红色	0xFF0000
五级	重度污染	201～300	20%(0.2)	紫色	0xA020F0
六级	严重污染	301～500	40%(0.4)	褐红色	0x8B0000

在构建 Gauge 组件时,需要将其 colors 属性设置为[[0x00FF00,0.1],[0xFFFF00,0.1],[0xFF6100,0.1],[0xFF0000,0.1],[0xA020F0,0.2],[0x8B0000,0.4]],将 value 设置为 this.aqiViewModel.aqi 的值。

5. ListHourlyAreaComponent 组件

该部分采用线性布局,为水平方向,由一个 List 组件组成,对应于主界面图 13-3 中的区域 4,详细的代码如下:

```
//ch13/Weather 项目中 ListHourlyAreaComponent.ets
/**
 * 未来12h天气视图组件
 */
@Component
export struct ListHourlyAreaComponent {
  @Link hourlyViewModel: Array<HourlyViewModel>
  build() {
    Row() {
      List() {
        ForEach(this.hourlyViewModel, (item: HourlyViewModel) => {
          ListItem() {
            ListHourlyItemComponent({ itemInfo: item })
          }
        }, item => JSON.stringify(item))
```

```
        }.listDirection(Axis.Horizontal)
      }
    }
}
```

在实例化该组件时，从父组件传递参数 hourlyViewModel，该参数为 HourlyViewModel 类型，是 Hourly 类型的数组。List 组件内的 ListItem 元素为 ListHourlyItemComponent 组件，并传递 Hourly 单个实例。在 List 内的元素，通过设置 listDirection(Axis.Horizontal) 呈现水平排列。

6. ListDailyAreaComponent 组件

该部分采用线性布局，为垂直方向，由两部分组成，一部分为列头，另一部分为天气数据。对应于主界面图 13-3 中的区域 5，详细的代码如下：

```
//ch13/Weather 项目中 ListDailyAreaComponent.ets
/**
 * 未来 7 天天气视图组件，包括两部分
 * 一部分是列头信息，另一部分是天气信息
 */
@Component
export struct ListDailyAreaComponent {
  @Link dailyViewModel: Array<DailyViewModel>
  build() {
    Row() {
      Column() {
        Row() {
          Text("日期")
            .fontSize($r('app.float.common_font_size'))
            .layoutWeight(1)
            .fontWeight(FontWeight.Bolder)
          Text("天气")
            .fontSize($r('app.float.common_font_size'))
            .layoutWeight(1)
            .fontWeight(FontWeight.Bolder)
          Text("风力")
            .fontSize($r('app.float.common_font_size'))
            .layoutWeight(1)
            .fontWeight(FontWeight.Bolder)
          Text("最高")
            .fontSize($r('app.float.common_font_size'))
            .layoutWeight(1)
            .fontWeight(FontWeight.Bolder)
          Text("最低")
            .fontSize($r('app.float.common_font_size'))
            .layoutWeight(1)
            .fontWeight(FontWeight.Bolder)
        }
```

```
        .margin({
          bottom: $r('app.float.common_space_size'),
          left: $r('app.float.common_space_size')
        })
        Row() {
          List() {
            ForEach(this.dailyViewModel, (item: DailyViewModel) => {
              ListItem() {
                ListDailyItemComponent({ itemInfo: item })
              }
            }, item => JSON.stringify(item))
          }
        }
      }
    }
  }
}
```

在实例化该组件时,从父组件传递参数 dailyViewModel,该参数为 DailyViewModel 类型,是 Daily 类型的数组。List 组件内的 ListItem 元素为 ListDailyItemComponent 组件,并传递 Daily 单个实例。在 List 内的元素,默认呈现垂直排列。

7. ListHourlyItemComponent 组件

该部分采用线性布局,为垂直方向,包括时间、天气图标和温度。对应于主界面图 13-3 中的区域 6,详细的代码如下:

```
//ch13/Weather 项目中 ListHourlyItemComponent.ets
/**
 * 未来一小时天气视图组件,包括时间、天气图标和温度
 */
@Component
export struct ListHourlyItemComponent {
  private itemInfo: HourlyViewModel;
  build() {
    Column() {
      Text(this.itemInfo.time)
        .fontSize($r('app.float.common_font_size'))
      Image($rawfile(this.itemInfo.img))
        .objectFit(ImageFit.Contain)
        .width($r('app.float.loction_pic_size'))
        .height($r('app.float.loction_pic_size'))
      Text(this.itemInfo.temp)
        .fontSize($r('app.float.common_font_size'))
    }.margin({
      right: $r('app.float.common_space_size'),
      left: $r('app.float.common_space_size')
    })
  }
}
```

在实例化该组件时,从父组件传递参数 itemInfo,该参数为 HourlyViewModel 类型,包括该组件显示所需要的数据。

8. ListDailyItemComponent 组件

该部分采用线性布局,为水平方向,由日期、天气图标、风力、最高温度和最低温度组成。对应于主界面图 13-3 中的区域 7,详细的代码如下:

```
//ch13/Weather 项目中 ListDailyItemComponent.ets
/**
 * 一天天气视图组件,包括星期*、天气图标、风力、最高温度和最低温度
 */
@Component
export struct ListDailyItemComponent {
  private itemInfo: DailyViewModel;
  build() {
    Row() {
      Text(this.itemInfo.week)
        .fontSize($r('app.float.common_font_size'))
        .layoutWeight(1)
      Image($rawfile(this.itemInfo.img))
        .objectFit(ImageFit.Contain)
        .width($r('app.float.loction_pic_size'))
        .height($r('app.float.loction_pic_size'))
        .layoutWeight(1)
      Text(this.itemInfo.windpower)
        .fontSize($r('app.float.common_font_size'))
        .layoutWeight(1)
      Text(this.itemInfo.temphigh)
        .fontSize($r('app.float.common_font_size'))
        .layoutWeight(1)
      Text(this.itemInfo.templow)
        .fontSize($r('app.float.common_font_size'))
        .layoutWeight(1)
    }.width("100%")
    .margin({
      bottom: $r('app.float.common_space_size'),
      left: $r('app.float.common_space_size')
    })
  }
}
```

在实例化该组件时,从父组件传递参数 itemInfo,该参数为 DailyViewModel 类型,包括该组件显示所需要的数据。

13.3.3 实体数据模型实现

1. 服务接口

1) 请求方法

本案例的天气数据采用杭州网尚科技有限公司提供的服务接口,其服务接口是通过阿

里云云市场发布的，可以免费使用。天气服务的接口调用网址为 http(s)://jisutqybmf.market.alicloudapi.com/weather/query，请求方法可以是 GET 或者 POST 方式，请求参数见表 13-3。

表 13-3 查询天气服务参数

名称	类型	是否必须	说明
city	string	可选	城市 (city、cityid、citycode 三者任选其一)
citycode	string	可选	城市天气代号 (city、cityid、citycode 三者任选其一)
cityid	string	可选	城市 ID (city、cityid、citycode 三者任选其一)
ip	string	可选	IP
location	string	可选	经纬度，纬度在前，用逗号分隔，如 39.983 424,116.322 987

2）授权码

打开阿里云控制台，可以看到天气预报产品下的所有信息，如图 13-4 所示，其中 AppCode 为用户购买的产品代码，在进行网络访问时需要携带，通过把 AppCode 赋值给请求头部 Authorization 字段实现。

图 13-4 天气预报产品 AppCode

3）图标资源

天气服务提供了天气阴晴雨雪的图标库，下载网址为 http://api.jisuapi.com/weather/icon.zip。把下载的图标资源解压存放到项目的 rawfile 文件夹中，每个图标的文件名编号和请求返回的天气数据中 img 字段具有对应关系。

2. 返回示例数据

接口返回的天气数据为 JSON 格式，内容包括当前的天气情况、AQI、未来 24h 预报，未来一周预报等，返回的示例数据（一些重复数据作了删减）如下：

```
{
    "status": 0,
    "msg": "ok",
    "result": {
        "city": "海淀区",
        "cityid": 501,
        "citycode": "101010200",
        "date": "2023-02-14",
```

```
        "week": "星期二",
        "temp": "5",
        "temphigh": "6",
        "templow": "-6",
        "humidity": "22",
        "pressure": "1026",
        "windspeed": "1.9",
        "winddirect": "东风",
        "windpower": "1级",
        "updatetime": "2023-02-14 14:25:00",
        "index": [{
            "iname": "空调指数",
            "ivalue": "较少开启",
            "detail": "您将感到很舒适,一般不需要开启空调。"
        }],
        "aqi": {
            "so2": "2",
            "so224": "",
            "no2": "15",
            "no224": "",
            "co": "0.3",
            "co24": "",
            "o3": "62",
            "o38": "",
            "o324": "",
            "pm10": "14",
            "pm1024": "",
            "pm2_5": "7",
            "pm2_524": "",
            "iso2": "",
            "ino2": "",
            "ico": "",
            "io3": "",
            "io38": "",
            "ipm10": "",
            "ipm2_5": "",
            "aqi": "20",
            "primarypollutant": "O3",
            "quality": "优",
            "timepoint": "2023-02-14 13:00:00",
            "aqiinfo": {
                "level": "一级",
                "color": "#00e400",
                "affect": "空气质量令人满意,基本无空气污染",
                "measure": "各类人群可正常活动"
            }
        },
        "daily": [{
            "date": "2023-02-14",
```

```
        "week": "星期二",
        "sunrise": "07:11",
        "sunset": "17:48",
        "night": {
            "weather": "多云",
            "templow": "-6",
            "img": "1",
            "winddirect": "南风",
            "windpower": "微风"
        },
        "day": {
            "weather": "多云",
            "temphigh": "6",
            "img": "1",
            "winddirect": "北风",
            "windpower": "微风"
        }
    }],
    "hourly": [{
        "time": "8:00",
        "weather": "阴",
        "temp": "-3",
        "img": 2
    }],
    "weather": "多云",
    "img": "1"
    }
}
```

3. 生成实体类

应用需要对天气数据进行处理并显示到界面上,通过天气示例数据生成对应的实体类。把生成的实体类放在包 bean 下面,共有 9 个类,如图 13-5 所示。

图 13-5　数据实体类

以下以最重要的 Result1 类进行说明,该类的代码如下:

```
//ch13/Weather 项目中 Result1.ets
/**
```

```
 * 每个字段的解释参考 https://www.jisuapi.com/api/weather
 */
export class Result1 {
  public city: string = '';
  public cityid: number = 0;
  public citycode: string = '';
  public date: Date ;
  public week: string = '';
  public temp: string = '';
  public temphigh: string = '';
  public templow: string = '';
  public humidity: string = '';
  public pressure: string = '';
  public windspeed: string = '';
  public winddirect: string = '';
  public windpower: string = '';
  public updatetime: Date;
  public index: Array<Index>;
  public aqi: Aqi;
  public daily: Array<Daily>;
  public hourly: Array<Hourly>;
  public weather:string;
  public img:string;
}
```

该类对应返回数据 result 的内容,由于 Result 是个关键字,无法设置为类名,因此重命名为 Result1。该类除了包括普通的基本类型成员外,还包括 Date 类型 updatetime 成员, Aqi 类型的 aqi 成员,Index 类型数组 index 成员,Daily 类型数组 daily 成员,Hourly 类型数组 hourly 成员。

13.3.4 视图数据模型实现

数据在向视图传递时,由于数据较多,需要封装成对应的数据模型。视图与数据模型的对应关系见表 13-4。

表 13-4 数据模型与视图组件关系

数 据 模 型	相关实体模型	视 图 组 件
AqiViewModel	Aqi	AqiAreaComponent
DailyViewModel	Daily	ListDailyItemComponent
HourlyViewModel	Hourly	ListHourlyItemComponent
NowViewModel	Result1	NowAreaComponent

AqiViewModel 类的实现代码如下:

```
//ch13/Weather 项目中 AqiViewModel.ets
/**
```

```
 * 界面中 AQI 区域的数据模型
 */
export class AqiViewModel {
  public quality: string = "0"
  public aqi: number = 0
}
```

DailyViewModel 类的实现代码如下：

```
//ch13/Weather 项目中 DailyViewModel.ets
/**
 * 界面中未来一天的数据模型
 */
export class DailyViewModel {
  public week: string
  public img: string
  public windpower: string
  public temphigh: string
  public templow: string
}
```

HourlyViewModel 类的实现代码如下：

```
//ch13/Weather 项目中 HourlyViewModel.ets
/**
 * 界面中未来某时的数据模型
 */
export class HourlyViewModel {
  public time: string = "0"
  public temp: string
  public img: string
}
```

NowViewModel 类的实现代码如下：

```
//ch13/Weather 项目中 NowViewModel.ets
/**
 * 界面中当前天气状况的数据模型
 */
export class NowViewModel {
  public weather: string = ''
  public temp: string = ''
  public temphigh: string = ''
  public templow: string = ''
}
```

13.3.5 工具层实现

工具层涉及的类有两个,分别为 HttpGet 类和 TimeFormat 类,前者用于网络 GET 请求,后者用于时间格式化。

1. HttpGet 类

HttpGet 类只有一种方法 doGet(),通过传入的位置数据进行天气预报请求,返回天气预报数据,该类的详细代码如下:

```
//ch13/Weather 项目中 HttpGet.ets
/**
 * 网络请求工具类
 */
export class HttpGet {
  /**
   * 以 GET 方法进行网络请求。返回天气数据实例
   * @param addressLL 字符串格式的经纬度
   */
  async doGet(addressLL) {
    let model: WeatherModel
    //创建 HttpRequest 对象
    let httpRequest = http.createHttp();
    //发起网络请求
    await httpRequest.request(
      //以 GET 方式进行 HTTP 请求,需要通过问号拼接参数
      CommonConstants.WEATHER_URL + "?location=" + addressLL,
      {
        //可选,默认为 http.RequestMethod.GET
        method: http.RequestMethod.GET,
        header: {
          "Content-Type": "application/json; charset=UTF-8",
          //请求头中携带 app_code
          "Authorization": "APPCODE " + CommonConstants.APP_CODE
        }
      }, async (err, data) => {
        if (!err) {
          //将返回的字符串转化成 WeatherModel 类型的对象
          model = JSON.parse(data.result.toString())
        } else {
          hilog.info(0x0000, 'testTag', 'error:' + JSON.stringify(err));
          //该请求不再使用,调用 destroy()方法主动销毁
          httpRequest.destroy();
        }
      });
    return model
  }
}
```

为了进行 HTTP 网络访问,需要导入相关模块,代码如下:

```
import http from '@ohos.net.http';
```

1) 创建 HttpRequest

创建一个 HttpRequest 对象,该对象包括 request()、destroy()、on()和 off()等方法,代码如下:

```
let httpRequest = http.createHttp();
```

2) 发起 http 网络请求

进行网络请求,调用 request()方法,该方法的声明如下:

```
request(url: string, options: HttpRequestOptions, callback:
    AsyncCallback<HttpResponse>):void
```

这里的相关参数说明见表 13-5。

表 13-5　request 方法参数说明

参　数　名	类　　型	必填	说　　明
url	string	是	发起网络请求的 URL 网址
options	HttpRequestOptions	是	参考 HttpRequestOptions
callback	AsyncCallback<HttpResponse>	是	回调函数

项目中使用 GET 请求,因此在 url 中,除了访问的地址 CommonConstants.WEATHER_URL 以外,还要携带地址参数 location,值为 addressLL。

3) 请求参数说明

发起网络请求的 HttpRequestOptions 参数有很多,见表 13-6。

表 13-6　HttpRequestOptions 参数说明

参　数　名	类　　型	必填	说　　明
method	RequestMethod	否	请求方式
extraData	string | Object | ArrayBuffer	否	发送请求的额外数据
header	Object	否	HTTP 请求头字段。默认为{ 'Content-Type': 'application/json'}
readTimeout	number	否	读取超时时间,单位为毫秒(ms),默认为 60 000ms
connectTimeout	number	否	连接超时时间。单位为毫秒(ms),默认为 60 000ms

项目中 method 使用了 http.RequestMethod.get()方法,extraData 不需要传递数据,readTimeout 和 connectTimeout 使用了默认值。

需要说明的是,由于接口在请求时要携带 app_code,因此需要构建一个 Authorization,

代码如下:

```
"Authorization": "APPCODE " + CommonConstants.APP_CODE
```

所构建的 Authorization 要放在 header 头中,具体使用方法可参考天气预报 API 的使用说明。

4) 回调函数说明

网络请求完成后,执行回调函数,返回 HttpResponse 类型的结果。HttpResponse 类型的属性详细说明见表 13-7。

表 13-7 HttpResponse 属性说明

参 数 名	类 型	必填	说 明
result	string ︱ Object ︱ ArrayBuffer	是	HTTP 请求根据响应头中 Content-type 类型返回对应的响应格式内容
responseCode	ResponseCode ︱ number	是	当回调函数执行成功时,此字段为 ResponseCode。若执行失败,则错误码将会从 AsyncCallback 中的 err 字段返回
header	Object	是	发起 HTTP 请求返回来的响应头
Cookies	Array＜string＞	是	服务器返回的 Cookies

项目中对返回的结果,通过 JSON.parse() 方法转换成 WeatherModel 类型的对象,以方便使用,代码如下:

```
model = JSON.parse(data.result.toString())
```

2. TimeFormat 类

由于天气数据返回的未来 24h 天气是采用 24h 制的,显示时不太友好,所以需要转换成 12h 制。该类通过静态方法 formatAMPM 实现,详细的代码如下:

```
//ch13/Weather 项目中 TimeFormat.ets
/**
 * 时间格式化工具类
 */
export class TimeFormat {
  /**
   * 24h 转换为 12h 显示
   */
  static formatAMPM = (hours) => {
    let ampm = hours >= 12 ? 'PM' : 'AM';
    hours = hours % 12;
    hours = hours ? hours : 12;
    let strTime = hours + " " + ampm;
    return strTime;
  }
}
```

13.3.6 数据访问层实现

数据访问层实现主要涉及 WeatherDataHelper 类和 GeoDataHelper 类。

1. WeatherDataHelper 类

该类负责通过原始天气实体数据获取对应视图组件的数据模型。

1) getDailyListDataSource()方法

返回 Aqi 视图的数据模型,详细的代码如下:

```
//ch13/Weather 项目中 WeatherDataHelper.ets(部分)
/**
 * 生成未来 7 天天气区域的数据模型
 * @param model 天气数据对象
 */
getDailyListDataSource(model:WeatherModel): Array<DailyViewModel>{
  let listItems: Array<DailyViewModel> = [];
  for (let i = 0; i < CommonConstants.DAILY_LIST_SIZE; i++) {
    let itemInfo: DailyViewModel = new DailyViewModel();
    itemInfo.week = model.result.daily[i].week
    //进行了拼接字符 w 的处理
    itemInfo.img = "weathercn/w" + model.result.daily[i].day.img + ".png"
    itemInfo.windpower = model.result.daily[i].day.windpower
    itemInfo.templow = model.result.daily[i].night.templow + "℃ "
    itemInfo.temphigh = model.result.daily[i].day.temphigh + "℃ "
    listItems.push(itemInfo);
  }
  return listItems;
}
```

说明:由于 rawfile 下的文件名以数字开头,无法访问,所以代码上做了在图标文件名前拼接字符 w 的处理。温度信息处理上,在数字后面加个"℃"字符串。

2) getNowViewModel()方法

返回当前天气视图的数据模型,详细的代码如下:

```
//ch13/Weather 项目中 WeatherDataHelper.ets(部分)
/**
 * 生成当前天气区域的数据模型
 * @param model 天气数据对象
 */
getNowViewModel(model:WeatherModel){
  let viewmodel = new NowViewModel();
  viewmodel.weather = model.result.weather
  viewmodel.temp = model.result.temp + "℃ "
  viewmodel.templow = "最低" + model.result.templow + "℃ "
  viewmodel.temphigh = "最高" + model.result.temphigh + "℃ "
  return viewmodel
}
```

这里在 viewmodel.templow 中加入了表示最低温度"最低"字符串。同理，viewmodel.temphigh 加上了"最高"字符串。

3）getHourListDataSource()方法

返回未来 24h 预报视图的数据模型，详细的代码如下：

```
//ch13/Weather 项目中 WeatherDataHelper.ets(部分)
/**
 * 生成未来 12h 天气区域的数据模型
 * @param model 天气数据对象
 */
getHourListDataSource(model:WeatherModel): Array<HourlyViewModel>{
  let listItems: Array<HourlyViewModel> = [];
  for (let i = 0; i < CommonConstants.HOURLY_LIST_SIZE; i++) {
    let itemInfo: HourlyViewModel = new HourlyViewModel();
    itemInfo.temp = model.result.hourly[i].temp + "℃ ";
    itemInfo.img = "weathercn/w" + model.result.hourly[i].img + ".png"
    let hour = model.result.hourly[i].time.split(':')[0]
    itemInfo.time = TimeFormat.formatAMPM(hour)
    listItems.push(itemInfo);
  }
  return listItems;
}
```

注意，这里返回的时间是"8：00"这样的格式，为使时间显示更友好，把 24h 制转换成 12h 制。由于天气信息精确到小时即可，这里只取小时用于显示，具体的代码如下：

```
let hour = model.result.hourly[i].time.split(':')[0]
itemInfo.time = TimeFormat.formatAMPM(hour)
```

4）getDailyListDataSource()方法

返回未来 7 天天气预报视图的数据模型，详细的代码如下：

```
//ch13/Weather 项目中 WeatherDataHelper.ets(部分)
/**
 * 生成未来 7 天天气区域的数据模型
 * @param model 天气数据对象
 */
getDailyListDataSource(model:WeatherModel): Array<DailyViewModel>{
  let listItems: Array<DailyViewModel> = [];
  for (let i = 0; i < CommonConstants.DAILY_LIST_SIZE; i++) {
    let itemInfo: DailyViewModel = new DailyViewModel();
    itemInfo.week = model.result.daily[i].week
    itemInfo.img = "weathercn/w" + model.result.daily[i].day.img + ".png"
    itemInfo.windpower = model.result.daily[i].day.windpower
    itemInfo.templow = model.result.daily[i].night.templow + "℃ "
    itemInfo.temphigh = model.result.daily[i].day.temphigh + "℃ "
    listItems.push(itemInfo);
```

```
    }
    return listItems;
}
```

2. GeoDataHelper 类

为了获取当前设备所在的地理位置,设备要开启位置服务。进行位置服务功能的开发,需要导入模块,代码如下:

```
import geolocation from '@ohos.geolocation';
```

1) getGeoLocation()方法

通过该方法进行位置变化订阅,传入回调函数,得到位置信息。详细的代码如下:

```
//ch13/Weather 项目中 GeoDataHelper.ets(部分)
/**
 * 返回当前地理位置
 * @param locationChange    回调函数
 */
static async getGeoLocation(locationChange) {
    //设置订阅位置服务状态变化的相关参数
    var requestInfo = { 'priority': 0x203, 'scenario': 0x300,
        'maxAccuracy': 0 };
    try {
        //订阅位置服务状态变化
        geolocation.on("locationChange", requestInfo,
            await locationChange);
    } catch (err) {
        hilog.info(0x0000, 'testTag', '%{public}s', err);
    }
}
```

(1) getGeoLocation 传入的 locationChange 参数为回调函数,返回位置信息后执行 locationChange()函数。

(2) requestInfo 为 LocationRequest 类型,用来设置请求时的参数。LocationRequest 常见的参数见表 13-8。

表 13-8　LocationRequest 参数

名称	参数类型	必填	说明
priority	LocationRequestPriority	否	表示优先级信息
scenario	LocationRequestScenario	是	表示场景信息
timeInterval	number	否	表示上报位置信息的时间间隔
distanceInterval	number	否	表示上报位置信息的距离间隔
maxAccuracy	number	否	表示精度信息

本项目使用的请求参数如下：

```
var requestInfo = { 'priority': 0x203, 'scenario': 0x300,
    'maxAccuracy': 0 };
```

其中，'priority'：0x203 表示快速获取位置优先，如果应用希望快速获得 1 个位置，则可以将优先级设置为该字段。'scenario'：0x300 表示未设置场景信息。

（3）geolocation. on('locationChange')为订阅位置变化服务，使用的方法如下：

```
on(type: 'locationChange', request: LocationRequest,
    callback: Callback<Location>) : void
```

有关参数说明见表 13-9。

表 13-9 on 方法参数说明

参 数 名	类 型	必填	说　　明
type	string	是	设置事件类型。值为 locationChange，表示位置变化
request	LocationRequest	是	设置位置请求参数
callback	Callback<Location>	是	接收位置变化及状态变化监听

2）getAddr()方法

该方法通过经纬度地理位置获取地理描述位置，详细的代码如下：

```
//ch13/Weather 项目中 GeoDataHelper.ets(部分)
/**
 * 返回地理描述位置
 * @param location 地理坐标位置
 */
static async getAddr(location:geolocation.Location){
    var geoAddress = new Array<geolocation.GeoAddress>()
    await geolocation.getAddressesFromLocation(location).then((data) =>{
        geoAddress = data;
    });
    return geoAddress
}
```

使用坐标位置描述一个位置，非常准确，但面向用户表达并不友好。HarmonyOS 应用开发 API 提供了地理编码转化能力及逆地理编码转化能力。geolocation. getAddressesFromLocation()方法调用逆地理编码服务，将坐标转换为地理描述，使用 callback 回调异步返回结果。使用的方法如下：

```
getAddressesFromLocation(request: ReverseGeoCodeRequest,
    callback: AsyncCallback<Array<GeoAddress>>) : void
```

有关参数说明见表 13-10。

表 13-10　getAddressesFromLocation()方法参数说明

参数名	类　　　型	必填	说　　　明
location	geolocation.Location	是	地理位置
callback	AsyncCallback＜Array＜GeoAddress＞＞	是	设置接收逆地理编码请求的回调参数

3）getLatLon()方法

使用城市名称访问天气预报接口,缺点是城市可能有同名存在,使用坐标访问比较准确。该方法通过经纬度地理位置获取经纬度组合的字符串,以方便天气预报接口的访问,详细的代码如下:

```
//ch13/Weather 项目中 GeoDataHelper.ets(部分)
/**
 * 根据地理位置对象,返回字符串形式的经纬度
 * @param location   地理位置
 */
static getLatLon(location) {
  let latitude = location.latitude;
  let longitude = location.longitude;
  let addressLL = Number(latitude).toFixed(6) + ','
    + Number(longitude).toFixed(6);
  return addressLL
}
```

13.3.7　业务逻辑层实现

当界面进行初始化或者用户交互事件需要处理时,MainPage 组件可完成业务逻辑的实现。

1. 成员说明

主页面组件共有 5 个数据成员,对应不同的视图组件,具体的代码如下:

```
//ch13/Weather 项目中 MainPage.ets(部分)
//城市名称
@State city: string = ''
//Aqi 组件数据模型
@State aqiViewModel: AqiViewModel = new AqiViewModel()
//当前天气组件数据模型
@State nowViewModel: NowViewModel = new NowViewModel()
//未来 24h 组件数据模型
@State hourlyViewModel: Array<HourlyViewModel> =
  new Array<HourlyViewModel>();
//未来 7 天组件数据模型
@State dailyViewModel: Array<DailyViewModel> =
  new Array<DailyViewModel>();
```

2. 重写 onPageShow()方法

界面组件显示后调用 onPageShow()方法,详细的代码如下:

```
//ch13/Weather 项目中 MainPage.ets(部分)
async onPageShow() {
  await this.requestPermissions();
  //定义位置请求成功的回调函数
  var locationChange = (async location => {
    let geoAddr = await GeoDataHelper.getAddr(location)
    //用于显示城市名称
    this.city = geoAddr[0].locality + geoAddr[0].subLocality
    //定义 HTTP 请求工具
    let httpGet = new HttpGet()
    //获得字符串格式的经纬度
    let addressLL = GeoDataHelper.getLatLon(location)
    //得到位置后,向天气预报接口发起网络请求
    httpGet.doGet(addressLL).then(model => {
      //得到天气数据后,进行封闭视图对应的数据模型
      this.aqiViewModel = WeatherDataHelper.getAqiViewModel(model);
      this.nowViewModel = WeatherDataHelper.getNowViewModel(model)
      this.hourlyViewModel = WeatherDataHelper
        .getHourListDataSource(model)
      this.dailyViewModel = WeatherDataHelper
        .getDailyListDataSource(model)
    })
  })
  //请求位置数据
  GeoDataHelper.getGeoLocation(locationChange)
}
```

这里完成的工作主要有 3 点:

(1) 完成权限的申请。

(2) 定义订阅位置服务的回调函数 locationChange。其基本流程是得到地理位置后,先获取城市名称,再根据坐标信息通过 httpGet 工具请求天气预报数据,最后根据天气数据构建视图数据模型。

(3) 开启订阅位置变化服务。

13.3.8 其他

1. 应用中的常量

应用中使用的常量在文件 CommonConstants.ets 中,详细的代码如下:

```
//ch13/Weather 项目中 CommonConstants.ets
/**
 * 定义应用中使用的一些常量
 */
export class CommonConstants {
  //应用的 app_code,此值需要申请
```

```
    static readonly APP_CODE: string =
                "xxxxba2e9abe0f7a90ad66666xxxxxxx"
    //访问天气预报的 API 地址
    static readonly WEATHER_URL: string =
       "http://jisutqybmf.market.alicloudapi.com/weather/query"
    //视图组件中不同组件的小间距
    static readonly SMALL_SPACE_SIZE = 8
    //主界面中不同区域的大间距
    static readonly AREA_SPACE_SIZE: number = 20;
    //返回的天气预报有 24h 的数据
    static readonly HOURLY_LIST_SIZE: number = 24;
    //返回的天气预报有 7 天的数据
    static readonly DAILY_LIST_SIZE: number = 7;
}
```

2. 应用中的 float 资源

在资源目录的 float.json 文件中，定义了一些可供应用使用的资源常量，float.json 文件的内容如下：

```
//ch13/Weather 项目中 float.json
{
  "float": [
    {
      "name": "loction_pic_size",
      "value": "32"
    },
    {
      "name": "common_font_size",
      "value": "20"
    },
    {
      "name": "title_font_size",
      "value": "26"
    },
    {
      "name": "big_font_size",
      "value": "32"
    },
    {
      "name": "common_space_size",
      "value": "8"
    }
  ]
}
```

小结

  本章实现了一个天气预报应用案例。在案例开发过程中，综合运用了软件工程的开发方法，采用分层的架构设计，使用 HarmonyOS 应用开发中常用的列表组件、网络数据访问、位置服务等相关技术，通过访问第三方网络服务获取天气信息，并将 JSON 格式数据解析后供本应用所用，最终实现了本地天气和指定城市天气的查询和显示。

  由此可见，开发 HarmonyOS 应用是一个综合问题。开发者除了需要掌握 HarmonyOS 应用开发的基础知识和技术外，还需要具备系统分析、设计等诸多软件工程相关思想、知识和技术。开发者可以通过多实践来不断提高自身综合能力，以便能更好、更快地开发出满意的应用。

附录 A 鸿蒙应用真机调试

通过 DevEco Studio 集成开发环境创建开发的 HarmonyOS 应用在开发阶段的大多数情况下开发者会在模拟器中运行调试,但对于一些特殊功能,如播放视频、访问设备 GSP 等,则需要在真机上进行调试。鸿蒙应用最终也要运行在真实的鸿蒙操作系统的真机上。

目前,HarmanyOS 应用真机调试主要有两种方式。

方式一:通过 DevEco Studio 自动化签名的方式对应用来进行签名。

方式二:通过在 AppGallery Connect 上申请调试证书和 Profile 文件,然后进行签名。

方式一实现了方式二过程的自动化,下面介绍方式一的简要操作步骤。

1. 使用 DevEco Studio 创建唯一包名的项目

在所开发项目不依赖真机的场景下,一般会完成绝大部分开发后再考虑在真机上进行调试。在依赖真机的应用开发中,可能随时需要在真机上运行应用,但无论如何,都首先需要创建一个可以运行调试的应用。

特别注意,所创建项目的包名必须唯一,为了确保唯一性,一般采用所属机构的域名倒序加项目名的方式,如 cn.edu.zut.soft.weather。

2. 创建对应的 AGC 项目和应用

打开华为应用市场(AppGallery Connect,AGC),网址为 https://developer.huawei.com/consumer/cn/service/josp/agc/index.html♯/,登录后在"我的项目"中创建所开发项目对应的 AGC 项目,并在项目中添加应用,基本过程如图 A-1 所示。

特别注意,这里添加应用所填的基本信息中应用包名必须和在 DevEco Studio 中创建的项目包名一致,即和项目配置文件中的 bundlename 值一致。

3. 准备真机并连接

首先,打开真机的设置,进入关于手机,在关于手机中,连续单击 7 次版本号,此时会提示您正处在开发者模式。

其次,返回设置,打开系统和更新,其中会显示开发人员选项,在其中打开 USB 调试模式,并允许连接 USB 时总是弹出提示,过程如图 A-2 所示。

然后,通过 USB 线把手机连接到 DevEco Studio 所在的开发主机上,当在手机界面中弹出连接提示时,选择"确定"按钮。

(a) 华为应用市场

(b) 创建项目

(c) 项目设置

(d) 添加应用

图 A-1　创建 AGC 项目和应用的主要过程

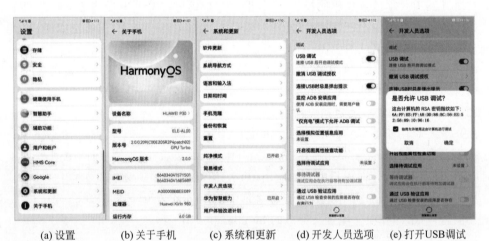

(a) 设置　　(b) 关于手机　　(c) 系统和更新　　(d) 开发人员选项　　(e) 打开USB调试

图 A-2　打开 USB 调试模式过程

4. 在 DevEco Studio 中实现自动签名

在 DevEco Studio 的 File 菜单中选择 Project Structure，然后选择 Project 中的 Signing Configs，勾选 Automatically generate signing，然后单击 Apply 按钮，签名过程如图 A-3 所示。

此步骤中，如果没有登录华为开发者账号，则需要进行登录。如果没有提前连接真机，

图 A-3 在 DevEco Studio 中实现自动签名

则会出现签名失败提示,需要连接真机并重试。

5. 在真机上运行项目

项目签名成功后,可以在开发环境中把项目运行到真机上,选择对应的真机运行即可,如图 A-4 所示。

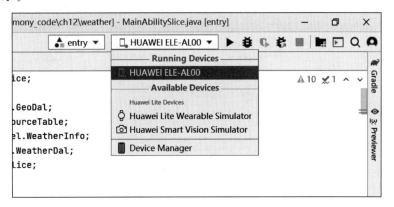

图 A-4 在真机上运行项目

附录 B 英文缩写说明

英文缩写	英文全称	中文名称
AGC	AppGallery Connect	华为应用市场
ANS	Advanced Notification Service	高级通知服务
APP Pack	Application Package	应用程序包
AQI	Air Quality Index	空气质量指数
B/S	Browser/Server	浏览器/服务器
CES	Common Event Service	公共事件服务
CSS	Cascading Style Sheets	层叠样式表
C/S	Client/Server	客户/服务器
DDS	Distributed Data Service	分布式数据服务
FA	Feature Ability	特性能力
HAP	HarmonyOS Ability Package	鸿蒙能力包
HarmonyOS	Harmony Operating System	鸿蒙操作系统
HDF	Hardware Driver Framework	硬件驱动框架
HML	HarmonyOS Markup Language	鸿蒙操作系统标记语言
HTTP	Hyper Text Transfer Protocol	超文本传输协议
IDE	Integrated Development Environment	集成开发环境
IoT	Internet of Things	物联网
KAL	Kernel Abstract Layer	内核抽象层
PA	Particle Ability	元能力
PC	Personal Computer	个人计算机
RDB	Relational Database	关系数据库
SDK	Software Development Kit	软件开发工具包
SYN	Synchronize Segment	同步报文段
UI	User Interface	用户接口
URI	Uniform Resource Identifier	统一资源标识
URL	Uniform Resource Locator	统一资源定位器
XML	Extensible Markup Language	扩展标记语言

参 考 文 献

[1] 华为 HarmonyOS 开发者官网[J/OL].[2022.12.16].https://developer.harmonyos.com.
[2] 开放原子开源基金会 OpenHarmony 开发者官网[J/OL].[2022.12.16].https://www.OpenHarmony.cn/.
[3] 刘安战,余雨萍,李勇军,等.HarmonyOS 移动应用开发[M].北京:清华大学出版社,2022.
[4] 董昱.鸿蒙应用程序开发[M].北京:清华大学出版社,2021.
[5] 徐礼文.HarmonyOS 应用开发实战(JavaScript 版)[M].北京:清华大学出版社,2022.
[6] 徐礼文.鸿蒙操作系统开发入门经典[M].北京:清华大学出版社,2021.
[7] 张荣超.鸿蒙应用开发实战[M].北京:人民邮电出版社,2021.
[8] 李宁.鸿蒙征途 App 开发实战[M].北京:人民邮电出版社,2021.
[9] 陈美汝,郑森文,武延军,等.鸿蒙操作系统应用开发实践[M].北京:清华大学出版社,2021.

图 书 推 荐

书　　名	作　　者
仓颉语言实战（微课视频版）	张磊
仓颉语言核心编程——入门、进阶与实战	徐礼文
仓颉语言程序设计	董昱
仓颉程序设计语言	刘安战
仓颉语言元编程	张磊
仓颉语言极速入门——UI全场景实战	张云波
仓颉 TensorBoost 学习之旅——人工智能与深度学习实战	董昱
公有云安全实践（AWS版·微课视频版）	陈涛、陈庭暄
虚拟化 KVM 极速入门	陈涛
虚拟化 KVM 进阶实践	陈涛
移动 GIS 开发与应用——基于 ArcGIS Maps SDK for Kotlin	董昱
Vue+Spring Boot 前后端分离开发实战（第2版·微课视频版）	贾志杰
前端工程化——体系架构与基础建设（微课视频版）	李恒谦
TypeScript 框架开发实践（微课视频版）	曾振中
精讲 MySQL 复杂查询	张方兴
Kubernetes API Server 源码分析与扩展开发（微课视频版）	张海龙
编译器之旅——打造自己的编程语言（微课视频版）	于东亮
全栈接口自动化测试实践	胡胜强、单镜石、李睿
Spring Boot+Vue.js+uni-app 全栈开发	夏运虎、姚晓峰
Selenium 3 自动化测试——从 Python 基础到框架封装实战（微课视频版）	栗任龙
Unity 编辑器开发与拓展	张寿昆
跟我一起学 uni-app——从零基础到项目上线（微课视频版）	陈斯佳
Python Streamlit 从入门到实战——快速构建机器学习和数据科学 Web 应用（微课视频版）	王鑫
Java 项目实战——深入理解大型互联网企业通用技术（基础篇）	廖志伟
Java 项目实战——深入理解大型互联网企业通用技术（进阶篇）	廖志伟
深度探索 Vue.js——原理剖析与实战应用	张云鹏
前端三剑客——HTML5+CSS3+JavaScript 从入门到实战	贾志杰
剑指大前端全栈工程师	贾志杰、史广、赵东彦
JavaScript 修炼之路	张云鹏、戚爱斌
Flink 原理深入与编程实战——Scala+Java（微课视频版）	辛立伟
Spark 原理深入与编程实战（微课视频版）	辛立伟、张帆、张会娟
PySpark 原理深入与编程实战（微课视频版）	辛立伟、辛雨桐
HarmonyOS 原子化服务卡片原理与实战	李洋
鸿蒙应用程序开发	董昱
HarmonyOS App 开发从 0 到 1	张诏添、李凯杰
Android Runtime 源码解析	史宁宁
恶意代码逆向分析基础详解	刘晓阳
网络攻防中的匿名链路设计与实现	杨昌家
深度探索 Go 语言——对象模型与 runtime 的原理、特性及应用	封幼林
深入理解 Go 语言	刘丹冰
Spring Boot 3.0 开发实战	李西明、陈立为

续表

书　名	作　者
全解深度学习——九大核心算法	于浩文
HuggingFace 自然语言处理详解——基于 BERT 中文模型的任务实战	李福林
动手学推荐系统——基于 PyTorch 的算法实现（微课视频版）	於方仁
深度学习——从零基础快速入门到项目实践	文青山
LangChain 与新时代生产力——AI 应用开发之路	陆梦阳、朱剑、孙罗庚、韩中俊
图像识别——深度学习模型理论与实战	于浩文
编程改变生活——用 PySide6/PyQt6 创建 GUI 程序（基础篇·微课视频版）	邢世通
编程改变生活——用 PySide6/PyQt6 创建 GUI 程序（进阶篇·微课视频版）	邢世通
编程改变生活——用 Python 提升你的能力（基础篇·微课视频版）	邢世通
编程改变生活——用 Python 提升你的能力（进阶篇·微课视频版）	邢世通
Python 量化交易实战——使用 vn.py 构建交易系统	欧阳鹏程
Python 从入门到全栈开发	钱超
Python 全栈开发——基础入门	夏正东
Python 全栈开发——高阶编程	夏正东
Python 全栈开发——数据分析	夏正东
Python 编程与科学计算（微课视频版）	李志远、黄化人、姚明菊 等
Python 数据分析实战——从 Excel 轻松入门 Pandas	曾贤志
Python 概率统计	李爽
Python 数据分析从 0 到 1	邓立文、俞心宇、牛瑶
Python 游戏编程项目开发实战	李志远
Java 多线程并发体系实战（微课视频版）	刘宁萌
从数据科学看懂数字化转型——数据如何改变世界	刘通
Dart 语言实战——基于 Flutter 框架的程序开发（第 2 版）	亢少军
Dart 语言实战——基于 Angular 框架的 Web 开发	刘仕文
FFmpeg 入门详解——音视频原理及应用	梅会东
FFmpeg 入门详解——SDK 二次开发与直播美颜原理及应用	梅会东
FFmpeg 入门详解——流媒体直播原理及应用	梅会东
FFmpeg 入门详解——命令行与音视频特效原理及应用	梅会东
FFmpeg 入门详解——音视频流媒体播放器原理及应用	梅会东
FFmpeg 入门详解——视频监控与 ONVIF＋GB28181 原理及应用	梅会东
Python 玩转数学问题——轻松学习 NumPy、SciPy 和 Matplotlib	张骞
Pandas 通关实战	黄福星
深入浅出 Power Query M 语言	黄福星
深入浅出 DAX——Excel Power Pivot 和 Power BI 高效数据分析	黄福星
从 Excel 到 Python 数据分析：Pandas、xlwings、openpyxl、Matplotlib 的交互与应用	黄福星
云原生开发实践	高尚衡
云计算管理配置与实战	杨昌家
HarmonyOS 从入门到精通 40 例	戈帅
OpenHarmony 轻量系统从入门到精通 50 例	戈帅
AR Foundation 增强现实开发实战（ARKit 版）	汪祥春
AR Foundation 增强现实开发实战（ARCore 版）	汪祥春